装配式建筑施工技术

主　编　苟胜荣　王　琦　卜　伟
副主编　徐志彪　王　辉　张　浪
参　编　李萍萍　马　琳　鲁得文
　　　　杨　益　闫　龙　刘鹏飞

U0234728

北京理工大学出版社
BEIJING INSTITUTE OF TECHNOLOGY PRESS

内 容 提 要

本书根据高等职业院校土建类专业国家教学标准、专业人才培养目标、相关国家规范、"1+X"装配式建筑构件制作与安装和建筑工程施工工艺实施与管理职业技能等级标准进行编写。全书共分为9个模块，主要内容包括概述，装配式混凝土结构设计，装配式混凝土建筑材料、配件和设备，预制混凝土构件制作与储运，装配式混凝土结构工程施工，装配式混凝土结构施工质量检验与验收，装配式钢结构建筑施工，装配式木结构建筑简介，安全文明与绿色施工等。

本书可作为高等院校土建类相关专业的教材，也可作为"1+X"装配式建筑构件制作与安装职业技能等级证书培训或土建类工程技术人员的参考用书。

版权专有 侵权必究

图书在版编目（CIP）数据

装配式建筑施工技术 / 苟胜荣，王琦，卜伟主编
.-- 北京：北京理工大学出版社，2023.7
ISBN 978-7-5763-2285-9

Ⅰ．①装…　Ⅱ．①苟…②王…③卜…　Ⅲ．①装配式构件－建筑施工－教材　Ⅳ．① TU3

中国国家版本馆 CIP 数据核字（2023）第 063899 号

出版发行 / 北京理工大学出版社有限责任公司
社　　址 / 北京市丰台区四合庄路6号院
邮　　编 / 100070
电　　话 / （010）68914775（总编室）
　　　　　（010）82562903（教材售后服务热线）
　　　　　（010）68944723（其他图书服务热线）
网　　址 / http：//www.bitpress.com.cn
经　　销 / 全国各地新华书店
印　　刷 / 河北鑫彩博图印刷有限公司
开　　本 / 787毫米×1092毫米　1/16
印　　张 / 17.5　　　　　　　　　　　　　　　　责任编辑 / 王玲玲
字　　数 / 421千字　　　　　　　　　　　　　　文案编辑 / 王玲玲
版　　次 / 2023年7月第1版　2023年7月第1次印刷　责任校对 / 刘亚男
定　　价 / 89.00元（含实训指导书）　　　　　　责任印制 / 王美丽

近年来，国家高度重视装配式建筑的发展。《中华人民共和国国民经济和社会发展第十二个五年规划纲要》和《绿色建筑行动方案》都明确提出推进建筑业结构优化，转变发展方式，推动装配式建筑发展，各级政府也多次要求研究以住宅为主的装配式建筑政策和标准。《中华人民共和国国民经济和社会发展第十四个五年规划和2035年远景目标纲要》明确提出，要强力推广装配式建筑。通过现代化的制造、运输、安装和科学管理的大工业的生产方式，来代替传统建筑业中分散的、低水平的、低效率的手工业生产方式，这是我国未来建筑业的发展方向。

装配式结构主要有装配式混凝土结构、装配式钢结构和装配式木结构。本书遵循建筑工程装配化施工规律，坚持"素质为本、能力为主、需要为准、够用为度"的原则，以装配化施工过程为导向进行编写。本书主要特点如下：

1. "岗课赛证"融通构建课程内容

对接装配式建筑施工员岗位专业知识，对接教育部建筑工程技术专业教学标准、学校人才培养方案和课程标准要求，融入全国职业院校技能大赛"装配式建筑智能建造"赛项竞赛规程、"1+X"装配式建筑构件制作与安装和建筑工程施工工艺实施与管理职业技能等级标准。

2. 实训项目满足学习者需求

根据本书主要理论知识内容和"1+X"装配式建筑构件制作与安装职业技能等级证书实操考试要求，配套开发八个实训任务，涉及施工方案编制、预制构件制作、预制构件吊装、套筒灌浆连接施工和外墙接缝防水施工等内容，实训项目的实施不仅使学习者把理论知识与实际操作结合起来，加深对理论知识的理解，还能培养实际动手操作能力。

3. 课程思政元素凸显特色

按照党的二十大报告中"统筹推动文明培育、文明实践、文明创建，推进城乡精神文明建设融合发展，在全社会弘扬劳动精神、奋斗精神、奉献精神、创造精神、勤俭节约精神，培育时代新风新貌。"的要求，融入装配式建筑典型工程实例，以培养"鲁班文化"为抓手，融入"传承规矩、创新创造、专注专研、精益求精"的新时代鲁班文化，以达到开展劳动教育、日常行为养成及职业道德教育的目的，培养学习者精益求精、追求卓越的工匠精神。

　　本书由杨凌职业技术学院苟胜荣、王琦和卜伟担任主编，杨凌职业技术学院徐志彪、陕西建工装配式智造科技有限公司王辉、陕西建工第五建设集团有限公司张浪担任副主编，具体编写分工为：模块一和模块五由苟胜荣编写，模块三和模块四由卜伟编写，模块二由王琦和王辉共同编写，模块六由王琦编写，模块七由徐志彪和张浪共同编写，模块八由李萍萍和马琳共同编写，模块九由鲁得文编写，实训项目 1 由徐志彪编写，实训项目 2 由杨益和闫龙共同编写，实训项目 3 由刘鹏飞和苟胜荣共同编写，全书由苟胜荣负责统稿。

　　本书编写过程中参考及引用了大量的规范和资料，未在书中一一注明，在此对相关作者表示感谢。由于编者水平有限，加之时间仓促，书中难免存在疏漏之处，恳请广大师生和读者批评指正，提出宝贵意见，以便进一步修改和提高。

编　者

CONTENTS 目录

CONTENTS

CONTENTS

CONTENTS

模块一　概述

单元一　装配式混凝土建筑概述

火神山医院简介

一、装配式混凝土建筑

装配式建筑是指把传统建造方式中的大量现场作业工作转移到工厂进行，在工厂加工制作好建筑用构件和配件(如楼板、墙板、楼梯、阳台等)，运输到建筑施工现场，通过可靠的连接方式在现场装配安装而成的建筑。装配式建筑的特点主要体现在以下几方面：

(1)标准化设计。标准化设计是指在一定时期内，面向通用产品，采用共性条件，制定统一的标准和模式，开展的适用范围比较广的设计。它适用技术上成熟、经济上合理、市场容量充足的产品设计，装配式建筑标准化设计的核心是建立标准化的部品部件单元。当装配式建筑所有的设计标准、手册、图集建立起来以后，建筑物的设计不再需要对从宏观到微观的所有细节进行逐一计算、绘图，而是可以像机械设计一样选择标准件，以满足功能要求。

装配式建筑采用标准化设计，可以保证设计质量，进而提高工程质量；可以减少重复劳动，加快设计速度；有利于采用和推广新技术；由于实行构配件生产工厂化、装配化和施工机械化，可以提高劳动生产率，加快建设进度；有利于节约建筑材料，降低工程造价，提高经济效益。

（2）工厂化生产。工厂化生产是指在人工创造的环境（如工厂）中进行全过程的作业，从而摆脱自然界的制约，是能够综合运用现代高科技、新设备和管理方法而发展起来的一种全面机械化、自动化、技术高度密集型的生产。

工厂化生产是推进装配式建筑的主要环节。在建筑行业传统的现场作业施工方式中，受施工条件和环境的影响，机械化程度低，普遍采用的是过度依赖一线工人手工作业的人海战术，效益低下，误差控制往往只能达到厘米级，且人工成本高。工厂化生产，可以采用机械化手段，运用先进的管理方法，从而提高工程效益，降低成本，并提高工程施工精度。此外，将大量作业内容转移到工厂里，不仅改善了建筑工人的劳动条件，对于实现"四节、一环保"目标（节能、节地、节水、节材、环境保护），也具有非常重要的促进作用。

（3）装配化施工。装配化施工是通过一定的施工方法及工艺，将预先制作好的部品、部件可靠地连接成所需要的建筑结构造型的施工方式。装配化施工可以加快施工进度，提高劳动生产率，减少施工现场作业人员，同时降低模板工程量，减少施工现场的污染排放。装配化施工是绿色施工的重要抓手，也是对可持续发展理念的重要实践和运用，对促进建筑业的转型升级具有非常积极的作用。

（4）信息化管理。信息化管理是以信息化带动工业化，实现行业管理现代化的过程。它是指将现代信息技术与先进的管理理念相融合，转变行业的生产方式、经营方式、业务流程、传统管理方式和组织方式，重新整合内外部资源，以提高效率和效益。对于装配式建筑而言，信息技术的广泛应用会集成各种优势并互补，实现标准化和集约化发展。加之信息的开放性，可以调动人的积极性并促使工程建设各阶段、各专业主体之间信息、资源共享，解决很多不必要的问题，有效地避免各行业、各专业之间不协调问题，加速工期进程，从而有效地解决设计与施工脱节、部品与建造技术脱节等中间环节的问题，提高效率。

（5）一体化装修。一体化装修是指将装修工作与预制构件的设计、生产、制作、装配施工一体化来完成，也就是实现装饰装修与主体结构的一体化。一体化装修将装修功能条件前置，管线安装、墙面装饰、部品安装一次完成到位，避免重复浪费。事先统一进行建筑构件上的孔洞预留和装修面层固定件的预埋，避免在装修施工阶段对已有建筑构件打凿、穿孔，既保证了结构的安全性，又减少了噪声和建筑垃圾。

（6）智能化应用。装配式建筑智能化应用，是指以建筑为平台，兼备建筑设备、办公自动化及通信网络系统，集结构、系统、服务、管理及它们之间的最优化组合，向人们提供一个安全、高效、舒适、便利的建筑环境。建筑的智能化应用目前尚处于初级起步阶段，主要是应用于安全防护系统和通信及控制系统，不过，随着科学技术的进步和人们对其功能要求的提高，建筑的智能化应用一定会迎来进一步的发展。

装配式建筑主要包括预制装配式混凝土结构、钢结构、现代木结构建筑等，因为采用标准化设计、工厂化生产、装配化施工、信息化管理、智能化应用，是现代工业化生产方式的代表，大力发展装配式建筑，是推进建筑业转型发展的重要方式。

发展装配式建筑是实施推进"创新驱动发展、经济转型升级"的重要举措，也是切实转变城市建设模式，建设资源节约型、环境友好型城市的现实需要。发展装配式建筑是推进新型建筑工业化的一个重要载体和抓手。要实现国家和各地方政府目前既定的建筑节能减排目标，达到更高的节能减排水平，实现全寿命过程的低碳排放综合技术指标，发展装配式建筑产业是一个有效且重要的途径。

二、装配式混凝土结构

装配式混凝土结构，简称装配式结构，是由预制混凝土构件通过可靠的连接方式装配而成的混凝土结构，包括装配整体式混凝土结构和全装配式混凝土结构。

装配整体式混凝土结构是指由预制混凝土构件通过可靠的方式进行连接，并与现场后浇混凝土、水泥基灌浆料形成整体的装配式混凝土结构。

全装配混凝土结构指所有结构构件均为预制构件，并采用干式连接方法形成的混凝土结构。

装配式钢筋混凝土结构是我国建筑结构发展的重要方向之一，它有利于我国建筑工业化的发展，提高生产效率、节约能源，发展绿色环保建筑，并且有利于提高和保证建筑工程质量。与现浇施工工法相比，装配式混凝土结构有利于绿色施工，因为装配化施工更符合绿色施工的节地、节能、节材、节水和环境保护等要求，降低对环境的负面影响，包括降低噪声、防止扬尘、减少环境污染、清洁运输、减少场地干扰，节约水、电、材料等资源和能源，遵循可持续发展的原则。

单元二　装配式混凝土建筑起源与发展

一、装配式建筑发展历程

工业化预制技术出现于 19 世纪的欧洲，到 20 世纪初被重视，无论在欧洲、日本或者美国，其快速发展的原因主要有以下两个。

第一个原因是工业革命，其带来大批农民向城市集中，导致城市化运动急速发展。

第二个原因是第二次世界大战后城市住宅需求量的剧增。同时战争的破坏，导致住宅存量减少，军人大批复员，也使住宅供需矛盾更加激化。

第二次世界大战以后，由于遭受了战争的残酷破坏。欧洲 20 世纪 50 年代对住宅的需求非常大，为此，人们采用工业化的装配式手法大批量地建造生产住宅，形成了一批完整的、标准化、系列化的建筑体系并延续至今，进入 20 世纪 80 年代以后，住宅产业化发展有所变化，开始转向注重住宅功能和多样化发展。代表性的国家有瑞典、美国、法国、丹麦、日本和新加坡。

19世纪是第一个预制装配式建筑的高潮，1851年，伦敦建成的用铁骨架嵌玻璃的水晶宫是世界上第一座大型装配式建筑。20世纪初是第二个预制装配建筑的高潮，在20世纪60年代，英、法、苏联等国首先做了尝试，发展了预制结构的各种体系和形式，现有的各种主要预制装配体系就是在当时的基础上发展起来的。而在20世纪70年代以后，国外建筑工业化进入新的阶段，主要是在预制与现浇相结合的体系方面取得了优势，且开始从专用体系向通用体系发展，这一阶段人们在设计上做了改进，增加了灵活性和多样性，使装配式建筑不仅能够成批建造，而且样式丰富。

二、国外装配式建筑发展现状

（1）瑞典。瑞典开发了大型混凝土预制板的工业化体系，大力发展以通用部件为基础的通用体系，如图1-1所示。其住宅预制构件达到95％之多。瑞典建筑工业化的特点如下：

①在完善的标准体系基础上发展通用部件；

②模数协调形成"瑞典工业标准"（SIS），实现了部品尺寸、对接尺寸的标准化与系列化。

图1-1　瑞典的建筑工业化体系

（2）法国。法国是世界上推行建筑工业化最早的国家之一，走过了一条以全装配式大板和工具式模板现浇工艺为标准的建筑工业化的道路，如图1-2所示。其主要特点如下：

①推广"构造体系"；

②推行构件生产与施工分离的原则，发展面向全行业的通用构配件的商品生产。

（3）日本。20世纪六七十年代出台的《建筑基准法》成为日本大规模推行产业化的节点；20世纪70年代设立了"工业化住宅质量管理优良工厂认定制度"，这一时期采用产业化方式生产的住宅占竣工住宅总数的10％左右；20世纪80年代中期设立了"工业化住宅性能认定制度"，采用产业化方式生产的住宅占竣工住宅总数的15％～20％；到20世纪90年代，采用产业化方式生产的住宅占竣工住宅总数的25％～28％。日本住宅

图1-2　法国巴黎28套公寓楼

产业化的重要成就之一是 KSI 体系住宅。所谓 KSI 住宅，就是都市再生机构开发的 SI 住宅。其特点是其中的结构体要求具有百年以上的长期耐久性，有支持填充体变化的柱、梁地面结构，填充体可以随着住户的生活方式以及生活习惯的变化而进行改变，如图 1-3、图 1-4 所示。

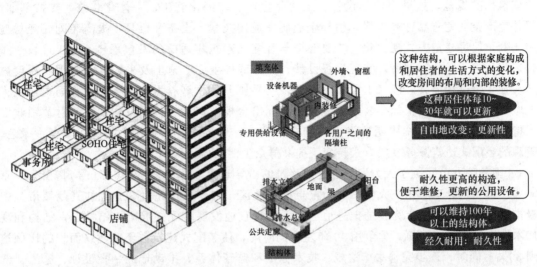

图 1-3 日本的建筑工业化体系一   图 1-4 日本的建筑工业化体系二

(4)新加坡。新加坡共进行过 3 次建筑工业化尝试：1963 年，引进法国大板预制体系失败，本地承包商缺乏技术与管理经验；1971 年，引进大板预制体系也失败，引入合资企业，设立构件厂，但施工管理方法不当，并遇上石油危机；1981 年，同时引进澳大利亚、法国、日本的多种体系，并率先在保障性基本住房大规模推广，最后发展出具有本地特色的预制装配整体式结构。

(5)国外装配式住宅主要技术趋势。

①向长寿命居住和绿色住宅产业化方向发展；

②从闭锁体系向开放体系发展；

③从湿体系向干体系发展，现在又广泛采用现浇和预制装配相结合的体系；

④从只强调结构预制向结构预制和内装系统化集成的方向发展；

⑤更加强调信息化的管理，通过 BIM 信息化技术搭建住宅产业化的咨询、规划、设计、建造和管理各个环节中的信息交换平台；

⑥更进一步与保障性基本住房需求建设结合。欧洲和日本的集合住宅、新加坡的租屋均是装配式技术的主要实践对象。

三、国内装配式建筑发展现状

1. 国家层面政策支持

国务院总理李克强于 2016 年 9 月 14 日主持召开国务院常务会议，部署加快推进"互联网＋政务服务"工作，以深化政府自身改革，更大限度地利企便民，决定大力发展装配式建筑，推动产业结构调整升级。

按照推进供给侧结构性改革和新型城镇化发展的要求，大力发展钢结构、混凝土等装配式建筑，具有发展节能环保新产业、提高建筑安全水平、推动化解过剩产能等一举多得之效。会议决定，以京津冀、长三角、珠三角城市群和常住人口超过300万的其他城市为重点，加快提高装配式建筑占新建建筑面积的比例。为此，一要适应市场需求，完善装配式建筑标准规范，推进集成化设计、工业化生产、装配化施工、一体化装修，支持部品、部件生产企业完善品种和规格，引导企业研发适用技术、设备和机具，提高装配式建材应用比例，促进建造方式现代化。二要健全与装配式建筑相适应的发包承包、施工许可、工程造价、竣工验收等制度，实现工程设计、部品部件生产、施工及采购统一管理和深度融合。强化全过程监管，确保工程质量安全。三要加大人才培养力度，将发展装配式建筑列入城市规划建设考核指标，鼓励各地结合实际出台规划审批、基础设施配套、财政税收等支持政策，在供地方案中明确发展装配式建筑的比例要求。用适用、经济、安全、绿色、美观的装配式建筑服务发展方式转变、提升群众生活品质。

《国务院办公厅关于大力发展装配式建筑的指导意见》(国办发〔2016〕71号)指出：以京津冀、长三角、珠三角三大城市群为重点推进地区，常住人口超过300万的其他城市为积极推进地区，其余城市为鼓励推进地区，因地制宜地发展装配式混凝土结构、钢结构和现代木结构等装配式建筑。力争用10年左右的时间，使装配式建筑占新建建筑面积的比例达到30%。同时，逐步完善法律法规、技术标准和监管体系，推动形成一批设计、施工、部品部件规模化生产企业，具有现代装配建造水平的工程总承包企业以及与之相适应的专业化技能队伍。重点任务如下：

(1)健全标准规范体系。加快编制装配式建筑国家标准、行业标准和地方标准，支持企业编制标准、加强技术创新，鼓励社会组织编制团体标准，促进关键技术和成套技术研究成果转化为标准规范；强化建筑材料标准、部品部件标准、工程标准之间的衔接；编制修订装配式建筑工程定额等计价依据；完善装配式建筑防火抗震防灾标准；研究建立装配式建筑评价标准和方法；逐步建立完善覆盖设计、生产、施工和使用维护全过程的装配式建筑标准规范体系。

(2)创新装配式建筑设计。统筹建筑结构、机电设备、部品部件、装配施工、装饰装修，推行装配式建筑一体化集成设计。推广通用化、模数化、标准化设计方式，积极应用建筑信息模型技术，提高建筑领域各专业协同设计能力，加强对装配式建筑建设全过程的指导和服务。鼓励设计单位与科研院所、高校等联合开发装配式建筑设计技术和通用设计软件。

(3)优化部品部件生产。引导建筑行业部品部件生产企业合理布局，提高产业聚集度，培育一批技术先进、专业配套、管理规范的骨干企业和生产基地。支持部品部件生产企业完善产品品种和规格，促进专业化、标准化、规模化、信息化生产，优化物流管理，合理组织配送。积极引导设备制造企业研发部品部件生产装备机具，提高自动化和柔性加工技术水平。建立部品部件质量验收机制，确保产品质量。

(4)提升装配施工水平。引导企业研发应用与装配化施工相适应的技术、设备和机具，提高部品、部件的装配施工连接质量和建筑安全性能。鼓励企业创新施工组织方式，推行绿色施工，应用结构工程与分部分项工程协同施工新模式。支持施工企业总结编制施工工法，提高装配化施工技能，实现技术工艺、组织管理、技能队伍的转变，打造一批具有较高装配化施工技术水平的骨干企业。

（5）推进建筑全装修。实行装配式建筑装饰装修与主体结构、机电设备协同施工。积极推广标准化、集成化、模块化的装修模式，促进整体厨卫、轻质隔墙等材料、产品和设备管线集成化技术的应用，提高装配化装修水平。倡导菜单式全装修，满足消费者个性化需求。

（6）推广绿色建材。提高绿色建材在装配式建筑中的应用比例。开发应用品质优良、节能环保、功能良好的新型建筑材料，并加快推进绿色建材评价。鼓励装饰与保温隔热材料一体化应用。推广应用高性能节能门窗，强制淘汰不符合节能环保要求、质量性能差的建筑材料，确保安全、绿色、环保。

（7）推行工程总承包。装配式建筑原则上应采用工程总承包模式，可按照技术复杂类工程项目招标投标。工程总承包企业要对工程质量、安全、进度、造价负总责。要健全与装配式建筑总承包相适应的发包承包、施工许可、分包管理、工程造价、质量安全监管、竣工验收等制度，实现工程设计、部品部件生产、施工及采购的统一管理和深度融合，优化项目管理方式。鼓励建立装配式建筑产业技术创新联盟，加大研发投入，增强创新能力。支持大型设计、施工和部品部件生产企业通过调整组织架构、健全管理体系，向具有工程管理、设计、施工、生产、采购能力的工程总承包企业转型。

（8）确保工程质量安全。完善装配式建筑工程质量安全管理制度，健全质量安全责任体系，落实各方主体质量和安全责任。加强全过程监管，建设和监理等相关方可采用驻厂监造等方式加强部品部件生产质量管控；施工企业要加强施工过程质量安全控制和检验检测，完善装配化施工质量保证体系；在建筑物明显部位设置永久性标牌，公示质量安全责任主体和主要责任人。加强行业监管，明确符合装配式建筑特点的施工图审查要求，建立全过程质量追溯制度，加大抽查抽测力度，严肃查处质量安全违法违规行为。

2. 全国各省市地区的装配式建筑发展政策

目前全国已有 30 多个省市出台了装配式建筑专门的指导意见和相关配套措施，不少地方更是对装配式建筑的发展提出了明确要求。越来越多的市场主体开始加入装配式建筑的建设大军中。

（1）上海市。

①装配式保障房推行总承包招标：上海市建筑建材业市场管理总站和上海市住宅建设发展中心联合下发通知，要求上海市装配式保障房项目宜采用设计（勘察）、施工、构件采购工程总承包招标。

②单个项目最高补贴 1 000 万元：对总建筑面积达到 3 万平方米以上，且预制装配率达到 45％及以上的装配式住宅项目，每平方米补贴 100 元，单个项目最高补贴 1 000 万元；对自愿实施装配式建筑的项目给予不超过 3％的容积率奖励；装配式建筑外墙采用预制夹心保温墙体的，给予不超过 3％的容积率奖励。

"十四五"期间，在学校、医院等公共建筑及工业厂房中大力推进装配式钢结构、钢-混凝土组合结构等新型结构体系。装配式钢结构在居住建筑中的应用取得突破。

全市采用装配式建筑的新建公租房、廉租房和长租公寓项目 100％采用全装修，全市公租房、廉租房项目逐步实现装修部品构配件预制化，鼓励装配化装修应用。

（2）浙江省。目前，浙江全省已有杭州、宁波、绍兴、金华、舟山、台州、丽水等地制定出台了相应政策文件。

①"1010 工程"示范基地：绍兴市被住房和城乡建设部列为"全国建筑产业现代化试点

城市"和"国家住宅产业现代化试点城市"。大力推进国家住宅产业化基地创建，目前已有 7 个基地获批国家住宅产业化基地。

②住宅全装修：2016 年 5 月 1 日起，《浙江省绿色建筑条例》已正式施行，到 2020 年年底，浙江新建多层和高层住宅将基本实现全装修，也就是说，毛坯房逐步退出历史舞台。

到 2025 年，全省装配式建筑占新建建筑比例 35% 以上，钢结构建筑占新建装配式建筑比例 40% 以上，累计创建国家装配式建筑产业基地 35 个以上。

(3)北京市。积极推进装配式建筑构件和部品部件生产企业在京津冀地区合理布局，定期发布产能供需情况。提高预制构件标准化水平，推广使用主要构件、部品部件尺寸指南，健全预制构件基本尺寸和组合尺寸库，满足标准化设计选型要求。推广应用钢结构构件和预制混凝土结构构件智能生产线，推动生产实现信息化管理，逐步建立以标准部品部件为基础的专业化、规模化、信息化生产体系。推进绿色建材、构件和部品部件认证，培育装配式建筑构件和部品部件集成供应基地，加快构建绿色供应链。

到 2025 年，实现装配式建筑占新建建筑面积的比例达到 55%，基本建成以标准化设计、工厂化生产、装配化施工、一体化装修、信息化管理、智能化应用为主要特征的现代建筑产业体系；以新型建筑工业化带动设计、施工、部品部件生产企业提升创新发展水平，培育一批具有智能建造能力的工程总承包企业以及与之相适应的专业化高水平技能队伍。

(4)广东省。到 2025 年年底，新型建筑工业化项目实施规模不断扩大，全省装配式建筑占新建建筑面积比例达到 30% 以上，其中，重点推进地区达到 35% 以上，积极推进地区达到 30% 以上，鼓励推进地区达到 20% 以上。到 2030 年年底，工程全寿命周期系统化集成设计、部品部件标准化生产、精益化生产施工水平大幅提升，工程全产业链、价值链和创新链充分整合，形成具有广东特色的新型建筑工业化产业体系。新型建筑工业化由政府示范引领向市场主导发展，工程建设高效益、高质量、低消耗、低排放的建筑工业化基本实现，装配式建筑占新建建筑面积比例达到 50% 以上。

(5)陕西省。从 2021 年起，每年新开工建设项目面积增加 3% 以上用于新型建筑工业化示范项目建设，城市中心城区出让或划拨土地的新建项目，实施工业化建造比例不低于 20%，并逐年增加，到 2025 年新型建筑工业化政策体系和产业体系基本建立，装配式建筑占新建建筑的比例 30% 以上，城市中心城区住宅建筑实施全装修。到 2035 年，陕西省智能建造与新型建筑工业化协同发展取得显著成效。

加快推进钢结构生产与应用：通过院校、设计单位、钢铁企业和施工企业的长期研究和实践积累，陕西省发展钢结构其势已成、其势已到，无论是技术能力和设计能力，还是生产能力、制造能力和施工能力，都已非常成熟。要以问题为导向，积极学习借鉴先进省市经验，进一步完善规范标准，出台《陕西省促进绿色建材生产和应用实施方案》等政策措施，推动陕西省钢结构大力发展。

(6)山东省。积极推动建筑产业现代化。研究编制并推广应用全省统一的设计标准和建筑标准图集，推动建筑产品订单化、批量化、产业化。积极推进装配式建筑和装饰产品工厂化生产，建立适应工业化生产的标准体系。大力推广住宅精装修，推进土建装修一体化，推广精装房和装修工程菜单式服务。

到 2025 年，全省新开工装配式建筑占城镇新建建筑比例达到 40% 以上，其中济南、青岛、烟台市达到 50% 以上；到 2030 年，全省新开工装配式建筑占城镇新建建筑比例达到

60%以上。

青岛市积极推进建筑产业化发展。对于装配式钢筋混凝土结构、钢结构与轻钢结构、模块化房屋三类装配式建筑结构体系，棚户区改造、工务工程等政府投资项目，要进行先行先试，按装配式建筑设计、建造，并逐步提高建筑产业化应用比例；同时，争取每个区市先开工一个建筑产业化项目，并将其作为试点示范工程。

设立建筑节能与绿色建筑发展专项基金：建筑产业现代化试点城市奖励资金基准为500万元。装配式建筑示范奖励基准为100元/m²，根据技术水平、工业化建筑评价结果等因素，相应核定奖励金额；"百年建筑"示范奖励标准为100元/m²。装配式建筑和"百年建筑"示范单一项目奖励资金最高不超过500万元。其中，示范方案批复后拨付50%，通过验收后再拨付50%，资金主要用于弥补装配式建筑增量成本。

3. 我国建筑产业现代化发展方向

20世纪80年代，我国预制混凝土产品的应用较为广泛，主要有预制梁柱、预制楼板、预制叠合楼板等，20世纪80年代中达到鼎盛。20世纪90年代，由于预制构件技术自身的原因及现浇混凝土技术的突飞猛进，预制梁、柱、墙板逐步被取代。20世纪90年代开始衰退，到90年代中急转直下。究其原因，主要还是技术上的，首先是设计，构件跨度太小，形式陈旧，不能发挥预制混凝土的优势，缺乏对预制拼装房屋结构的认知。

全国各省市地区的
装配式建筑发展政策

当今，预制混凝土技术有了很大的发展，特别是高精度预制技术在盾构隧道管片、桥梁等结构中得到了广泛的应用。总的来说，我国建筑产业现代化发展方向如下：

(1)节能、节水、节地、节材、环保，走中国特色的绿色建筑产业化道路。

(2)总体目标：生产方式变革。

(3)技术核心：主体结构工业化，建筑部品集成化。

(4)标准化设计、工厂化生产、装配化施工、一体化装修、信息化管理。

(5)全产业链整合。

四、装配式建筑未来发展趋势

在"德国工业制造4.0"与"中国制造2025"新一轮科技革命和产业变革背景下，世界建筑业正面临新的变革和重大影响，各种新概念和新模式不断涌现，诸如产业链有机集成、并行装配工程、低能耗预制、绿色化装配、机器人敏捷建造、网络化建造和虚拟选购装配等。世界未来装配式建筑的建造系统与产业体系必将超越现有企业模式与工业形式的范畴。其革新方向与发展趋势包括以下7个方面。

1. OS发展趋势

目前世界范围内，各国的装配式建筑技术仍是闭锁体系(CS)的，现有的生产重点为标准化构件并配合标准设计、快速施工。但CS的缺点是结构形式有限、设计缺乏灵活性，也没有推广模数化。"世界未来装配式建筑的技术发展趋势是从封闭体系(CS)向开放体系(OS)转变发展。"德国建筑师夏埃尔·密斯认为，"OS发展趋势可致力于发展标准化的功能块、设计上统一模数，这样易于统一又富于变化，方便了生产和施工，也给设计者与建造者带来更多更大的装配性自由。"

2. PS/SID 发展趋势

目前，装配式建筑的模块式结构设计在各国的发展相对比较快。未来的世界装配式建筑将向结构预制式（PS）和内装修系统化（SID）的 PS/SID 集成方向发展。日本建筑师文彦牧指出："因为装配式建筑既是主体结构的工业化，也是内装修部品的产业化，两者相辅相成，互为依托，片面强调其中任何一个方面均是错误的。"

3. UFCS 发展趋势

德国建筑师华根·菲尔德表示："运用最先进的技术方法开发一种连接点，已成为未来装配式建筑业一项最基本的创新任务，这将在很大程度上决定一个结构的最终特征。"在德国装配式建筑界，有关连接装配的施工作业方式主要是湿体系与干体系。但是湿体系作业的标准较低，所需劳力较多；而干体系就是螺栓、螺母的结合，其缺点是抗震性能较差，没有湿体系防渗性能好。德国装配式建筑界正在创新发展采用现浇和预制装配相结合的万能柔性连结体系（UFCS）。采用 UFCS 可利用虚拟激励等方法分析并确定连接构件的频率比、阻尼比和质量比等参数，其显著效果在于：能按装配作业配套需要，及时安排所需零件的预制生产，从而缩短生产周期，减少毛坯和制品的库存量，也提高装配构件的利用率，减少直接劳动力，提高装配构件与建筑质量的一致性，因而可显著提高经济效果。

4. WICIP 发展趋势

"今后世界装配式建筑业界必将实现全产业链信息化的管理与应用，通过 LAE、CAE、BIM 等信息化技术搭建装配式建筑工业化的咨询、规划、设计、建造和管理各个环节中的信息交换平台，实现全产业链信息平台（WICIP）的支持。"意大利建筑师勒·柯布西耶指出："以'现代信息化'促进'可持续装配式建筑工业化'，是实现装配式建筑产业全生命周期和质量责任可追溯管理的重要手段。"

5. GSAS 发展趋势

绿色化结构装配体系（GSAS）是装配式建筑产业工业化、现代化发展的标志，新型的绿色化结构装配体系必然在未来装配式住宅与建筑中广泛应用。当前发达国家正在重视发展以复合轻钢结构、钢/塑结构、生物质/木结构等为主的新型绿色化装配构件体系，其目标是使装配式住宅与建筑从设计、预制、运输、装配到报废处理的整个住宅生命周期中，对环境的影响最小，资源效率最高，使得住宅与建筑的构件体系朝着安全、环保、节能和可持续发展方向发展。

6. IAM 发展趋势

目前，世界建筑业对劳动力资源的需求越来越大，特别是装配式建筑的施工现场，需要吊装、搬运、装配和连接等大量工人。日本、德国和美国建筑界正在致力于发展智能化装配模式（IAM），以大量减少施工现场的劳动力。其方法是不断发明、推广机器人、自动装置和智能装配线等，同时，创新地采用附加值高的装配式构件与部品，使施工现场不再需要更多大量脏而笨重的体力劳动，这种智能化装配模式比以往建造模式大大节约了人力资源，同时可以缩短工期，提高施工效率。

7. NCAB 发展趋势

互联网的迅速发展，给世界建筑界带来装配式建筑定制网络化的新变革。"未来基于网络定制装配式建筑（NCAB）的主要模式包括：定制环境内部的网络化，实现定制过程的住宅装配；定制环境与整个装配企业的网络化，实现定制环境与企业产业链信息系统等各子系统的装配交易；企业与企业间的产业链网络化，实现企业间的装配式住宅与建筑资源的共享、组合与优化利用；通过网络，实现异地定制装配式住宅。"德国达姆斯达特装配式建筑研究所建筑师弗兰茨·兰帕德指出："未来德国装配式建筑的定制网络化，其影响的深度、广度和发展速度往往远超过其他欧盟国家人们的预测。"

单元三　装配式混凝土结构体系

一、装配式混凝土结构体系的分类

根据结构形式的不同，装配式混凝土结构大致可分为装配整体式框架结构、装配整体式剪力墙结构、预制叠合剪力墙结构、装配整体式框架-现浇剪力墙结构等，它们一同构成装配式混凝土结构体系。

1. 装配整体式框架结构

框架结构是指由梁和柱构成承重体系的结构，即由梁和柱组成框架共同承受使用过程中出现的水平荷载和竖向荷载，结构中的墙体不承重，仅起到围护和分割的作用，如整个房屋均采用这种结构形式，则称为框架结构体系或框架结构房屋。框架结构的主要传力构件有板、梁、柱。全部或部分框架梁、柱采用预制构件建成的装体式混凝土结构，称为装配整体式混凝土框架结构，简称装配整体式框架结构，如图1-5所示。

装配整体式框架结构的优点：建筑平面布置灵活，用户可以根据需求对内部空间进行调整；结构自重较轻，多高层建筑多采用这种结构形式；计算理论比较成熟；构件比较容易实现模数化与标准化；可以根据具体情况确定预制方案，方便得到较高的预制率，单个构件质量较小，吊装方便，对现场起重设备的起重量要求低。

装配整体式框架结构用于住宅结构时，通常会出现凸梁凸柱的情况，这可能会导致居民损失一部分的室内空间，在精

图1-5　装配整体式框架结构示意

装修住宅设计时，通过合理的室内布局与装饰，可以弱化甚至消除"凸梁凸柱"的空间感。装配整体式框架结构多应用于办公楼、商场、学校等公共建筑，而在住宅建造设计时，通常较少采用。随着精装修住宅的推出及用户对户型可变的需求日益强烈，装配整体式框架结构也开始应用于住宅设计。

2. 装配整体式剪力墙结构

高度较大的建筑物如采用框架结构，需采用较大的柱截面尺寸，通常会影响房屋的使

用功能，因此，常用钢筋混凝土墙代替框架，主要承受水平荷载。墙体受剪和受弯，称为剪力墙。如整幢房屋的竖向承重结构全部由剪力墙组成，则称为剪力墙结构。全部或部分剪力墙采用预制墙板构建成的装配整体式混凝土结构，称为装配整体式混凝土剪力墙结构，简称装配整体式剪力墙结构，如图1-6所示。

抗震设计时，为保证剪力墙底部出现塑性铰后具有足够大的延性，对可能出现塑性铰的部位加强抗震措施，包括提高其抗剪切破坏的能力，设置约束边缘构件等，该加强部位称为"底部加强部位"。为保证装配整体式剪力墙结构的抗震性能，通常在底部加强部位采用现浇结构，在加强区以上部位采用装配整体式结构。装配整体式剪力墙结构施工现场如图1-7所示。

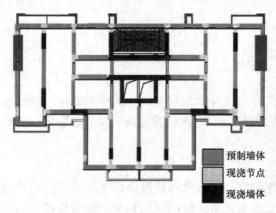

图1-6 装配整体式剪力墙结构示意　　　图1-7 装配整体式剪力墙结构施工现场

装配整体式剪力墙结构房屋的楼板直接支承在墙上，房间墙面及顶棚平整，层高较小，特别适用于住宅、宾馆等建筑；剪力墙的水平承载力和侧向刚度均很大，侧向变形较小。另外，剪力墙作为主要的竖向及水平受力构件，在对剪力墙板进行预制时，可以得到较高的预制率。装配整体式剪力墙结构的缺点是结构自重较大，建筑平面布置局限性大，较难获得大的建筑空间。另外，由于单块预制剪力墙板的质量通常较大，吊装时对塔式起重机的起重能力要求较高。

3. 预制叠合剪力墙结构

预制叠合剪力墙是指采用部分预制、部分现浇工艺生产的钢筋混凝土剪力墙。在工厂制作、养护成型的部分称为预制剪力墙墙板。预制剪力墙外墙板外侧饰面可根据需要在工厂一体化生产制作。预制剪力墙墙板运输至施工现场，吊装就位后，与叠合层整体浇筑，此时预制剪力墙墙板可兼作剪力墙外侧模板使用。施工完成后，预制部分与现浇部分共同参与结构受力。采用这种形式剪力墙的结构，称为预制叠合剪力墙结构，如图1-8所示。

预制叠合剪力墙的外墙板有单侧预制与双侧预制两种方式。单侧预制的预制叠合剪力墙一般作为结构的外墙，预制墙板一侧设置叠合筋，现场施工需单侧支模、绑扎钢筋并浇筑混凝土叠合层；双侧预制叠合剪力墙既可作为外墙，也可作为内墙，预制部分由两层预制墙板和格构钢筋组成，在现场将预制部分安装就位后，于两层板中间穿钢筋并浇筑混凝土。

预制叠合剪力墙结构的特点：结构主体部分与全现浇剪力墙结构相似，结构的整体性

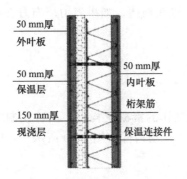

图 1-8　预制叠合剪力墙结构示意

较好；主体结构施工时，既节省了模板，也不需要搭设外脚手架；相较于传统现浇的剪力墙，预制叠合剪力墙通常比较厚；现场吊装时，预制墙板定位及支撑难度大；由于预制墙板表面有桁架筋，现浇部分的钢筋布置比较困难。这种体系的结构通常难以实现高预制率。

4. 装配整体式框架-现浇剪力墙结构

为了充分发挥框架结构平面布置灵活和剪力墙结构侧向刚度大的特点，当建筑物需要有较大空间且高度超过框架结构的合理高度时，可采用框架和剪力墙共同工作的结构体系，称为框架-剪力墙结构，框架-剪力墙结构体系以框架为主，并布置一定数量的剪力墙，通过水平刚度很大的楼盖将三者联系在一起共同抵抗水平荷载，其中剪力墙承担大部分水平荷载。将框架部分的某些构件（如板、梁、柱等）在工厂预制，然后在现场进行装配，将框架结构叠合部分与剪力墙在现场浇筑完成，从而形成共同承担水平荷载和竖向荷载的整体结构，这种结构形式称为装配整体式框架-现浇剪力墙结构，如图 1-9 所示。

装配整体式框架-现浇剪力墙结构的特点：在水平荷载作用下，框架与剪力墙通过楼盖形成框架-剪力墙结构时，各层楼盖因其巨大的水平刚度，使框架与剪力墙的变形协调一致，因而其侧向变形属于介于弯曲型与剪切型之间的弯剪型；由于框架与剪力墙的协同工作，框架各层层间剪力趋于均匀，各层梁、柱截面尺寸和配筋也趋于均匀，这也改变了纯框架结构的受力及变形特点；框架-剪力墙结构比框架结构的水平承载力和侧向刚度都有很大提高；框架部分的存在有利于空间的灵活布置，剪力墙结构的存在有利于提高结构

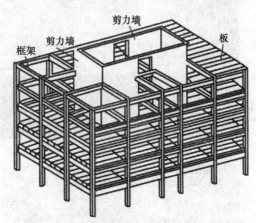

图 1-9　装配整体式框架-现浇剪力墙结构示意

的水平承载力；由于仅仅对框架部分的构件进行预制，预制楼盖、预制梁、预制柱等单个预制构件的质量较小，对现场施工塔式起重机的起重量要求较小；由于剪力墙部分浇筑，现场施工难度较小。

装配整体式框架-现浇剪力墙结构具有较高的竖向承载力和水平承载力，可应用于要求较高的办公楼、教学楼、医院和宾馆等项目。与现浇框架剪力墙结构不同，装配整体式框

架-现浇剪力墙结构通常避免将现浇剪力墙布置在周边。如果剪力墙布置在结构周围，现场施工时，仍然需要搭建外脚手架。

二、装配式混凝土结构体系的预制构件

预制混凝土构件是指在工厂或现场预先制作的混凝土构件，简称预制构件。针对不同的结构体系，可采用不同的预制构件。典型的预制构件如图1-10所示，不同结构体系的主要预制构件见表1-1。

(a)　　　　　　　　　　　　　　(b)

(c)　　　　　　　　　　　　　　(d)

(e)　　　　　　　　　　　　　　(f)

图1-10　典型预制构件示意

(a)预制柱；(b)叠合梁；(c)叠合楼板；(d)外挂墙板；(e)叠合楼板；(f)外挂墙板

表 1-1 装配式结构的主要预制构件

结构体系	主要预制构件
装配整体式框架结构	叠合梁、预制柱、叠合楼板、预制外挂墙板、叠合阳台、预制楼梯、预制空调板等
装配整体式剪力墙结构	预制剪力墙板、预制外挂墙板、叠合梁、叠合阳台、预制楼梯、预制空调板等
预制叠合剪力墙结构	预制叠合剪力墙墙板、预制外挂墙板、叠合梁、叠合楼板、叠合阳台、预制楼梯、预制空调板等
装配整体式框架-现浇剪力墙结构	叠合梁、预制柱、叠合楼板、预制外挂墙板、叠合阳台、预制楼梯、预制空调板等

单元四 装配式建筑外围护体系

一、内浇外挂墙板

内浇外挂墙板在国内已经有比较多的应用实例，是指将预制混凝土外挂墙板作为外模板与建筑结构主体浇筑在一起，预制混凝土外墙可采用悬挂式和侧连式的连接形式，如图 1-11 所示。抗震设计时，内浇外挂墙板的预制混凝土外墙板按非结构构件考虑，整体分析应计入预制外挂墙板及连接对结构整体刚度的影响。根据不同的连接形式，结构整体计算及预制外墙计算应采用相应的计算方法。

(a)   (b)

图 1-11 内浇外挂墙板
(a)悬挂式；(b)侧连式

二、预制叠合剪力墙外墙

预制叠合剪力墙作为外墙，常见的有两种形式。第一种叠合剪力墙板，是将预制混凝土外墙板作为外墙外模板，在外墙内侧绑扎钢筋、支模并浇筑混凝土，预制混凝土外墙板通过粗糙面与现浇混凝土结合成整体。预制叠合剪力墙中的外墙板，在施工时作为内侧现浇混凝土的模板，因此也被称为预制混凝土外墙模（PCF）。在现浇混凝土浇筑完成并终凝后，预制外墙板与现浇层形成整体，共同承担竖向荷载和水平荷载，如图1-12(a)所示。第二种预制叠合剪力墙，由两层预制板和格构钢筋制作而成，现场安装就位后，在两层板中间浇筑混凝土，采取一定的构造措施，提高整体性，共同承受竖向荷载和水平荷载。现场施工时，第二种剪力墙两侧均无须外模板，如图1-12(b)所示。这两种预制叠合剪力墙的厚度比现浇剪力墙的厚度大。另外，第一种剪力墙由于桁架筋的存在，现浇部分剪力墙的钢筋现场绑扎比较困难，可施工性较差。

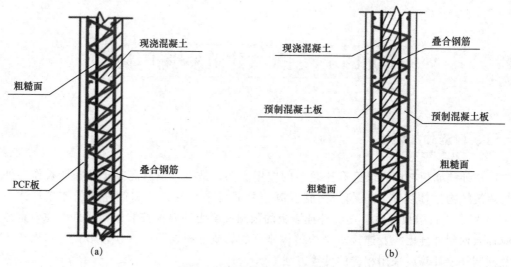

图1-12　预制叠合剪力墙外墙
(a)单侧预制；(b)双侧预制

三、预制外挂墙板

对于传统的现浇混凝土结构来说，外围护墙在主体结构完成后采用砌块砌筑，这种墙也被称为二次墙，为了加快施工进度、缩短工期，将外围护墙改成钢筋混凝土墙，将墙体进行合理的分割和设计后，在工厂预制，再运至现场进行安装，实现了外围护墙与主体结构的同时施工。这种起围护、装饰作用的非承重预制混凝土墙板通常采用预埋件或留出钢筋与主体结构实现连接，因此被称为预制外挂墙板，简称外挂墙板。

外挂墙板通常为单层的预制混凝土板，如图1-13(a)所示。根据需要，有时也将保温板置入混凝土板内并整体预制，这样便形成了两侧为预制混凝土板、中间为保温层的预制夹心墙板，两侧的预制混凝土板通过连接件连接，这种板也被称为三明治板，如图1-13(b)所示。

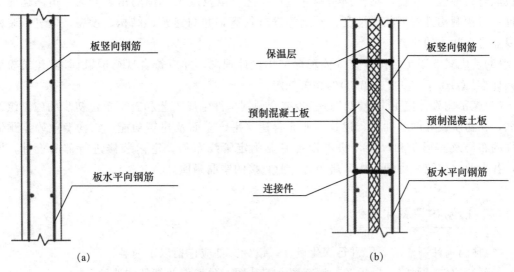

图 1-13　预制外挂墙板示意

(a)单板;(b)夹心墙板

预制外挂墙板是安装在主体结构(一般为钢筋混凝土框架结构、框-剪结构、钢结构)上起围护、装饰作用的非承重预制混凝土外墙板,按装配式结构的装配程序分类,应该属于"后安装法"。

预制外挂墙板与主体结构的连接采用柔性连接构造,主要有点支撑和线支撑两种安装方式;按装配式结构的装配工艺分类,应该属于"干作法"。

单元五　装配式混凝土建筑施工主要环节

装配式混凝土建筑施工的主要环节应包括前期技术策划、方案设计、初步设计、施工图设计、构件深化(加工)图设计、室内装修设计等相关内容。

一、装配式混凝土结构工程设计

(1)装配式混凝土建筑在各个阶段的设计深度除应符合现行国家标准的规定外,还应满足下列要求:

①前期技术策划应在项目规划审批立项前进行,对项目定位、技术路线、成本控制、效率目标等做出明确要求,对项目所在区域的构件生产能力、施工装配能力、现场运输与吊装条件等进行技术评估。

②方案设计阶段应对项目采用的预制构件类型、连接技术提出设计方案,对构件的加工制作、施工装配的技术经济性进行分析,并协调开发建设、建筑设计、构件制作、施工装配等各方要求,加强建筑、结构、设备、电气、装修等各专业之间的密切配合。

(2)初步设计是在建筑、结构设计以及机电设备、室内装修方案设计的基础上,由设计单位联合构件生产企业，结合预制构件生产工艺，以及施工单位的吊装能力、道路运输等条件，对预制构件的形状、尺度、质量等进行估算，并与建筑、结构、设备、电气、装修等专业进行初步的协调。

（3）装配式混凝土结构应充分体现标准化设计理念，并应符合现行国家标准《建筑模数协调标准》（GB/T 50002—2013）的相关规定。

（4）施工图设计应由设计单位进一步结合预制构件生产工艺和施工单位初步的施工组织计划，在初步设计的基础上，建筑专业完善建筑平、立面及建筑功能，结构专业确定预制构件的布局及其形状和尺度，机电设备专业确定管线布局，室内装修进行部品设计，同时，各专业完成统一协调工作，避免各专业直接的错漏碰撞。

二、预制构件深化设计

（1）预制构件制作前，应进行深化设计，设计文件应包括以下内容：

①预制构件平面图、模板图、配筋图、安装图、预埋件及细部构造图等。

②带有饰面板材的构件应绘制板材模板图。

③夹心外墙板应绘制内外叶墙板拉结件布置图、保温板排板图。

④预制构件脱模、翻转过程中混凝土强度验算。

（2）构件深化设计应满足工厂制作、施工装配等相关环节承接工序的技术和安全要求，各种预埋件、连接件设计应准确、清晰、合理，并完成预制构件在短暂设计状况下的设计验算。

（3）项目应采用建筑信息化模型（BIM）进行建筑、结构、机电设备、室内装修一体化协同设计。

（4）项目应注重采用主体结构集成技术，外围护结构的承重、保温、装饰一体化集成技术，室内装饰装修集成技术的应用。

三、装配式混凝土结构预制构件制作

（1）预制构件的制作应有保证生产质量要求的生产工艺和设施、设备，生产全过程应有健全的安全保证措施。

（2）预制构件的生产设施、设备应符合环保要求，混凝土搅拌与砂石堆场宜建立封闭设施；无封闭设施的砂石堆场应设置防扬尘及喷淋设施；混凝土生产余料、废弃物应综合利用，生产污水应进行处理后排放。

（3）预制构件制作应编制生产方案，并应由技术负责人审批后实施，包括生产计划、工艺流程、模具方案、质量控制、成品保护、运输方案等。

（4）预制构件生产工艺流程如图1-14所示。

（5）预制构件生产员工应根据岗位要求进行专业技能岗位培训。

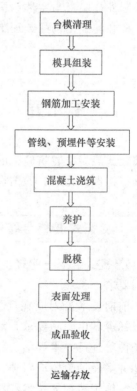

图1-14　预制构件生产工艺流程

四、装配式混凝土结构施工

（1）装配式混凝土结构施工应具有健全的施工组织方案、技术标准、施工方法。

（2）预制构件安装施工前，应编制专项施工方案，并按设计要求对各工况进行施工验算和施工技术交底。

（3）装配式混凝土结构施工测量应编制专项施工方案。

（4）预制构件安装前，应制订构件安装流程，并按施工方案、工艺和操作规程的要求做好人、机、料的各项准备工作。

（5）预制构件安装应根据构件吊装顺序运抵施工现场，根据构件编号、吊装计划和吊装序号在构件上标出序号，并在图纸上标出序号位置。

（6）未经设计允许，不得对预制构件进行切割、开洞。

五、装配式混凝土结构质量验收

（1）预制构件的生产全过程应有健全的质量管理体系及相应的试验检测手段。

（2）预制构件的各种原材料在使用前应进行试验检测，其质量标准应符合现行国家标准的有关规定。

（3）预制构件的各种预埋件、连接件等在使用前应进行试验检测，其质量标准应符合现行国家标准的有关规定。

（4）预制构件的各项性能指标应符合设计要求，并应建立构件标识系统，还应有出厂质量检验合格报告、进场验收记录。

（5）装配式混凝土结构施工应具有健全的质量管理体系及相应的施工质量控制制度。

（6）装配式混凝土结构施工质量，除应符合现行国家标准《混凝土结构工程施工质量验收规范》（GB 50204—2015）、《混凝土结构工程施工规范》（GB 50666—2011）和现行行业标准《装配式混凝土结构技术规程》（JGJ 1—2014）的规定外，还应符合下列规定：

①熟悉施工图纸，明确设计对各分项工程精度和质量控制的要求；

②现浇结构尺寸的允许偏差控制值应能满足预制构件安装的要求，并应采取与之匹配的测量设备和控制方法；

③钢筋加工和安装位置的允许偏差应能满足预制构件安装和连接的要求，并应采用与之相匹配的钢筋设备、定位工具和控制方法；

④现浇结构模板安装的允许偏差值和表面控制标准应与预制构件协调一致，并应采用与之相匹配的模板类型和控制措施。

（7）预制构件安装前，预制构件、材料、预埋件、临时支撑等应按现行国家有关标准及设计要求验收合格。

相关名词

📖 模块小结

本模块主要介绍了装配式混凝土建筑相关基本知识，包括基本概念、装配式混凝土建筑的起源与发展、装配式混凝土结构体系、装配式建筑外围护体系、装配式混凝土结构工程施工主要环节等内容，主要内容如下：

(1)装配式混凝土建筑和装配式混凝土结构的基本概念；

(2)装配式混凝土结构体系主要包括装配整体式框架结构、装配整体式剪力墙结构、预制叠合剪力墙结构、装配整体式框架-现浇剪力墙结构。

(3)装配式建筑外围护体系主要包括内浇外挂墙板、预制叠合剪力墙板、预制外挂墙板。

(4)装配式混凝土结构工程施工主要环节包括装配式混凝土结构工程设计、预制构件深化设计、装配式混凝土结构预制构件制作、装配式混凝土结构施工、装配式混凝土结构质量验收。

课后习题

一、单选题

1. 以下不属于装配式建筑的是(　　　)。

A. 装配式混凝土结构　　　　　　　　B. 装配式钢结构

C. 装配式木结构　　　　　　　　　　D. 石砌体结构

2. 关于装配整体式框架结构的说法，错误的是(　　　)。

A. 由梁柱构成承重结构的体系　　　　B. 墙体起到围护和分隔作用

C. 墙体承受外荷载　　　　　　　　　D. 平面布置灵活

3. 关于预制外挂墙板的说法，错误的是(　　　)。

A. 属于承重构件　　　　　　　　　　B. 属于后安装法

C. 属于干作业法　　　　　　　　　　D. 与主体结构的连接采用柔性连接构造

4. 以下不属于斜撑系统组成部分的是(　　　)。

A. 撑杆　　　　　　　　　　　　　　B. 水平度调整装置

C. 垂直度调整装置　　　　　　　　　D. 锁定装置和预埋固定装置

5. 以下不属于竖向支撑系统的单榀支撑架组成部分的是(　　　)。

A. 立柱　　　　　　　　　　　　　　B. 标高调整装置

C. 垂直度调整装置　　　　　　　　　D. 斜拉杆和横梁

二、简答题

1. 预制构件的节点连接构造主要有哪几类？

2. 装配式混凝土结构主要有哪几种体系？简述每种结构体系的特点、适用范围和预制构件的种类。

3. 装配式混凝土建筑常见预制外挂墙板有哪些？

4. 装配式混凝土建筑常见预制叠合剪力墙外墙有哪些？

5. 简述装配式混凝土结构工程施工主要环节。

模块二　装配式混凝土结构设计

知识目标

(1)掌握装配式混凝土结构设计基本知识；

(2)掌握装配式混凝土结构深化设计基本知识；

(3)掌握预制混凝土构件深化设计流程。

能力目标

(1)能描述装配式混凝土结构设计基本知识；

(2)能描述装配式混凝土结构深化设计基本知识；

(3)能描述预制混凝土构件深化设计流程。

素质目标

(1)具备精益求精、追求卓越的工匠精神；

(2)具备质量意识、安全意识。

单元一　装配式混凝土结构设计概述

设计阶段对工程质量、
投资和进度的影响

一、基本要求

(1)装配整体式混凝土结构应进行标准化、定型化设计。

①装配整体式混凝土结构应进行标准化设计，以实现设计项目的定型化，提高基本单元、构件、建筑部品的重复使用率，以满足工业化生产的要求。

②标准化设计应结合本地区的自然条件和技术经济的发展水平。

③项目应采用模块化设计方法，建立适用本地区的户型模块、单元模块和建筑功能模块，符合少规格、多组合的要求。

(2)标准层组合平面、基本户型设计要点应符合下列要求：

①宜采用大空间的平面布局方式，合理布置承重墙及管井位置。在满足住宅基本功

21

能的基础上，实现空间的灵活性和可变性。公共空间及户内各功能空间分区明确、布局合理。

②主体结构布置宜简单、规则，承重墙体上、下对应贯通，平面凹凸变化不宜过多、过深。平面符合结构设计的基本原则和要求。

③住宅平面设计应考虑卫生间、厨房及其设施、设备布置的标准化以及合理性，竖向管线宜集中设置管井，并宜优先采用集成式卫生间和厨房。

（3）预制构件的标准化设计应符合下列要求：

①预制梁、预制柱、预制外承重墙板、内承重墙板、外挂墙板等在单体建筑中规格少，在同类型构件中具有一定的重复使用率。

②预制楼板、预制楼梯、预制内隔墙板等在单体建筑中规格少，在同类构件中具有一定的重复使用率。

③外窗、集成式卫生间、整体柜、储物间等室内建筑部品在单体建筑中重复使用率高，并采用标准化接口、工厂化生产、装配化施工。

④构件设计应综合考虑对装配化施工的安装调节和施工偏差配合的要求。

（4）非承重的预制外墙板、内墙板应与主体结构可靠连接，接缝处理应满足保温防水、防火、隔声的要求。

（5）预制外挂墙板的接缝及门窗洞口等防水薄弱部位宜采用材料防水和构造防水相结合的做法，并应符合下列规定：

①墙板水平缝宜采用高低缝或企口缝构造。

②墙板竖缝可采用平口或槽口构造。

③当板缝空腔需设置导水管排水时，板缝内侧应增设气密密封构造。

④缝内采用聚乙烯等背衬材料填塞后，用耐候性密封胶密封。

（6）预制外墙的接缝（包括屋面女儿墙、阳台、勒脚等处的竖缝、水平缝、十字缝以及窗口处）应根据工程特点和自然条件等，确定防水设防要求，进行防水设计。垂直缝宜选用构造防水与材料防水结合的两道防水构造，水平缝宜选用构造防水与材料防水结合的两道防水构造。

（7）外墙板接缝处的密封胶应选用耐候性密封胶，具有与混凝土的相容性、低温柔性、防霉性及耐水性等材料性能。其最大伸缩变形量、剪切变形性能应满足设计要求。

二、预制构件节点连接构造设计

由于装配式结构连接节点数量多且结构复杂，节点的构造措施及施工质量对结构整体抗震性能影响较大，因此，需要重点针对预制构件的连接节点进行设计，节点主要包括：预制柱连接节点、预制剪力墙连接节点、预制柱与叠合梁连接节点、叠合楼板连接节点、叠合阳台连接节点、预制楼梯连接节点。

1. 预制柱连接节点构造

预制柱的设计应满足现行国家标准《混凝土结构设计规范（2015年版）》（GB 50010—2010）的要求，并应符合下列规定：

（1）矩形柱截面边长不宜小于400 mm，圆形截面柱直径不宜小于450 mm，且不宜小于同方向梁宽的1.5倍。

（2）柱纵向受力钢筋在柱底连接时，柱箍筋加密区长度不应小于纵向受力钢筋连接区域长度与500 mm之和；当采用套筒灌浆连接或浆锚搭接连接等方式时，套筒或搭接段上端第一道箍筋距离套筒或搭接段顶部不应大于50 mm，如图2-1所示。预制柱钢筋骨架实例如图2-2所示。

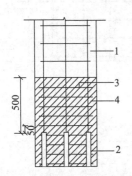

图2-1　柱底箍筋加密区域构造

1—预制柱；2—连接接头（或钢筋连接区域）；
3—加密区箍筋；4—箍筋加密区（阴影区域）

图2-2　预制柱钢筋骨架实例

（3）柱纵向受力钢筋直径不宜小于20 mm，受力钢筋的间距不宜大于200 mm且不应大于400 mm，柱的纵向受力钢筋可集中于四角配置且宜对称布置。柱中可设置纵向辅助钢筋且直径不宜小于12 mm，当正截面承载力计算不计入纵向辅助钢筋时，纵向辅助钢筋可不伸入框架节点，预制柱集中配筋构造平面示意如图2-3所示。

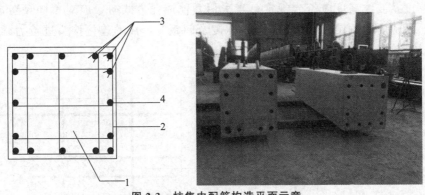

图2-3　柱集中配筋构造平面示意

1—预制柱；2—箍筋；3—纵向受力钢筋；4—纵向辅助钢筋

2. 预制剪力墙连接节点构造

预制剪力墙竖向钢筋一般采用套筒灌浆或浆锚搭接连接。当采用套筒灌浆连接时，套筒底部至套筒顶部并向上延伸300 mm范围内，预制剪力墙的水平分布钢筋应加密布置，如图2-4所示。加密区水平分布筋的最大间距及最小直径应符合表2-1的规定，套筒上端第一道水平分布钢筋距离套筒顶部不应大于50 mm。

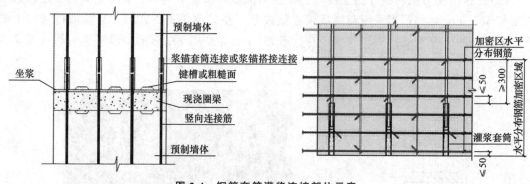

图 2-4 钢筋套筒灌浆连接部位示意

表 2-1 加密区水平分布钢筋的要求

抗震等级	最大间距/mm	最小直径/mm
一、二级	100	8
三、四级	150	8

预制剪力墙竖向钢筋采用浆锚搭接连接时，符合下列规定：

(1)墙体底部预留灌浆孔道直线段长度应大于下层预制剪力墙连接钢筋伸入孔道内的长度 30 mm，孔道上部应根据灌浆要求设置合理弧度。孔道直径不宜小于 40 mm 和 $2.5d$（d 为伸入孔道的连接钢筋直径）的较大值，孔道之间的水平净间距不宜小于 50 mm；孔道外壁至剪力墙外表面的净间距不宜小于 30 mm。当采用预埋金属波纹管成孔时，金属波纹管的钢管厚度及波纹高度应符合规定；当采用其他成孔方式时，应对不同预留成孔工艺、孔道形状、孔道内壁的表面粗糙度或花纹深度及间距等形成的连接接头进行力学性能以及适用性的试验验证。

(2)竖向钢筋连接长度范围内的水平分布钢筋应加密，加密范围自剪力墙底部至预留灌浆孔道顶部，如图 2-5 所示，且不应小于 300 mm。加密区水平分布钢筋的最大间距及最小直径应符合表 2-1 的规定，最下层水平分布钢筋距离墙身底部不应大于 50 mm。剪力墙竖向分布钢筋连接长度范围内未采取有效横向约束措施时，水平分布钢筋加密范围内的拉筋应加密；拉筋沿竖向的间距不宜大于 300 mm 且不少于 2 排；拉筋沿水平方向的间距不宜大于竖向分布钢筋间距，直径不应小于 6 mm，拉筋应紧靠被连接钢筋，并钩住最外层分布钢筋。

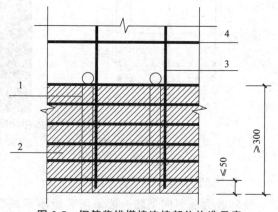

图 2-5 钢筋浆锚搭接连接部位构造示意

1—预留灌浆孔道；2—水平分布钢筋加密区域(阴影区域)；
3—竖向钢筋；4—水平分布钢筋

3. 预制柱与叠合梁连接节点构造

在预制柱与叠合梁连接节点中，梁钢筋在节点中锚固及连接方式是决定节点受力性能以及施工可行性的关键。梁、柱构件尽量采用较粗直径、较大间距的钢筋布置方式，节点区的主梁钢筋较少，有利于节点的装配施工，保证施工质量。在设计过程中，应充分考虑到施工装配的可行性，合理确定梁、柱截面尺寸及钢筋的数量、间距及位置等。预制柱与叠合梁框架中间层中节点构造示意如图 2-6 所示。

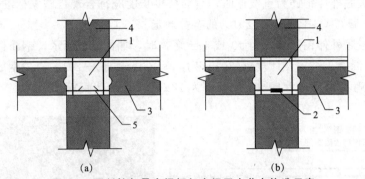

| (a) | (b) |

图 2-6　预制柱与叠合梁框架中间层中节点构造示意

(a)梁下部纵向受力钢筋锚固；(b)梁下部纵向受力钢筋连接

1—后浇区；2—梁下部纵向受力钢筋连接；3—预制梁；4—预制柱；5—梁下部受力钢筋锚固

当采用现浇柱与叠合梁组成的框架时，节点做法与预制柱、叠合梁的节点做法类似，节点区混凝土应与梁板后浇混凝土同时浇筑，柱内受力钢筋的连接方式与常规的现浇混凝土结构相同。预制柱叠合梁框架节点、现浇筑叠合框架节点在保证构造措施与施工质量时，具有良好的抗震性能，与现浇节点基本相同。

4. 叠合楼板连接节点构造

当预制板之间采用分离式接缝时，宜按单向板设计。对长宽比不大于 3 的四边支承叠合板，当其预制板之间采用整体式接缝或无接缝时，可按双向板设计。

双向叠合板板侧的整体式接缝宜设置在叠合板的次要受力方向上且宜避开最大弯矩截面。叠合板的预制板布置形式示意如图 2-7 所示。

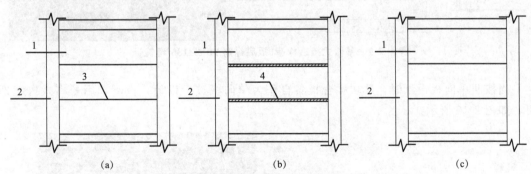

| (a) | (b) | (c) |

图 2-7　叠合板的预制板布置形式示意

(a)单向叠合板；(b)带接缝的双向叠合板；(c)无接缝双向叠合板

1—预制板；2—墙或梁；3—板侧分离式接缝；4—板侧整体式接缝

当按照双向板设计时，同一块板内，可采用整块的叠合双向板或者几块叠合板通过整体式接缝组合成叠合双向板，整体式接缝一般采用后浇带形式，如图 2-8 所示。双向叠合板板侧的整体式接缝宜设置在叠合板的次要受力方向且宜避开最大弯矩截面。并应符合下列规定：

(1)后浇带宽度不宜小于 200 mm。

(2)后浇带两侧板底纵向受力钢筋可在后浇带中焊接、搭接、弯折锚固、机械连接。

(3)当后浇带两侧板底纵向受力钢筋在后浇带中搭接连接时，应符合下列规定：

①预制板板底外伸钢筋为直线形时，钢筋搭接长度应符合现行国家标准《混凝土结构设计规范(2015 年版)》(GB 50010—2010)的有关规定；

②预制板板底外伸钢筋端部为 90°或 135°弯钩时，如图 2-9 所示，钢筋搭接长度应符合现行国家标准《混凝土结构设计规范(2015 年版)》(GB 50010—2010)有关钢筋锚固长度的规定，90°和 135°弯钩钢筋弯后直段长度分别为 12d 和 5d(d 为钢筋直径)。

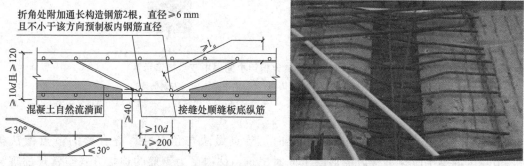

图 2-8　整体式接缝构造(板底钢筋弯折锚固)

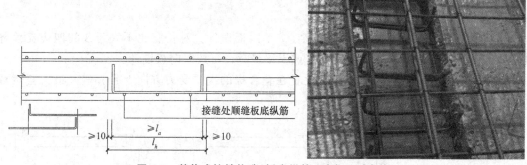

图 2-9　整体式接缝构造(板底纵筋 90°或 135°弯钩)

当按照单向板设计时，几块叠合板各自作为单向板进行设计，板侧采用分离式拼缝即可，如图 2-10 所示。

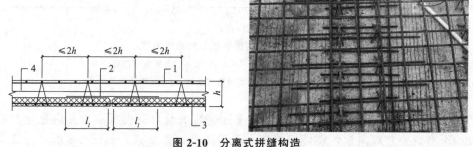

图 2-10　分离式拼缝构造

1—后浇层内钢筋；2—附加钢筋；3—预制板；4—后浇混凝土叠合层

叠合楼板通过现浇层与叠合梁或者墙连为整体，叠合楼板现浇层钢筋与梁或墙之间的连接和现浇结构完全相同，主要区别在于叠合楼板下层钢筋与梁或者墙的连接。在现浇混凝土结构中，楼板下层钢筋两个方向均需深入梁或者墙内至少 5 倍钢筋直径且需伸过梁或者墙中线，对于叠合楼板，假如下层钢筋，均伸入梁或者墙内将导致板钢筋与梁钢筋相互碰撞且调节困难，叠合板难以准确就位。为了施工方便，叠合楼板下层钢筋只在短跨即主要受力方向伸出，长跨不伸出，采用附加钢筋的形式，保证楼面的整体性和连续性，具体如图 2-11 所示。

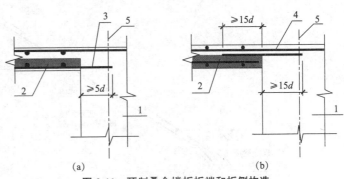

图 2-11　预制叠合楼板板端和板侧构造

(a)板段支座；(b)板侧支座

1—支撑端梁或墙；2—预制板；3—纵向受力钢筋；

4—附加钢筋；5—梁或墙轴线

5. 叠合阳台连接节点构造

叠合阳台由预制部分和叠合部分组成，主要通过预制部分的预留钢筋与叠合层的钢筋搭接或者焊接与主体结构连为整体，如图 2-12 所示。

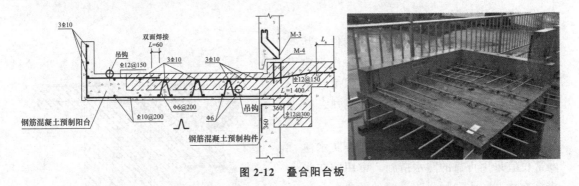

图 2-12　叠合阳台板

6. 预制楼梯连接节点构造

预制楼梯与主体结构之间可以通过在预制楼梯预留钢筋与梁的叠合层整体浇筑，也可以在预留楼梯预留孔，通过锚栓与灌浆料与主体相连接，如图 2-13、图 2-14 所示。

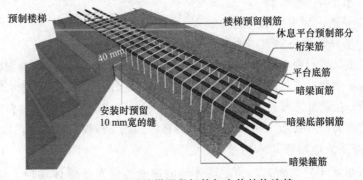

图 2-13　预制楼梯预留钢筋与主体结构连接

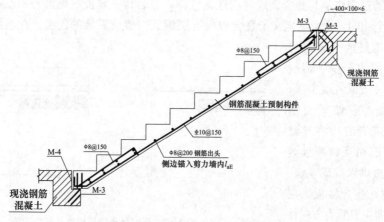

图 2-14　预制楼梯与主体结构锚栓连接

7. 预制外挂墙板连接节点构造

预制外挂墙板连接节点构造如图 2-15 所示。

三、预制混凝土外挂墙板防水构造设计

1. 外墙防水概述

墙体是建筑物竖直方向的主要构件，其主要作用是承重、围护和分隔空间。作为建筑物的外墙，除需具备设计要求的强度、刚度和稳定性外，还需要具有保温、隔热、隔声、防火和防水能力。

预制外墙板的接缝及门窗洞口等防水薄弱部位宜采用可靠的防水措施，常用的防水措施有构造防水和材料防水两种做法。

构造防水是采取合适的构造形式，阻断水的通路，以达到防水的目的。如在外墙板接缝外口设置适当的线型构造（立缝的沟槽，平缝的挡水台、披水等），形成空腔，截断毛细管通路，利用排水构造将渗入接缝的雨水排出墙外，防止向室内渗漏。构造防水原理如图 2-16 所示。

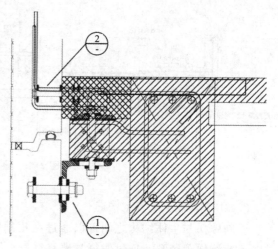

图 2-15　预制外挂墙板连接节点构造

材料防水是靠防水材料阻断水的通路，以达到防水的目的或增加抗渗漏的能力。如预制外墙板的接缝采用耐候性密封胶等防水材料，用于阻断水的通路。用于防水的密封材料应选用耐候性密封胶；接缝处的背衬材料宜采用发泡氯丁橡胶或发泡聚乙烯塑料棒；外墙板接缝中用于第二道防水的密封胶条，宜采用三元乙丙橡胶、氯丁橡胶或硅橡胶，如图 2-17所示。

2. 预制混凝土外挂墙板防水构造

对于装配式混凝土建筑而言，预制墙体间的接缝质量对于墙体实现上述性能要求意义重大。施工时，应保证接缝处的作业质量。接缝材料应与混凝土具有相容性，以及规定的

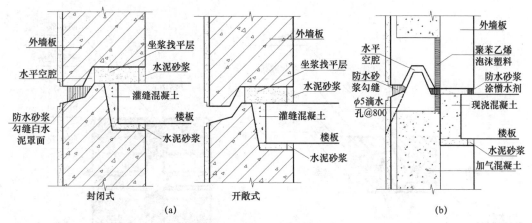

图 2-16　构造防水原理示意

(a)高低缝防水；(b)企口缝防水

抗剪切和伸缩变形能力，并具有防霉、防火、防水、耐候等性能。对于有防水要求的外墙，接缝处必须用有可靠防水性能的嵌缝材料，且材料的嵌缝深度不得小于 20 mm。

外挂墙板的接缝应根据外挂墙板不同部位接缝的特点及风雨条件选用构造防水和材料防水相结合的防水措施。其中，防水材料常采用具有弹性塑料棒（PE 棒）为背衬的耐候性防水密封胶条；防水构造常采用高低企口缝、双直槽缝等构造措施。

所谓预制外挂墙板的接缝，即在预制外挂板外部的四周接缝（垂直缝与水平缝）均以合成高分子密封膏作为第一道密封防水材料，利用其后的弹性塑料棒作为背衬材料，以定位控制填缝材料的深度，这种利用板外端的防水系统为预

图 2-17　防水材料防水示意

制混凝土板的第一道防水，而位于预制混凝土板的内端采用合成橡胶的环管状衬垫作为第二道防水。两道防水之间采用构造防水措施，形成一个减压密闭空仓，水平缝采用高低企口缝，垂直缝采用双直槽缝。上述这种以填缝剂将上下左右预制混凝土板密封以达到防水、防气流的系统即称为密闭式接缝，这种接缝构造为世界各地预制建筑工程最常用的防水方法。

除了主要考虑雨水的作用外，还应考虑墙板随着结构变形导致的墙板接缝变形，接缝宽度一般不小于 20 mm，防水密封材料的嵌缝深度不得小于 20 mm。外挂墙板接缝所用的防水密封胶应选用耐候性密封胶，密封胶应与混凝土具有相容性，并具有低温柔性、防霉性及耐水性等性能。其最大变形量、剪切变形性能等均应满足结构设计要求。

外挂墙板水平缝、垂直缝构造如图 2-18 所示。

四、装修与设备系统设计

1. 建筑室内外装修设计

（1）建筑室内外装修设计应与建筑、结构设计同步进行，并实现建筑设计与室内装修设计一体化。

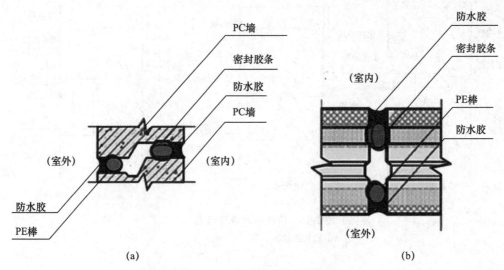

图 2-18　外挂墙板接缝防水构造

(a)水平接缝防水措施；(b)竖直接缝防水措施

(2)建筑室内外装修设计应与预制构件深化设计紧密联系，各种预埋件、连接件接口设计应准确到位、清晰合理。

(3)建筑室内外装修设计应采用工业化生产的标准构配件，墙、地面块材的铺装应保证施工现场减少二次加工和湿作业。

(4)建筑室内外装修的部件之间、部件与设备之间的连接应采用标准化接口。各构件、部品与主体结构之间的尺寸匹配、协调，应提前预留、预埋接口，易于装修工程的装配化施工。

(5)内隔墙应选用易于安装、拆卸且保温、隔声性能良好的隔墙板，灵活分割室内空间，连接构造牢固、可靠。

2. 建筑设备系统设计

(1)室内设施和水、暖、电气等设备系统应与主体结构构件生产、施工装配协调配合，连接部位应提前预留接口、孔洞，便于安装。

(2)在装配式混凝土结构的预制墙体设计中，对预制墙体上设置的各种电气开关插座、弱电插座及其必要的接线盒、连接管线等进行预留。

(3)建筑设备管线应进行综合设计，减少平面交叉；竖向管线宜集中布置，并满足维修更换的要求。

(4)竖向电气管线应预先设置在预制隔墙板内，墙板内竖向电气管线的布置应保持安全距离。

(5)隔墙内预留有电气设施时，应采取有效措施满足隔声及防火要求，对分户墙两侧暗装的电气设备不应连通设置。

(6)设备管线穿过预制楼板的部位，应采取防水、防火、隔声等措施，并与预制构件上的预埋件可靠连接。

(7)叠合楼板的建筑设备管线布线宜结合楼板的现浇层或建筑垫层统一设计。

(8)需要降板的房间(包括卫生间、厨房)的位置及降板范围,应结合结构的板跨、设备管线等因素进行设计,并为房间的可变性留有余地。

单元二　装配式混凝土结构深化设计概述

装配式混凝土建筑深化设计,是指在设计单位提供的施工图的基础上,结合装配式混凝土建筑的特点以及参建各方的生产和施工能力,对图纸进行细化、补充和完善,制作能够直接指导预制构件生产和现场安装施工的图纸,并经原设计单位签字确认。装配式混凝土建筑深化设计也被称为二次设计,用于指导预制构件生产的深化设计也被称为构件拆分设计。

一、深化设计的基本原则

(1)应满足建设、制作、施工各方需求,加强与建筑、结构、设备、装修等专业间配合,方便工厂制作和现场安装。

(2)结构方案及设计方法应满足现行国家规范和标准的规定。

(3)应采取有效措施加强结构整体性。

(4)装配式混凝土结构宜采用高强度混凝土、高强度钢筋。

(5)装配式混凝土结构的节点和接缝应受力明确、构造可靠,并应满足承载力、延性和耐久性等要求。

(6)应根据连接节点和接缝的构造方式与性能,确定结构的整体计算模型。结构设计提倡湿法连接,少用干法连接,但对别墅类建筑可用干法连接,以提高工作效率。

(7)当建筑结构超限时,不建议采用预制装配的建造方式;如必须采用,其建造方案需经专家论证。

二、深化设计的内容

装配式混凝土结构工程施工前,应由相关单位完成深化设计,并经原设计单位确认。预制构件的深化设计图应包括但不限于下列内容:

(1)预制构件模板图、配筋图、预埋吊件及各种预埋件的细部构造图等。

(2)夹心保温外墙板,应绘制内外叶墙板拉结件布置图及保温板排板图。

(3)水、电线、管、盒预埋预设布置图。

(4)预制构件脱模、翻转过程中混凝土强度及预埋吊件的承载力的验算。

(5)节能保温设计图。

(6)面层装饰设计图。

(7)对带饰面砖或饰面板的构件,应绘制排砖图或排板图。

三、构件拆分要点

(1)预制构件的设计应满足标准化的要求,宜采用建筑信息化模型(BIM)技术进行一体化设计,确保预制构件的钢筋与预留洞口、预埋件等相协调,简化预制构件连接节点施工。

(2)预制构件的形状、尺寸、质量等应满足制作、运输、安装各环节的要求。

(3)预制构件的配筋设计应便于工厂化生产和现场连接。

(4)预制构件应尽量减少梁、板、墙、柱等预制结构构件的种类,保证模板能够多次重复使用,以降低造价。

(5)构件在安装过程中,钢筋的对位情况直接影响构件的连接效率,故宜采用大直径、大间距的配筋方式,以便于现场钢筋的对位和连接。

四、构件拼接要求

(1)预制构件拼接部位的混凝土强度等级不应低于预制构件的混凝土强度等级。

(2)预制构件的拼接位置宜设置在受力较小部位。

叠合板详图设计

(3)预制构件的拼接应考虑温度作用和混凝土收缩徐变的不利影响,宜适当增加构造配筋。

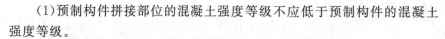

单元三 预制混凝土构件深化设计流程

一、预制构件深化设计流程

预制构件深化设计流程:前期技术策划→建筑施工图设计→预制构件拆分方案设计→预制构件模板图→预制构件配筋图→预制构件预埋预留图(水、电、预埋件、门窗预埋预留)→预制构件综合加工图→模具设计图→图纸审查。

二、前期技术策划

在项目前期策划中,对工程所在地建筑产业化的发展程度、政府要求以及项目案例等进行调查研究,与项目参建各方充分沟通,了解建筑物或建筑物群的基本信息、结构体系、项目实施的目标要求,并掌握现阶段预制构件制作水平、工人操作与安装技术水平等。结合以上信息,确定工程的装配率、构件类型、结构体系等,根据建筑产业化目标、技术水平和施工能力以及经济性等要求确定适宜的预制率。预制率在装配式建筑中是比较重要的控制性指标。

装配式混凝土结构的建筑设计,应在满足建筑使用功能的前提下,实现功能单元的标准化设计，以提高构件与部品的重复使用率，有利于降低造价。

在装配式混凝土结构的建设过程中，建设、设计、生产、施工和管理等单位需要精心配合、协同工作。在方案设计阶段之前，应增加前期技术策划阶段。为配合预制构件的生产加工，应增加预制构件深化设计图纸的设计内容。

前期技术策划对项目的实施起到十分重要的作用，设计单位应充分了解项目定位、建设规模、产业化目标、成本限额、外部条件等影响因素，制订合理的建筑设计方案，提高预制构件的标准化程度，并与建设单位共同确定技术实施方案，为后续的设计工作提供依据。

建筑方案设计应根据技术策划要点，做好平面设计和立面设计。平面设计在保证满足使用功能的基础上，遵循"少规格、多组合"的设计原则，实现功能单元设计的标准化与系列化；立面设计宜考虑构件生产加工的可能性，根据装配式建筑的建造特点，实现立面设计的个性化和多样化。

装配式混凝土结构的深化设计是生产前重要的准备工作之一，由于工作量大、图纸多、牵涉专业多，一般由建筑设计单位或专业的第三方单位进行预制构件深化设计。

建筑专业应按照建筑结构特点和预制构件生产工艺的要求，将建筑物拆分为独立的构件单元。根据工程需要，充分考虑预制构件的质量和尺寸，综合考虑项目所在地区构件的加工能力及运输、吊装等条件，为构件加工图设计提供预制构件尺寸控制图。

建筑设计可采用 BIM 技术，协同完成各专业的设计内容，提高设计精度。

预制构件的设计应遵循标准化、模数化原则，尽量减少构件类型，提高构件标准化程度、降低工程造价。对于开洞多、异形、降板等复杂部位，可进行具体设计。

三、建筑施工图设计

建筑施工图设计应遵循当地施工条件的要求，结合现行国家设计规范进行设计，达到施工图设计深度。预制构件生产企业应参与施工图图纸会审，并提出相关意见。

施工图设计工作量大、期限长、内容广。施工图设计文件作为项目设计的最终成果和项目后续阶段建设实施的直接依据，体现着设计过程的整体质量水平，设计文件编制深度以及完整准确程度等要求均高于方案设计和初步设计。施工图设计文件要在一定投资限额和进度下，满足设计质量目标要求，并经审图机构和政府相关主管部门审查。因此，施工图设计阶段的质量控制工作任重道远。

装配式混凝土结构施工图设计质量控制主要有以下几个方面：

(1)施工图设计应根据批准的初步设计编制，不得违反初步设计的设计原则和方案。

(2)施工图设计文件编制深度应满足《建筑工程设计文件编制深度规定》的要求，满足设备材料采购、非标准设备制作和施工的需要，以及满足编制施工图预算的需要，并作为项目后续阶段建设实施的依据。对于装配式结构工程，施工图设计文件还应满足进行预制构配件生产和施工深化设计的需要。

(3)解决建筑、结构、设备、装修等专业之间的冲突或矛盾，做好各专业工种之间的技术协调。建筑的部件之间、部件与设备之间的连接应采用标准化接口。设备管线应进行综合设计，减少平面交叉；竖向管线宜集中布置，并应满足维修更换的要求。

(4)施工图设计文件是构件生产和施工安装的依据，必须保证它的可施工性。否则，在项目开展的过程中容易导致施工困难等问题，甚至影响项目的正常实施。可以采取构件生产厂家和施工单位提前介入参与设计讨论的方式，确保施工图纸的可实施性。

（5）采用 BIM 技术。采用 BIM 技术进行构件设计，模拟生产、安装施工，进行碰撞检查，提前发现设计中存在的问题。

四、预制构件拆分方案设计

方案设计的质量对项目设计起着决定性的作用。为保证项目设计质量，务必要十分注重方案设计各环节的质量控制，从而在设计过程初期为设计质量奠定良好的基础。构件拆分方案设计对于装配式建筑设计尤其重要，除应满足有关设计规范要求外，还必须考虑装配式构件生产、运输、安装等环节的问题，并为结构设计创造良好的条件。

预制构件拆分方案设计应满足以下几个方面：

（1）在方案设计阶段，各专业应充分配合，结合建筑功能与造型，规划好建筑各部位拟采用的工业化、标准化预制混凝土构配件。在总体规划中，应考虑构配件的制作和堆放，以及起重运输设备服务半径所需空间。

（2）在满足建筑使用功能的前提下，采用标准化、系列化设计方法，满足体系化设计的要求，充分考虑构配件的标准化、模数化，使建筑空间尽量符合模数，建筑造型尽量规整，避免异形构件和特殊造型，通过不同单元的组合达到立面效果的丰富。

（3）平面设计上，宜简单、对称、规则，不应采用严重不规则的平面布置，宜采用大开间、大进深的平面布局，承重墙、柱等竖向构件宜上、下连续，门窗洞口宜上、下对齐，成列布置，平面位置和尺寸应满足结构受力及预制构件设计要求，剪力墙结构不宜用于转角处。厨房与卫生间的平面布置应合理，其平面尺寸宜满足标准化整体橱柜及整体卫浴的要求。

（4）外墙设计应满足建筑外立面多样化和经济美观的要求。外墙饰面宜采用耐久、不易污染的材料。采用反打一次成型的外墙饰面材料，其规格尺寸、材质类别、连接构造等应进行工艺试验验证。空调板宜集中布置，并宜与阳台合并设置。

（5）方案设计中，应遵守模数协调的原则，做到建筑与部品模数协调、部品之间的模数协调以及部品的集成化和工业化生产，实现土建与装修在模数协调原则下的一体化，并做到装修一次性到位。

（6）构件的尺寸、类型等应结合当地生产实际，并考虑运输设备、运输路线、吊装能力等因素，必要的时候进行经济性测算和方案比选。另外，因地制宜地积极采用新材料、新产品和新技术。

（7）设计优化。设计方案完成后，应组织各个层面的人员进行方案会审，首先是设计单位内部，包括各专业负责人、专业总工等；其次是建设单位、使用单位、项目管理单位以及构配件生产厂家、设备生产厂家等，必要时组织专家评审会；再次让各个层面的人分别从不同的角度对设计方案提出优化的意见；最后设计方案应报当地规划管理部门审批并公示。

五、预制混凝土构件深化设计图

在将预制混凝土构件拆分成相互独立的预制构件后，在以后的设计过程中，应重点考虑构件的连接构造、水电管线的预埋、门窗及其他埋件的预埋、吊装及施工必需的预埋件、预留孔洞等。同时，要考虑方便模具加工和构件生产效率、现场施工吊运能力限制等因素。

对于每个预制构件，深化设计图包括预制构件模板图、预制构件配筋图、预制构件预埋预留图（水、电、预埋件、门窗预埋预留）、预制构件综合加工图、模具设计图，对复杂情况，需要制作三维视图。

六、图纸审查

我国强制执行施工图设计文件审查制度。施工图完成后，必须经施工图审查机构按照有关法律、法规，对施工图涉及公共利益、公众安全和工程建设强制性标准的内容进行审查。施工图未经审查合格的，不得使用。从事房屋建筑工程、市政基础设施工程施工、监理等活动，以及实施对房屋建筑和市政基础设施工程质量安全监督管理，应当以审查合格的施工图为依据。涉及建筑功能改变、结构安全及节能改变的重大变更，应重新送审图机构进行审查。

施工图审查机构应对装配式混凝土建筑的结构构件拆分及节点连接设计、装饰装修及机电安装预留预埋设计、重大风险源专项设计等涉及结构安全和主要使用功能的关键环节进行重点审查。对施工图设计文件中采取的新技术、超限结构体系等涉及工程结构安全且无国家和地方技术标准的，应当由设区市及以上建设行政主管部门组织专家评审，出具评审意见，施工图审查机构应当依据评审意见和有关规定进行审查。

模块小结

本模块主要介绍了装配式混凝土结构设计的相关知识，包括装配式混凝土结构设计概述、装配式混凝土结构深化设计概述、预制混凝土构件深化设计流程 3 个方面的内容。其主要内容如下：

（1）装配式混凝土结构设计概述主要包括预制构件节点连接构造设计、预制混凝土外挂墙板防水构造设计、装修与设备系统设计等内容。

（2）装配式混凝土结构深化设计概述主要包括深化设计的基本原则、深化设计的内容、深化拆分要点、构件拼接要求等内容。

（3）预制混凝土构件深化设计流程主要包括前期技术策划、建筑工程施工图、预制构件拆分方案设计、预制混凝土构件深化设计图、图纸审查等内容。

课后习题

一、单选题

1. 关于预制柱连接节点的说法，错误的是（   ）。

A. 柱纵向受力钢筋在柱底连接时，柱箍筋加密区长度不应小于纵向受力钢筋连接区域长度与 500 mm 之和

B. 当采用套筒灌浆连接或浆锚搭接连接等方式时，套筒或搭接段上端第一道箍筋距离套筒或搭接段顶部不应大于 50 mm

C. 柱纵向受力钢筋直径不宜小于20 mm，受力钢筋的间距不宜大于200 mm且不应大于400 mm，柱的纵向受力钢筋可集中于四角配置且宜对称布置

D. 预制柱不能采用圆形截面柱

2. 关于预制混凝土外挂墙板防水的说法，错误的是（　　）。

A. 可以采用企口缝   B. 可以采用高低缝

C. 不需要做防水   D. 可以采用材料防水

3. 关于装配式混凝土结构深化设计的说法，错误的是（　　）。

A. 在施工之后进行   B. 提倡使用湿法连接

C. 要求受力明确、构造可靠   D. 需原设计单位同意

4. 关于预制构件拼接要求的说法，错误的是（　　）。

A. 预制构件拼接部位的混凝土强度等级不应低于预制构件的混凝土强度等级

B. 预制构件的拼接位置宜设置在受力较大部位

C. 预制构件的拼接位置宜设置在受力较小部位

D. 预制构件拼接宜适当增加构造配筋

5. 关于施工图审查的说法，错误的是（　　）。

A. 施工图审查是非强制执行的一项制度

B. 施工图未经审查合格的，不得使用

C. 施工图审查机构应对装配式混凝土建筑的结构构件拆分及节点连接设计、装饰装修及机电安装预留预埋设计、重大风险源专项设计等涉及结构安全和主要使用功能的关键环节进行重点审查

D. 审查合格的施工图是从事施工、监理工作的依据

二、简答题

1. 预制构件的节点连接构造主要有哪几类？

2. 简述预制混凝土外挂墙板防水构造措施。

3. 简述装配式混凝土结构深化设计的内容。

4. 简述装配式混凝土结构深化设计时构件拆分要点。

5. 简述预制构件深化设计流程。

模块三　装配式混凝土建筑材料、配件和设备

单元一　混凝土

建筑变革，材料先行

一、混凝土材料及要求

1. 混凝土的概念

普通混凝土是指以水泥为主要胶凝材料，与水、砂、石子，必要时掺入化学外加剂和矿物掺合料，按适当比例配合，经过均匀搅拌、密实成型及养护硬化而成的人造石材（图 3-1）。混凝土主要划分为两个阶段与状态：

(1)凝结硬化前的塑性状态，即新拌混凝土或混凝土拌合物；
(2)硬化之后的坚硬状态，即硬化混凝土或混凝土。

图 3-1　混凝土

混凝土强度等级是按立方体抗压强度标准值进行划分的，我国普通混凝土强度等级划分为 14 级：C15、C20、C25、C30、C35、C40、C45、C50、C55、C60、C65、C70、C75 及 C80。

2. 混凝土的类型

(1)按胶凝材料分：水泥混凝土(在土木工程中应用最广泛)、石膏混凝土、沥青混凝土(在公路工程中应用较多)、聚合物混凝土等。

(2)按表观密度分：特重混凝土($>2\ 500\ \text{kg/m}^3$)、普通混凝土($1\ 900 \sim 2\ 500\ \text{kg/m}^3$)、轻混凝土($600 \sim 1\ 900\ \text{kg/m}^3$)。

(3)按用途分：结构用混凝土、道路混凝土、特种混凝土、耐热混凝土、耐酸混凝土等。

3. 混凝土原材料的要求

(1)水泥宜选用普通硅酸盐水泥或硅酸盐水泥，质量应符合现行国家标准《通用硅酸盐水泥》(GB 175—2007)的有关规定。

(2)砂宜选用细度模数为 2.3～3.0 的天然砂或机制砂，质量应符合现行行业标准《普通混凝土用砂、石质量及检验方法标准》(JGJ 52—2006)的有关规定，不得使用海砂或特细砂。

(3)石子应根据预制构件的尺寸选取相应粒径的连续级配碎石，质量应符合现行行业标准《普通混凝土用砂、石质量及检验方法标准》(JGJ 52—2006)的有关规定。

(4)外加剂品种和掺量应通过试验室进行试配后确定，质量应符合现行国家标准《混凝土外加剂》(GB 8076—2008)的有关规定，宜选用聚羧酸系高性能减水剂。

(5)粉煤灰应符合现行国家标准《用于水泥和混凝土中的粉煤灰》(GB/T 1596—2017)中的 I 级或 II 级各项技术性能及质量指标。

(6)矿粉应符合现行国家标准《用于水泥砂浆和混凝土中的粒化高炉矿渣粉》(GB/T 18046—2017)中的 S95 级、S105 级各项技术性能及质量指标。

(7)轻集料应符合现行国家标准《轻集料及其试验方法 第 1 部分：轻集料》(GB/T 17431.1—2010)的有关规定，最大粒径不宜大于 20 mm。

(8)拌合用水应符合现行行业标准《混凝土用水标准》(JGJ 63—2006)的有关规定。

(9)采用再生集料时，应符合现行国家标准《混凝土和砂浆用再生细骨料》(GB/T 25176—2010)、《混凝土用再生粗骨料》(GB/T 25177—2010)和现行行业标准《再生骨料应用技术规程》(JGJ/T 240—2011)的有关规定。

（10）拌制混凝土用纤维、膨胀剂等材料应符合现行国家有关标准的要求。

4. 混凝土原材料的存放、试验、标识要求

（1）水泥和掺合料应分别存放在筒仓内，并且不得混仓，存储时，应保持密封、干燥，防止受潮。

（2）外加剂应按品种分别存放，并有防止沉淀、防尘、防雨和排水等措施。

混凝土的基本要求

（3）砂、石按不同品种、规格分别存放，并且有防混料。

（4）砂、石等集料按照相关标准进行复检试验，经检测合格后方可使用。

（5）进场水泥、外加剂、掺合料等原材料应有产品合格证等质量证明文件，并按照相关标准进行复检试验，经检测合格后方可使用。

（6）原材料应分类存储，并应设有明显标识，标识应注明材料的名称、产地、等级、规格和检验状态等信息。

二、混凝土配料及制备

1. 材料与主要机具

普通混凝土配合比
设计基本规定

（1）材料：根据生产需求备好各种生产需要的原材料，并到原材料堆场实地查看原材料状态，通知铲车班给指定仓位上料；如果对原材料情况有异议，及时通知试验室，出料前由试验室进行抽检，最终根据试验室意见进行使用。

（2）主要机具：混凝土搅拌机、电子计量设备等。生产前，检查主机设备是否运行正常，各种计量秤是否准确。确认无误后，方可准备生产。

2. 作业条件

（1）试验室已下达混凝土配合比通知单，严格按照配合比进行生产任务，如有变化，以试验室的配合比变更通知单为准，严禁私自更改配合比。

（2）所有的原材料经检查，全部应符合配合比通知单所提出的要求。

（3）搅拌机及其配套的设备应运转灵活、安全可靠（图3-2）。电源及配电系统应符合要求、安全可靠。

（4）所有计量器具必须有检定的有效期标识。计量器具灵敏可靠，并按制作配合比设专人定磅。

（5）新下达的混凝土配合比，应进行开盘鉴定。开盘鉴定的工作已进行并应符合要求。

图3-2　混凝土搅拌机

3. 制备工艺

（1）准备工作。对所用原材料的规格、品种、产地（厂家）、牌号及质量进行检查，并与制作配合比进行核对：对砂、石的含水率进行检查，如有变化，及时通知试验人员调整用水量。一切检查符合要求后，方可开盘拌制混凝土。

（2）物料计量。

①砂、石计量：采用自动上料，需调整好斗门关闭的提前量，以保证计量准确砂、石计量的允许偏差应≤±2%。

②水泥计量：搅拌时采用散装水泥，应每盘精确计量。水泥计量的允许偏差应≤±1%。

③外加剂及混合料计量：使用液态外加剂，为防止沉淀，应随用随搅拌。外加剂计量的允许偏差应≤±1%。

④水计量：水必须盘盘计量。水计量的允许偏差应≤±1%。

（3）上料程序。现场拌制混凝土，一般是计量好的原材料先汇集在上料斗，经上料斗进入搅拌主机。水及液态外加剂经计量后，在往搅拌主机中进料的同时，直接进入搅拌主机。

（4）第一盘混凝土拌制的操作。

①每次上班拌制第一盘混凝土时，先加水使搅拌筒空转数分钟，搅拌筒被充分湿润后，将剩余积水倒净。

②搅拌第一盘时，由于砂浆粘筒壁而损失，因此，根据试验室提供的砂石含水率及配合比配料，每班第一盘料需增加水泥 10 kg、砂 20 kg。

③从第二盘开始，按给定的配合比投料。

（5）搅拌时间控制。混凝土搅拌时间以 60～120 s 为佳。冬期制作时，搅拌时间应取常温搅拌时间的 1.5 倍。

（6）出料的外观及时间。出料前，在观察口目测拌合物的外观质量，保证混凝土应搅拌均匀、颜色一致，具有良好的和易性。每盘混凝土拌合物必须出尽，下料时间为 20 s。

三、混凝土的性能和质量要求

1. 混凝土的主要性能

混凝土的主要性能主要包括强度以及和易性。

（1）强度。混凝土的强度是混凝土硬化后的最重要的力学性能。混凝土的强度是指混凝土抵抗压、拉、弯、剪等应力的能力。水胶比、水泥品种和用量、集料的品种和用量以及搅拌、成型养护等工序的作业质量，都直接影响混凝土的强度。混凝土强度等级应按立方体抗压强度标准值确定。立方体抗压强度标准值是指按标准方法制作、养护的边长为 150 mm 的立方体试件，在 28 d 或设计规定龄期以标准试验方法测得的具有 95% 保证率的抗压强度值。混凝土具有良好的抗压能力，但是抗拉强度仅为其抗压强度的 1/20～1/10，因此应避免混凝土在受拉状态或复杂受力状态下工作。

（2）和易性。混凝土拌合物的和易性是指混凝土易于各工序施工操作并能获得质量均匀、成型密实的混凝土的性能。混凝土拌合物的和易性直接影响混凝土施工操作的难易程度，以及混凝土凝固成型的质量。因此，合理选择和易性适合的混凝土拌合物对于建筑工程的顺利实施非常重要。工程上常在满足施工操作及混凝土成型密实的条件下，尽可能选用较小坍落度的混凝土。

此外，混凝土的工作性能还包括抗渗性、耐久性和变形能力。它们都会影响混凝土构件的工作能力。

在装配式混凝土建筑中，混凝土既需要应用到预制构件的生产中，也需要应用到施工现场后浇混凝土区段的施工当中。

2. 预制构件混凝土

在装配式混凝土建筑的施工过程中，预制混凝土构件在养护成型后，需要经过存储、运输、吊装、连接等工序后才能应用于建筑本身。考虑到这个过程当中混凝土构件可能遭受难以预计的荷载组合，因此有必要提高预制混凝土构件的质量。

预制构件的混凝土强度等级不宜低于C30。预应力混凝土预制构件的混凝土强度等级不宜低于C40，且不应低于C30。混凝土工作性能指标应根据预制构件产品特点和生产工艺确定。拌制混凝土的各原材料需经过质量检验合格后方可使用。混凝土应采用有自动计量装置的强制式搅拌机搅拌，并具有生产数据逐盘记录和实时查询功能。混凝土应按照混凝土配合比通知单进行生产，原材料每盘称量的允许偏差应符合相关规定。

为保证预制混凝土构件与现浇混凝土之间能够可靠连接，在预制混凝土构件制作时，宜将其接触面做成粗糙面或键槽。粗糙面是指预制构件接合面上凹凸不平或集料显露的表面，其面积不宜小于接合面的80%，对于预制板，其凹凸深度不应小于4 mm，对预制梁端、柱端和墙端，其凹凸深度不应小于6 mm（图3-3）。键槽是指预制构件混凝土表面规则且连续的凹凸构造，其可实现预制构件和后浇混凝土的共同受力作用。键槽的尺寸和数量应经计算确定。对于预制梁端面的键槽，其深度不宜小于30 mm，宽度不宜小于深度的3倍且不宜大于深度的10倍；键槽可贯通截面，当不贯通时，槽口距离截面边缘不宜小于50 mm；键槽间距宜等于键槽宽度；键槽端部斜面倾角不宜大于30°。对于预制剪力墙侧面的键槽，其深度不宜小于20 mm，宽度不宜小于深度的3倍且不宜大于深度的10倍；键槽间距宜等于键槽宽度；键槽端部斜面倾角不宜大于30°；对于预制柱底部的键槽，其深度不宜小于30 mm；键槽端部斜面倾角不宜大于30°。

预制板与后浇混凝土叠合层之间的接合面应设置粗糙面。预制梁与后浇混凝土叠合层之间的接合面应设置粗糙面；预制梁端面应设置键槽且宜设置粗糙面。预制剪力墙的顶部和底部与后浇混凝土的接合面应设置粗糙面；侧面与后浇混凝土的接合面应做成粗糙面，也可设置键槽。预制柱的底部应设置键槽且宜做成粗糙面，柱顶应设置粗糙面。

预制构件粗糙面可采用模板面预涂缓凝剂的工艺，待脱模后，采用高压水冲洗露出集料的方式制作，也可以在叠合面粗糙面混凝土初凝前进行拉毛处理（图3-4）。

图3-3　混凝土粗糙面　　　　　　　　图3-4　混凝土拉毛

单元二　钢筋

一、钢筋种类及要求

(1)按轧制外形分。

①光圆钢筋：HPB300级钢筋均轧制为光面圆形截面，供应形式有盘圆，直径不大于10 mm，长度为6～12 m(图3-5)。

②带肋钢筋：有螺旋形、人字形和月牙形三种，一般HRB400级钢筋轧制成人字形，HRB500钢筋轧制成螺旋形及月牙形(图3-6)。

图3-5　光圆钢筋

图3-6　带肋钢筋

③钢线(分低碳钢丝和碳素钢丝两种)及钢绞线。

④冷轧扭钢筋：经冷轧并冷扭成型。

(2)按直径大小分：钢丝(直径3～5 mm)、细钢筋(直径6～10 mm)、粗钢筋(直径大于22 mm)。

(3)按生产工艺分：热轧、冷轧、冷拉的钢筋，还有以HRB500级钢筋经热处理而成的热处理钢筋，强度比前者更高。

(4)按在结构中的作用分：受压钢筋、受拉钢筋、架立钢筋、分布钢筋、箍筋等。

(5)配置在钢筋混凝土结构中的钢筋，按其作用可分为下列几种：

①受力筋——承受拉、压应力的钢筋。

②箍筋——承受一部分斜拉应力，并固定受力筋的位置，多用于梁和柱。

③架立筋——用于固定梁内钢箍的位置，构成梁内的钢筋骨架。

④分布筋——用于屋面板、楼板内，与板的受力筋垂直布置，将承受的质量均匀地传给受力筋，并固定受力筋的位置，以及抵抗热胀冷缩所引起的温度变形。

⑤其他——因构件构造要求或施工安装需要而配置的构造筋，如腰筋、预埋锚固筋、环等。

现在钢筋常用的有热轧光圆钢筋(俗称圆钢)、热轧带肋钢筋(俗称螺纹钢)、冷轧扭钢筋、冷拔低碳钢丝。其中以前两者应用最广泛，后两者一般用在高强度混凝土中。

二、钢筋加工

(1)钢筋加工制作时，要将钢筋加工表与设计图复核，检查下料表是否有错误和遗漏，对每种钢筋要按下料表检查是否达到要求，经过这两道检查后，再按下料表放出实样，试制合格后方可成批制作。

(2)制作中如需要钢筋代换，必须充分了解设计意图和代换材料性能，严格遵守现行钢筋混凝土设计规范的各种规定，并不得以等面积的高强度钢筋代换低强度的钢筋。凡重要部位的钢筋代换，需征得甲方、设计单位同意，并有书面通知时方可代换。

(3)钢筋加工工序。钢筋加工一般要经过钢筋除锈、钢筋调直、钢筋切断、钢筋成型四道工序。

①钢筋除锈。钢筋表面应洁净；钢筋表面粘着的油污、泥土、浮锈在使用前必须清理干净，可结合冷拉工艺除锈。

②钢筋调直。可用机械或人工进行钢筋调直。经调直后的钢筋不得有局部弯曲、死弯、小波浪形，其表面伤痕不应使钢筋截面面积减小 5%。

③钢筋切断。应根据钢筋号、直径、长度和数量，长短搭配，先断长料后断短料，尽量减少和缩短钢筋短头，以节约钢材。

④钢筋成型。钢筋成型包括钢筋弯钩或弯折(图 3-7)。

a. 钢筋弯钩。钢筋弯钩的形式有 3 种，分别为半圆弯钩、直弯钩及斜弯钩。钢筋弯折后，弯折处内皮收缩、外皮延伸、轴线长度不变，弯折处形成圆弧，弯折后尺寸大于下料尺寸，应考虑弯曲调整值。钢筋弯心直径为 $2.5d$，平直部分为 $3d$。钢筋弯钩增加长度的理论计算值：对转半圆弯钩，为 $6.25d$；对直弯钩，为 $3.5d$；对斜弯钩，为 $4d$(d 为钢筋直径)。

图 3-7　钢筋弯折

b. 弯起钢筋。中间部位弯折处的弯曲直径 D，不小于钢筋直径的 5 倍。

c. 箍筋。箍筋的末端应做弯钩，弯钩形式应符合设计要求。箍筋调整，即为弯钩增加长度和弯曲调整值两项之差或和，根据箍筋量外包尺寸或内包尺寸而定。

d. 钢筋下料长度应根据构件尺寸、混凝土保护层厚度、钢筋弯曲调整值和弯钩增加长度等规定综合考虑。

直钢筋下料长度＝构件长度－保护层厚度＋弯钩增加长度；

弯起钢筋下料长度＝直段长度＋斜弯长度－弯曲调整值＋弯钩增加长度；

箍筋下料长度＝箍筋外周长＋箍筋调整值＋弯钩增加长度。

e. 在钢筋加工过程中，应随时进行尺寸的检查，当不符合要求时，随时停止作业进行修改，以满足规范和制作要求。

(4)钢筋的常规加工方法及注意事项。

①钢筋的除锈。

a. 加工方法：钢筋均应清除油污并通过锤打剥落浮皮、铁锈。大量除锈，可通过钢筋冷拉或钢筋调直机调直过程完成；少量的钢筋除锈，可采用电动除锈机或喷砂方法除锈

(图 3-8)，钢筋局部除锈可采取人工用钢丝刷或砂轮等方法进行。

b. 注意事项及质量要求：如除锈后钢筋表面有严重的麻坑、斑点等，已伤蚀截面时，应降级使用或剔除不用，带有蜂窝状锈迹的钢筋不得使用。

②钢筋的调直。

a. 加工方法。对局部曲折、弯曲或成盘的钢筋，应加以调直。钢筋调直普遍使用卷扬机拉直和调直机调直(图 3-9)。在缺乏设备时，可采用弯曲机、平直锤或人工锤击矫直粗钢筋和用绞磨拉直细钢筋。

b. 注意事项及质量要求。用卷扬机拉直钢筋时，应注意控制冷拉率：HPB300 级钢筋不宜大于 4%；HRB400、HRBF400、HRB500、HRBF500 级钢筋及不准采用冷拉钢筋的结构不宜大于 1%。用调直机调直钢筋和用锤击法平直粗钢筋时，表面伤痕不应使截面面积减少 5% 以上。调直后的钢筋应平直、无局部曲折，冷拔低碳钢筋表面不得有明显擦伤。应当注意：冷拔低碳钢丝经调直机调直后，其抗拉强度一般应降低 10%～15%，使用前应加强检查，按调直后的抗拉强度选用。

③钢筋的切割。钢筋弯曲成型前，应根据配料表要求长度分别截断，通常宜用钢筋切断机进行。在缺乏设备时，可用断丝钳(剪断钢丝)、手动液压切断(切断直径不大于 16 mm 钢筋)，对 40 mm 以上的钢筋，可用氧乙炔焰切割。

图 3-8　钢筋除锈机

图 3-9　钢筋调直机

(5)锚固板。锚固板全称为钢筋机械锚固板，是为减小钢筋锚固长度或避免钢筋弯曲锚固而采取的一种机械锚固端部接头，主要用于梁或柱端部钢筋的锚固。其使用方法采用现行行业标准《钢筋锚固板应用技术规程》(JGJ 256—2011)所规定的方法。

(6)钢筋网片。钢筋焊接网的制作及使用应满足现行行业标准《钢筋焊接网混凝土结构技术规程》(JGJ 114—2014)中的各项规定和要求。

(7)钢筋桁架。钢筋桁架通常也称为桁架钢筋，钢筋桁架在钢结构中使用较多，通常用于钢筋桁架楼承板，桁架钢筋的制作及在预制混凝土构件中的使用应满足现行行业标准《装配式混凝土结构技术规程》(JGJ 1—2014)中的各项规定和要求。

(8)成品钢筋的堆放与标识。

①成品钢筋的堆放：将加工成型的钢筋分区、分部、分层、分段和构件名称按号码顺序堆放，同部位钢筋或同一构件应堆放在一起，保证制作方便。

②钢筋标识：钢筋原材料及成品钢筋堆放场地必须设有明显标识牌，成品钢筋标识牌上应注明使用部位、钢筋规格、钢筋简图、加工制作人及受检状态。

三、钢筋连接

为保证钢筋混凝土结构中钢筋的受力承载性能，钢筋的连接区段与整体钢筋相比，应有相似的传递应力的性能。应能够保持钢筋连接后的强度、刚度、延性、恢复性能、耐久性和抗疲劳性能等。通过接头间接传力的钢筋连接，无论是何种形式，与整体钢筋的直接传力相比始终是一个薄弱点。因此，无论采用何种形式的钢筋接头，都应尽量设置在受力较小处，同一根钢筋应少设接头，接头位置应相互错开，钢筋连接接头区域应采取必要的构造措施。

1. 绑扎搭接连接

绑扎搭接连接是通过钢筋与混凝土之间的粘结力来传递钢筋应力的方式。两根相向受力的钢筋分别锚固在搭接连接区段的混凝土中而将力传递给混凝土，从而实现钢筋之间应力的传递。搭接钢筋由于横肋斜向挤压椎楔作用造成的径向推力引起了两根钢筋的分离趋势，两根搭接钢筋之间容易出现纵向劈裂裂缝，甚至因两筋分离而破坏，因此必须保证强有力的配箍约束。由于绑扎搭接连接是一种比较可靠的连接方式，质量容易保证，仅靠现场检测即可确保质量，且施工非常简便，不需特殊的技术，因而应用也最广泛，至今仍是水平钢筋连接的主要形式。而且在目前情况下价格也较低。但当钢筋较粗时，绑扎搭接施工困难且容易产生较宽的裂缝，因此对其直径有明确限制。

但绑扎搭接连接浪费钢筋，由于规范中限制接头在同一位置，若采用50%接头百分率，则搭接长度为$1.4l_a$，按一般情况下混凝土强度取C30考虑，锚固长度为$l_a = 30d$（非抗震情况下），则一根直径$d = 20$ mm的钢筋，其一个接头即浪费主筋$42d = 840$ mm。而绑扎搭接接头区段大于$3.22l_a$，搭接接头区段范围箍筋应加密，加密范围长达$96.6d = 1\ 932$ mm，使得绑扎搭接接头不仅浪费主受力钢筋，而且也大大增加了箍筋的用量，绑扎搭接接头区段的箍筋用量相当于非接头区域的两倍。

2. 焊接连接

焊接连接是受力钢筋之间通过熔融金属直接传力。若焊接质量可靠，则不存在强度、刚度、恢复性能、破坏性能等方面的缺陷，是十分理想的连接方式。焊接的方式主要有闪光对焊、电弧焊、电渣压力焊、气压焊、电焊等，可实现不同情况下的钢筋连接。但影响钢筋焊接质量的因素也很多，如电压、气候、环境、施工条件和操作水平等，难以保证稳定的焊接质量。施工队伍的素质和管理水平还很难做到确保施工质量。另外，焊接热量会影响钢筋材质，改变其力学性能。而且目前尚无简便有效的检测手段，如虚焊、气泡、夹渣、内裂缝等缺陷以及内应力还很难通过现场检测加以消除。因此，为了避免手工操作的不稳定性，焊接连接应采用机械操作代替手工操作，以确保施工质量，充分发挥焊接连接能保证钢筋整体性能的优点。而且从长远利益和综合效益上，不但节省了大量钢材，而且其价格低于机械连接。在保证质量的情况下，可优先选用焊接连接。

（1）电阻点焊。将两钢筋安放成交叉叠接形式，压紧于两电极之间，利用电阻热熔化母材金属，加压形成焊点的一种压焊方法。

特点：钢筋混凝土结构中的钢筋焊接骨架和焊接网，宜采用电阻点焊制作。以电阻点焊代替绑扎,可以提高劳动生产率、骨架和网的刚度以及钢筋(钢丝)的设计计算强度,宜积极推广应用。

适用范围:ϕ6～16 mm 的热轧 HPB300 级钢筋,ϕ3～5 mm 的冷拔低碳钢丝和 ϕ4～12 mm 冷轧带肋钢筋。

(2)闪光对焊。将两钢筋安放成对接形式,利用焊接电流通过两钢筋接触点产生塑性区及均匀的液体金属层,迅速施加顶锻力完成的一种压焊方法。

特点:具有生产效益高、操作方便、节约能源、节约钢材、接头受力性能好、焊接质量高等很多优点,故钢筋的对接连接宜优先采用闪光对焊。

适用范围:ϕ10～40 mm 的热轧 HPB300 级钢筋,ϕ10～25 mm 的 HRB500 级钢筋。

(3)电弧焊。以焊条作为一极,钢筋为另一极,利用焊接电流通过产生的电弧热进行焊接的一种熔焊方法。

特点:轻便、灵活,可用于平、立、横、仰全位置焊接,适应性强、应用范围广。

适用范围:构件厂内或施工现场。可用于钢筋与钢筋,以及钢筋与钢板、型钢的焊接。

(4)电渣压力焊。将两钢筋安放成竖向对接形式,利用焊接电流通过两钢筋端面间隙,在焊剂层下形成电弧过程和电渣过程,产生电弧热和电阻热,熔化钢筋、加压完成的一种焊接方法。

特点:操作方便、效率高。

适用范围:ϕ14～40 mm 的热轧 HPB300 级钢筋连接。主要用于柱、墙、烟囱、水坝等现浇钢筋混凝土结构(建筑物、构筑物)中竖向或斜向(倾斜度在 4：1 范围内)受力钢筋的连接。

(5)气压焊。采用氧乙炔焰或氢氧焰将两钢筋对接处进行加热,使其达到一定温度,加压完成的方法。

特点:设备轻便,可进行钢筋在水平位置、垂直位置、倾斜位置等全位置焊接。

适用范围:ϕ14～40 mm 的热轧 HPB300、HRB400 级钢筋相同直径或径差不大于 7 mm 的不同直径钢筋间的焊接。

(6)埋弧压力焊。将钢筋与钢板安放成 T 形,利用焊接电流通过,在焊剂层下产生电弧,形成熔池,加压完成的一种压焊方法。

特点:生产效率高,质量好,适用各种预埋件 T 形接头钢筋与钢板的焊接,预制厂大批量生产时,经济效益尤为显著。

适用范围:ϕ6～25 mm 的热轧 HPB300 级钢筋的焊接,钢板为厚度 6～20 mm 的普通碳素钢 Q235A,与钢筋直径相匹配。

3. 机械连接

机械连接通过连贯于两根钢筋之间的套筒来实现钢筋的传力,是间接传力的一种形式。钢筋与套筒之间的传力可通过挤压变形的咬合、螺纹之间的楔合、灌注高强度胶凝材料的胶合等形式实现。机械连接的主要方式有径向和轴向挤压连接、锥螺纹连接、镦粗直螺纹连接、滚轧直螺纹连接等形式。根据目前的发展情况,机械连接中尤以镦粗直螺纹连接技术和滚压直螺纹连接技术的优点突出。

主要优点:接头强度高,与母材等强;连接质量稳定、可靠;操作简单,施工速度快,工作效率高;适用范围广,适用各种方位同、异直径钢筋的连接;钢筋的化学成分对连接质量无影响;接头质量受人为因素影响小;现场施工不受气候条件影响;节省能源、耗电低;无污染、无火灾及爆炸隐患,施工安全可靠;节省钢材等。由于多数机械连接均存在面积削弱情况，其外连接套筒直径大于钢筋，机械连接接头处的混凝土保护层厚度（如：钢筋直径 25 mm 的套筒直径达 39 mm，保护层厚度将减小7 mm，不能满足耐久性中保护层厚度的最小要求）及钢筋间的净距（影响钢筋与混凝土之间通过粘结力共同作用的机理）将减小，影响构件的耐久性和受力性能。采用机械连接的钢筋必须提前处理，并在运输和施工过程中保护其端头不受损害，否则，将严重影响接头质量。而且接头价格也较绑扎搭接和焊接连接高。

（1）径向挤压连接。将一个钢套筒套在两根带肋钢筋的端部，用超高压液压设备（挤压钳）沿钢套筒径向挤压钢套管，在挤压钳挤压力作用下，钢套筒产生塑性变形与钢筋紧密结合，通过钢套筒与钢筋横肋的咬合，将两根钢筋牢固地连接在一起。

特点：接头强度高，性能可靠，能够承受高应力反复拉压荷载及疲劳荷载。操作简便、施工速度快、节约能源和材料、综合经济效益好，该方法已在工程中大量应用。

适用范围：$\phi 18 \sim 50$ mm 的 HRB400、HRB500 级带肋钢筋（包括焊接性差的钢筋），相同直径或不同直径钢筋之间的连接。

（2）轴向挤压连接。采用挤压机的压膜，沿钢筋轴线冷挤压专用金属套筒，把插入套筒里的两根热轧带肋钢筋紧固成一体的机械连接方法。

特点：操作简单、连接速度快、无明火作业、可全天候施工，节约大量钢筋和能源。

适用范围：按一、二级抗震设防要求的钢筋混凝土结构中 $\phi 20 \sim 32$ mm 的 HRB400 级热轧带肋钢筋现场连接施工。

（3）锥螺纹连接。利用锥螺纹能承受拉、压两种作用力及自锁性、密封性好的原理，将钢筋的连接端加工成锥螺纹，按规定的力矩值把钢筋连接成一体的接头。

特点：工艺简单、可以预加工、连接速度快、同心度好，不受钢筋含碳量和有无花纹限制等优点。

适用范围：适用工业与民用建筑及一般构筑物的混凝土结构，钢筋直径为 $\phi 16 \sim 40$ mm 的 HRB400 级竖向、斜向或水平钢筋的现场连接施工。

在现浇钢筋混凝土结构中，受力钢筋的连接难以避免，但任何形式的钢筋连接性能都比整体钢筋的性能差。选择何种钢筋连接方式应结合工程结构类型、能源供应、钢材种类、材料来源、气候及环境条件等具体情况决定，在焊接质量和钢筋可焊性有保证的情况下，优先选用焊接连接或机械连接；在工期较短或不适宜焊接的环境下，优先选用镦粗直螺纹和滚压直螺纹机械连接；在一定的条件下，细直径钢筋可选用绑扎搭接接头。

单元三　专用灌浆料

一、钢筋连接接头灌浆料

钢筋连接接头灌浆料是以水泥为基本材料，配以适当的细集料，以及混凝土外加剂和其他材料组成的干混料，加水搅拌后，具有良好的流动性、早强、高强、微膨胀等性能。

水泥基灌浆材料是由水泥、集料（或不含集料）、外加剂和矿物掺合料等原材料，经混合生产而成的具有合理级配的干混料。水泥基灌浆材料加水拌和均匀后，具有可灌注的流动性、不离析、不泌水、早强、高强、无收缩、微膨胀等性能。

因其具有自流性好、无毒、无害、不老化、对水质及周围环境无污染、绿色环保且在施工方面具有质量可靠、降低成本、缩短工期和使用方便等优点而被广泛应用于灌浆工程、设备安装以及混凝土加固修补等工程。

在后张预应力孔道中，为防止预应力筋锈蚀，通过凝结后的浆体将预应力传递至混凝土结构。为保证预应力构件的强度、密实性、耐久性等性能，一般将专用压浆料与压浆剂用于后张法预应力孔道的注浆。而专用压浆料是指由水泥、高效减水剂、膨胀剂和矿物掺合料等多种材料干拌而成的混合料，在施工现场按一定比例加水并搅拌均匀后，用于充填后张预应力孔道的压浆材料；而专用压浆剂是指由高效减水剂、膨胀剂和矿物掺合料等多种材料干拌而成的混合剂，在施工现场按一定比例与水泥、水混合并搅拌均匀后，用于充填后张预应力孔道的压浆材料。所谓专用，是指专门用于后张预应力孔道的压浆，且均应由工厂化制造生产。

二、原材料组成

水泥基灌浆料主要由水泥、细集料、膨胀剂、矿物掺合料、高效减水剂、调凝剂、保水剂、消泡剂等组成。

1. 水泥

水泥作为压浆材料中主要的组分之一，其品种、活性、强度等级和用量等对压浆材料的性能有着重要的影响。

常用的水泥品种有普通硅酸盐水泥、铝酸盐水泥、硫铝酸盐水泥等，或它们之间的复合使用。为保证灌浆料硬化后的强度，水泥等级一般不能低于 42.5 级的低碱硅酸盐水泥或低碱普通硅酸盐水泥。为保证压浆料的早期强度，一般采用普通硅酸盐水泥与早强水泥（硫铝酸盐水泥、铝酸盐水泥）互掺使用。

2. 集料

集料的级配和细度模数会影响灌浆材料的塑性及凝结硬化后的力学性能。集料颗粒的形貌对灌浆材料性能也有一定的影响。常用集料包括级配优良的天然砂和石英砂。集料级配均匀，灌浆料可以更容易流动，不易出现离析泌水等现象，工作性能会更好。

3. 外加剂

在混凝土和易性与水泥用量不变的条件下，减水剂能减少用水量，提高混凝土的强度或和易性。在保持混凝土强度不变的时候，减水剂能够节约水泥用量。在水泥浆中增加减水剂甚至缓凝剂，主要目的是改善水泥浆流动性。从微观方面来说，减水剂在水泥浆中主要通过以下方式产生作用。

（1）分散作用：加水拌和后，受到水泥颗粒分子间引力，水泥浆会形成絮凝结构，使一部分水包裹在水泥颗粒之中，不参与浆体的自由流动。包裹着的水无法与外界接触，在浆体中独立存在，不参与任何形式的运动。如果包含减水剂，受到影响，其分子可附着于浆体中的水泥颗粒表面，从而形成某种带电体，同种电荷容易排斥，使水泥颗粒分散开来，絮凝结构被破坏，释放出的水随之参与流动，这就增加了浆体流动性。

（2）润滑作用：减水剂可附着于水泥颗粒表面，与水分子作用，形成一种膜。这种膜具有一定的特性，即其具有的润滑特性，能够大大地降低滑动阻力，这种阻力存在于水泥颗粒间，降低的阻力使水泥浆流动性提高。

外加剂种类主要有聚羧酸系高性能减水剂、萘系高效减水剂、氨基磺酸系减水剂等。但从灌浆料的砂浆流动度损失、强度和干燥收缩率方面可以看出，聚羧酸系减水剂的效果最好。聚羧酸相比于萘系和氨基有良好的保坍性能，并且相对而言，灌浆料的干燥收缩也是减小的，灌浆料的强度有一定的增强作用。

4. 膨胀剂

在注浆后，特别是预应力孔道注浆，孔道被水泥浆注满后，随着时间的推移，水泥颗粒发生沉降，加上水泥水化等因素的影响，浆体体积发生收缩。膨胀剂是一种外加剂，在水泥浆硬化时，其体积膨胀，补偿浆体收缩，填充水泥间隙。孔道注浆料收缩变化较大，当体积收缩产生裂缝时，会失去部分应有的保护作用。有试验研究认为，孔道注浆料拌和成型后，1 d 内产生快速膨胀，1 d 后体积变化相对稳定，28 d 时体积只有约 0.04% 的微膨胀量。这说明注浆料膨胀剂弥补了后期的收缩。注浆料不同时间的膨胀量要适当，早期膨胀量大，会降低孔道的密实性；反之，会导致孔道内填充不密实。当时间推移到浆体的中后期时，如果膨胀量大，会导致孔道内部局部的应力集中；膨胀量小，则不足以弥补孔道注浆料的硬化收缩。膨胀剂宜采用钙矾石系或复合型膨胀剂，不得采用以铝粉为膨胀源的膨胀剂或总碱量 0.75% 以上的高碱膨胀剂。国内大多采用 UEA 型膨胀剂。

5. 矿物掺合料

矿物掺合料对提高灌浆材料强度、工作性、耐久性以及其他物理力学性能，降低灌浆料水化温升，抑制碱-集料反应都起到至关重要的作用。通常使用的矿物掺合料为磨细粉煤灰、磨细粒化高炉矿渣、硅灰等。这类材料中的活性组分通过与水泥水化产物之间发生二次水化反应，形成类似水泥水化产物的物质，起到密实混凝土和砂浆结构、提高强度和改善耐久性的作用。

矿物掺合料宜为优质掺合料，如 I 级粉煤灰、S95 或 S105 级矿粉、硅灰等。粉煤灰、矿粉的掺入使灌浆料的流动性变好，但是掺量不能太高，否则会使灌浆剂的 1 d 强度达不到技术规范要求。粉煤灰二次水化时间很长，灌浆料强度增长缓慢，但是后期强度影响不会太大。

硅灰能够填充水泥颗粒间的孔隙，同时与水化产物生成凝胶体，与碱性材料（如氧化镁）反应生成凝胶体。在灌浆材料中掺入适量的硅灰，可显著提高抗压、抗渗、保水、防止离析和泌水等性能。

6. 消泡剂

聚羧酸高性能减水剂由于其分子结构上的特性，使其在灌浆料使用中引入较多的不均匀气泡，影响灌浆料的耐久性及强度。通过添加消泡剂来改善灌浆料的和易性。消泡剂在灌浆料中主要有两方面的作用：一方面能够抑制灌浆料中气泡的形成；另一方面能破坏灌浆料中已形成的气泡。其主要破泡机理：由于消泡剂的表面张力小，渗透性强，容易进入灌浆料浆体膜内，使隔开空气的浆体膜厚度越来越薄，直至破裂，里面的空气逸出，消除形成气泡的条件。

常用的粉状消泡剂有多元醇和聚硅氧烷等。

7. 保水剂

常用的保水剂主要有甲基纤维素、羟丙基甲基纤维素、羟乙基纤维素等。纤维素醚（CE）是天然纤维素的衍生物，是各类干混砂浆的重要改性外加剂，具有缓凝、保水、增稠、引气、粘合等功能。

CE 在砂浆中的作用主要体现在改善砂浆的工作性和保证砂浆中水泥的水化两个方面。研究表明，纤维素醚系保水剂对灌浆料的流动性影响不大，但对半小时的损失影响较大，且对灌浆料的早期强度影响较大。

在低温条件下（5 ℃以下），纤维素醚的保水能力迅速降低。CE 通常会引入大量的气泡：一方面，均匀稳定的小气泡对砂浆性能提高有帮助，如改善砂浆的施工性，增强砂浆的抗冻性和耐久性；另一方面，尺度较大的气泡将劣化砂浆的抗冻性和耐久性，这一缺点可通过掺加消泡剂来解决。

8. 调凝剂

调凝剂分为早强剂和缓凝剂。早强剂主要有甲酸盐、三乙醇胺、硅酸盐、碳酸盐等。缓凝剂主要有葡萄糖酸钠、蔗糖等糖类缓凝剂，以及酒石酸、柠檬酸。

混凝土添加剂如图 3-10 所示。

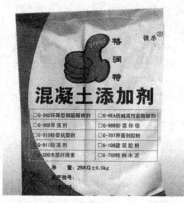

图 3-10　混凝土添加剂

单元四　保温材料与拉结件材料

一、保温材料的种类

保温材料依据材料成分来分类，大致可分为有机材料、无机材料和复合材料。不同的保温材料性能各异，材料的导热系数数值的大小是衡量保温材料质量高低的重要指标。

1. 聚苯板

聚苯板全称聚苯乙烯泡沫板，又名泡沫板或 EPS 板，是由含有挥发性液体发泡剂的可发性聚苯乙烯珠粒，经加热预发后，在模具中加热成型的具有微细闭孔结构的白色固体，导热系数为 0.035~0.052 W/(m·K)。聚苯板的主要性能指标应符合现行国家标准《绝热用模塑聚苯乙烯泡沫塑料（EPS）》（GB/T 10801.1—2021）的要求。膨胀聚苯板的吸水率比挤塑聚苯板（XPS 板）的吸水率偏高，容易吸水，这是该材料的一个缺点。其保温板的吸水率对其热传导性的影响很明显，随着吸水量的增大，其导热系数也增大，保温效果随之变差（图 3-11）。

2. 挤塑聚苯板

挤塑聚苯板也是聚苯板的一种，只不过生产工艺是挤塑成型，导热系数约为 0.030 W/(m·K)。挤塑聚苯板简称 XPS 板，是以聚苯乙烯树脂或其共聚物为主要成分，添加少量添加剂，通过加热挤塑成型而制得的具有闭孔结构的硬质泡沫塑料制品。挤塑聚苯板集防水和保温作用于一体，刚度大，抗压性能好，导热系数低（图 3-12）。

图 3-11　聚苯板

图 3-12　挤塑聚苯板

3. 石墨聚苯板

石墨聚苯板是膨胀聚苯板的一种。

在聚苯乙烯原材料里添加了红外反射剂，这种物质可以反射热辐射并将 EPS 的保温性能提高 30%。同时，其防火性能很容易地实现了从 B2 级到 B1 级的跨越，石墨聚苯板的导热系数为 0.033 W/(m·K)。石墨聚苯板是目前所有保温材料中性价比最优的保温产品。因为聚苯板保温产品在保温领域里应用最广泛，不论是欧洲还是国内，聚苯板保温体系都占有很大的市场份额。

4. 真金板

真金板是采用了国际先进水平的相变包裹隔热蓄能技术加工而成的，并具有断热阻隔连续蜂窝状结构，经过改性处理，防火性能达到 A2 级，泡沫颗粒本身不会燃烧的板材。真金板的导热系数为 0.036 W/(m·K)。

5. 泡沫混凝土板

泡沫混凝土板又称发泡水泥、轻质混凝土等，是一种利废、环保、节能、价低且具有不燃性的新型建筑节能材料，它的导热系数为 0.070 W/(m·K)。泡沫混凝土（轻质混凝土）是通过化学或物理的方式，根据应用需要将空气或氮气、二氧化碳、氧气等气体引入混凝土浆体，经过合理养护成型而形成的含有大量细小的封闭气孔，并具有相当强度的混凝土制品。泡沫混凝土（轻质混凝土）的制作通常是用机械方法将泡沫剂水溶液制备成泡沫进而形成混凝土（图 3-13）。

6. 泡沫玻璃保温板

泡沫玻璃保温板最早是由美国匹兹堡康宁公司发明的，是由碎玻璃、发泡剂、改性添加剂和发泡促进剂等，经过细粉碎和均匀混合后，再经过高温熔化，发泡、退火而制成的无机非金属玻璃材料。其导热系数为 0.062 W/(m·K)。它由大量直径为 1~2 mm 的均匀气泡结构组成。其中，吸声泡沫玻璃保温板为 50% 以上开孔气泡，绝热泡沫玻璃为 7% 以上的闭孔气泡，制品密度为 160~220 kg/m³，可以根据使用的要求，通过生产技术参数的变更进行调整(图 3-14)。

图 3-13　泡沫混凝土板

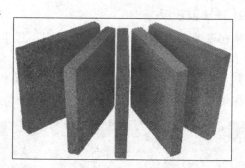

图 3-14　泡沫玻璃保温板

7. 发泡聚氨酯板

发泡聚氨酯是单一有机保温材料中性能最好的保温材料，它的导热系数为 0.024 W/(m·K)。发泡聚氨酯板主要性能指标应符合现行行业标准《聚氨酯硬泡复合保温板》(JG/T 314—2012)的要求。它按照生产工艺可分为现场发泡聚氨酯和工厂预制的硬泡聚氨酯板。在工程中使用的硬泡聚氨酯板通常是双面涂抹砂浆的复合聚氨酯板材。

8. 真空绝热板

真空绝热板是由无机纤维芯材与高阻气复合薄膜通过抽真空封装技术，外覆专用界面砂浆，制成的一种高效保温板材。它的导热系数为 0.008 W/(m·K)。空气的导热系数大约是 0.23 W/(m·K)，比空气还低的导热系数只有真空，所以，真空绝热板的导热系数是现有保温材料中最低的。其最大的优势就是保温性能。不过该板材也有致命缺陷，例如真空度难以保持，若是发生破损，板材的保温性能会骤降。目前，国内产品有青岛科瑞新型环保材料有限公司生产的 STP 真空绝热板等。

二、保温材料的性能要求

(1)预制夹心保温构件的保温材料应符合以下要求：

①预制夹心保温构件的保温材料除应符合现行国家和地方标准的要求外，还应符合设计和当地消防部门的相关要求。

②保温材料和填充材料应按照不同材料、不同品种、不同规格进行存储，应具有相应的防护措施。

(2)夹心外墙板宜采用挤塑聚苯板或聚氨酯保温板作为保温材料。

夹心外墙板中的保温材料导热系数不宜大于 0.040 W/(m·K)，体积比吸水率不宜大于 0.3%，燃烧性能不应低于现行国家标准《建筑材料及制品燃烧性能分级》(GB 8624—2012)中 B2 级的要求。

三、外墙保温拉结件

外墙保温拉结件是用于连接预制保温墙体内、外层混凝土墙板，传递墙板剪力，以使内外层墙板形成整体的连接器。拉结件宜选用纤维增强复合材料或不锈钢薄钢板加工制成（图3-15）。供应商应提供明确的材料性能和连接性能技术标准要求。当有可靠依据时，也可以采用其他类型连接件。

(1)夹心外墙板中内外墙板的拉结件应符合下列规定：

①金属及非金属材料拉结件均应具有规定的承载力、变形和耐久性能，并应经过试验验证。

②拉结件应满足夹心外墙板的节能设计要求。

(2)预制夹心保温墙体用连接件的分类。目前，在预制夹心保温墙体中使用的拉结件主要有玻璃纤维拉结件、玄武岩纤维钢筋拉结件、不锈钢拉结件。

(3)预制夹心保温墙板中内外墙体用连接件应满足下列规定：

①连接件采用的材料应满足现行国家标准的技术要求。

图 3-15 保温拉结件

②连接件与混凝土的锚固力应符合设计要求，还应具有良好的变形能力，并应满足防腐和耐久性要求。

③连接件的密度、拉伸强度、拉伸弹性模量、断裂伸长率、热膨胀系数、耐碱性、防火性能、导热系数等性能应满足现行国家相关标准的规定，并应经过试验验证。

④拉结件应满足夹心外墙板的节能设计要求。

(4)连接件的设置方式应满足以下要求：

①棒状或片状连接件宜采用矩形或梅花形布置，间距一般为 400～600 mm，连接件与墙体洞口边缘距离一般为 100～200 mm；当有可靠依据时，也可按设计要求确定。

②连接件的锚入方式、锚入深度、保护层厚度等参数应满足现行国家相关标准的规定。

单元五　主要配件

一、灌浆套筒

钢筋连接用灌浆套筒，是指通过水泥基灌浆料的传力作用将钢筋对接连接所用的金属套筒。按加工方式分类，灌浆套筒分为铸造灌浆套筒和机械加工灌浆套筒；按结构形式分类，灌浆套筒可分为全灌浆套筒和半灌浆套筒。全灌浆套筒是指接头两端均采用灌浆方式连接钢筋的灌浆套筒；半灌浆套筒是指接头一端采用灌浆方式连接，另一端采用非灌浆方式连接钢筋的灌浆套筒，通常另一端采用螺纹连接。半灌浆套筒按非灌浆一端的连接方式分类，可分为直接滚轧直螺纹灌浆套筒、剥削滚直螺纹灌浆套筒和镦粗直螺纹灌浆套筒（图 3-16）。

其中，灌浆孔是指用于加注水泥基灌浆料的入料口，通常为光孔或螺纹孔；排浆孔是指用于加注水泥灌浆料时通气并将注满后的多余灌浆料溢出的排料口，通常为光孔或螺纹孔。

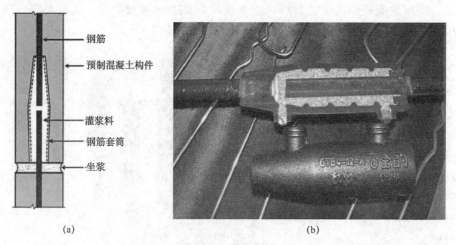

（a）　　　　　　　　　　　　　　　　　　（b）

图 3-16　灌浆套筒

（a）全灌浆套筒；（b）半灌浆套筒

采用套筒灌浆连接的构件混凝土强度等级不宜低于 C30。对于钢筋套筒灌浆端最小直径与连接钢筋公称直径的差值，当钢筋直径为 12～25 mm 时，不应小于 10 mm；当钢筋直径为 28～40 mm 时，不应小于 15 mm。灌浆套筒用于钢筋锚固的深度不宜小于插入钢筋公称直径的 8 倍。当灌浆套筒规定的连接钢筋直径与实际用于连接的钢筋直径不同时，应按灌浆套筒灌浆端用于钢筋锚固的深度要求确定钢筋锚固长度。

钢筋套筒灌浆连接接头的抗拉强度和屈服强度不应小于连接钢筋的抗拉强度和屈服强度标准值，且破坏时应在接头外钢筋断裂。设计与施工时应注意，应采用与连接钢筋牌号、直径配套的灌浆套筒。接头连接钢筋的强度等级不应大于灌浆套筒规定的连接钢筋强度等级。接头连接钢筋的直径规格不应大于灌浆套筒规定的连接钢筋直径规格，且不宜小于灌浆套筒规定的连接钢筋直径规格一级以上。为保证灌浆施工的可行性，竖向构件的配筋应结合灌浆孔、出浆孔的位置，使灌浆孔、出浆孔对外，以便为可靠灌浆提供施工条件。此外，对于截面尺寸较大的竖向构件，尤其是对于底部设置键槽的预制柱，应再设置排气孔。混凝土构件中灌浆套筒的净距不应小于 25 mm。在混凝土构件的灌浆套筒长度范围内，预制混凝土柱箍筋的混凝土保护层厚度不应小于 20 mm，预制混凝土墙最外层钢筋的混凝土保护层厚度不应小于 15 mm。

二、预埋吊钉

预制混凝土构件过去的预埋吊件主要为吊环，现在多采用圆头吊钉[图 3-17（a）]、套筒吊钉[图 3-17（b）]、平板吊钉。

（1）圆头吊钉适用所有预制混凝土构件的起吊，例如，墙体、柱子、横梁、水泥管道。它的特点是无须加固钢筋，拆装方便，性能卓越，使用操作简便。还有一种带眼圆头吊钉。通常，在尾部的孔中穿上锚固钢筋，以增强圆头吊钉在预制混凝土中的锚固力。

（2）套筒吊钉适用所有预制混凝土构件的起吊。其优点是预制混凝土构件表面平整；缺点是采用螺纹接驳器时，需要将接驳器的丝杆完全拧入套筒，如果接驳器的丝杆没有拧到位或接驳器的丝杆受到损伤，可能会降低其起吊能力，因此，较少在大型构件中使用套筒吊钉。

（3）平板吊钉适用所有预制混凝土构件的起吊，尤其适合墙板类薄型构件，平板吊钉种类繁多，应根据厂家的产品手册和指南选用。平板吊钉的优点是起吊方式简单，安全可靠，正得到越来越广泛的运用。

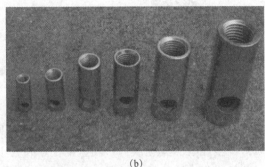

(a)　　　　　　　　　　　　　　　　(b)

图 3-17　预埋吊钉

(a)圆头吊钉；(b)套筒吊钉

单元六　垂直起吊设备

一、起重吊装机械

1. 自行式起重机

（1）履带式起重机。

①基本组成。履带式起重机由行走部分、回转部分、机身及起重臂等几部分组成。由于其履带的面积较大，所以对地面的压强较低，行走时一般不超过 0.20 MPa，起重时一般不超过 0.40 MPa。因此，它可以在较为坎坷不平的松软地面行驶和工作（必要时可垫以路基箱）；履带式起重机的机身还可以原地做 360°回转；起重时不需设支腿，并可以负载行驶，是结构吊装工程中常用的机械之一（图 3-18）。

②履带式起重机稳定性验算：履带式起重机的稳定性应该以起重机处于最不利工作状态时进行验算。此时，应该以履带中心 A 为倾覆中心验算起重机的稳定性（图 3-19）。

图 3-18　履带式起重机

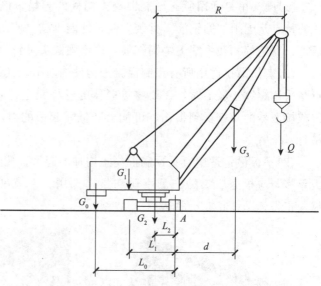

图 3-19　履带式起重机稳定性验算示意

（2）轮胎式起重机。轮胎式起重机的外形和构造与履带式起重机的基本相同，其起重机构安装在轮胎和轮轴组成的专用底盘上，并且可回转。底盘下部的轮轴和轮胎数量根据起重机质量调整配备。其优点：行驶速度快，并且不会损伤路面，起重量较大，使用成本低。缺点：起吊时靠支腿支撑，灵活性较差，不适用在松软或泥泞的地面上作业（图 3-20）。

（3）汽车式起重机。汽车式起重机是将起重机构安装在普通载重汽车或专用汽车底盘上的一种自行式全回转式起重机。其优点是行驶速度快，转移灵活，对路面破坏较小。缺点是吊装作业时需将支腿落地，不能负载行驶（图 3-21）。

图 3-20　轮胎式起重机　　　　　　　　图 3-21　汽车式起重机

汽车式起重机按起重量大小，分为轻型、中型和重型三种。轻型起重量在 20 t 以内，中型起重量为 20～50 t，重型起重量在 50 t 以上；按起重臂形式，分为折架和箱形臂两种；按传动装置形式，分为机械传动、电子传动和液压传动三种。

2. 塔式起重机

（1）塔式起重机的构造。塔式起重机俗称塔式起重机，由钢结构、工作机构、电气设备及安全装置组成（图 3-22）。钢结构包括起重臂（又称吊臂）、平衡臂、塔尖、塔身（塔架）、转台、底架及台车等。工作机构包括起升机构(或称主卷扬)、变幅机构、回转机构及大车行走机构等。电气设备包括电动机、电缆卷筒和中央集电环、操纵电动机用的各种电器、整流器、控制开关和仪表、保护电器、照明设备和音响信号装置等。安全装置包括起重力矩限制器、起重量限制器、吊钩高度限制器、幅度限位开关、大车行程限制器等。

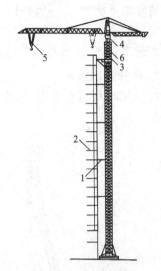

图 3-22　塔式起重机

1—连墙件；2—建筑物；3—标准节；
4—操纵室；5—起重小车；6—顶升套架

(2)塔式起重机的分类及特点。塔式起重机按其结构和性能特点不同，可分为轨道式、固定式、内爬式、附着式等。虽然塔式起重机种类较多，但它们都具有一些共同特点：

①塔身高度大，臂架长，可以覆盖广阔的空间，作业面大；

②能吊运各类建筑材料、制品、预制构件及建筑设备，特别适合吊运超长、超宽的重大物件；

③能同时进行起升、回转及行走，完成垂直运输和水平运输作业；

④可通过改变吊钩滑轮组钢丝绳倍率，以提高起重量，较好地适应施工需要；

⑤有多种工作速度，生产效率高；设有较齐全的安全装置，运行安全可靠；

⑥驾驶室设在塔身上部，司机视野好，便于提高生产率；

⑦操作方便，掌握容易，经过短期培训，技工便可上岗驾驶。

(3)塔式起重机的选用。选择塔式起重机时，应考虑以下参数：

①回转半径。回转半径是指从塔式起重机回转中心线至吊钩中心线的水平距离。建筑施工选择塔式起重机时，首先应考察该塔式起重机的回转半径是否能满足施工需要。

②起重量。包括最大幅度时的起重量和最大起重量两个参数。起重量包括重物、吊索及铁扁担或容器等的质量。确定塔式起重机起重量的因素较多，如金属结构承载能力、起升机构的功率和吊钩滑轮绳数的多少等。起重量参数变化很大，在进行塔式起重机选型时，必须依据拟建建筑的构造特点，构件、部件类型及质量，施工方法等，做出合理的选择，务求做到既能充分满足施工需要，又可取得最大经济效益。

③起重力矩。幅度和与之相对应的起重量的乘积，称为起重力矩(单位为 kN·m)。塔式起重机的额定起重力矩是反映塔式起重机起重能力的一项首要指标。在进行塔式起重机选型时，初步确定起重量和幅度参数后，还必须根据塔式起重机技术说明书中给出的数据，核查是否超过额定起重力矩。

④吊钩高度。吊钩高度是自轨道基础的轨顶表面或混凝土基础顶面至吊钩中心的垂直距离，其大小与塔身高度及臂架构造形式有关。选用时，应根据建筑物的总高度、预制构件或部件的最大高度、脚手架构造尺寸以及施工方法等确定。

(4)塔式起重机操作注意事项。

①塔式起重机应由受过专业训练的专职司机进行操作，并且要持证上岗。

②起重机安装好后，应重新调节好各种安全保护装置和限位开关。夜间作业必须有充足的照明。当遇上 6 级以上大风及雷雨天时，禁止操作。

③起重机工作时，必须严格按照额定起重量起吊，不得超载，不准吊运人员、斜拉重物、拔除地下埋物。工间休息或下班时，不得将重物悬挂在空中。

④运转完毕后，起重机应停放在轨道中部，用轨钳夹紧在轨道上。同时，吊钩应上升到距离起重臂2～3 m处，并将起重臂转至与轨道平行。

3. 扒杆式起重机

扒杆式起重机包括以下几种：独脚扒杆、人字扒杆、悬臂扒杆和牵揽式扒杆起重机（图3-23）。

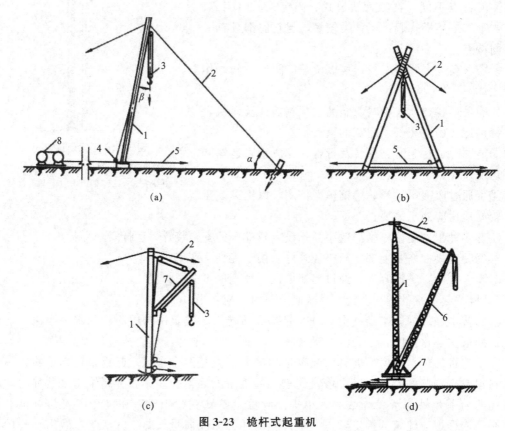

图3-23　桅杆式起重机

(a)独脚扒杆起重机；(b)人字扒杆起重机；(c)悬臂扒杆起重机；(d)牵揽式扒杆起重机

1—扒杆；2—缆风绳；3—起重滑轮组；4—导向装置；5—拉索；6—起重臂；7—回转盘；8—卷扬机

（1）独脚扒杆。独脚扒杆由扒杆、起重滑轮组、卷扬机、缆风绳和锚碇等部分组成。独脚扒杆按照制作材料不同，可以分为木扒杆和钢扒杆。在使用时，扒杆的顶部应保持不大于10°的倾角，避免物体在起吊时与扒杆发生碰撞。缆风绳一般是一端连接在桅杆的顶部，另一端固定在地面。数量一般为6～12根。

（2）人字扒杆。人字扒杆一般用两根木杆或钢杆以钢丝绳或铁件铰接而成。其两根杆件夹角不宜过大，一般在30°以内。在扒杆底部还应设拉杆或钢丝绳，以平衡其水平推力。人字扒杆的优点是起吊重量大、稳定性好，缺点是吊件吊起后活动范围小，适用于吊装重型构件。

（3）悬臂扒杆。在独脚扒杆中部或2/3高处安装一根起重臂即成悬臂扒杆。其优点是有较大的起重高度和起吊半径，起重臂能起伏和左右摆动（120°～270°）。缺点是起重量较小。

（4）牵缆式扒杆起重机。在独脚扒杆的下端装一根起重臂即为牵缆式扒杆起重机。牵缆式扒杆起重机的特点是起重臂可以起伏；整个机身可做360°回转，能在服务范围内灵活地将构件吊装到设计位置；其起重量可达60 t和起吊高度可达80 m，适用构件多而集中的建筑物吊装。

二、施工升降机

施工升降机又叫建筑用施工电梯。施工升降机主要用于城市高层和超高层的各类建筑，因为这样的建筑高度对于使用井字架、龙门架来完成作业是十分困难的。施工升降机是建筑中经常使用的载人载货施工机械，主要用于高层建筑的内外装修、桥梁、烟囱等建筑的施工。由于其独特的箱体结构，让施工人员乘坐起来既舒适又安全。施工升降机在工地上通常是配合塔式起重机使用。一般的施工升降机载重量为1～10 t，运行速度为1～60 m/min。

施工升降机的种类很多，按运行方式，分为无对重和有对重两种；按控制方式，分为手动控制式和自动控制式。根据实际需要，还可以添加变频装置和PLC控制模块，另外，还可以添加楼层呼叫装置和平层装置。

（1）固定式。固定式升降机是一种升降稳定性好、适用范围广的货物举升设备，主要用于生产流水线高度差之间货物运送；物料上线、下线；工件装配时调节工件高度；高处给料机送料；大型设备装配时部件举升；大型机床上料、下料；仓储装卸场所与叉车等搬运车辆配套进行货物快速装卸等。根据使用要求，可配置附属装置，进行任意组合，如固定式升降机的安全防护装置、电器控制方式、工作平台形式、动力形式等。各种配置的正确选择，可最大限度地发挥升降机的功能，取得最佳的使用效果。

固定式升降机的可选配置有人工液压动力、方便与周边设施搭接的活动翻板、滚动或机动辊道、防止轧脚的安全触条、风琴式安全防护罩、人动或机动旋转工作台、液动翻转工作台、防止升降机下落的安全支撑杆、不锈钢安全护网、电动或液动升降机行走动力系统、万向滚珠台面。

（2）车载式。车载式升降机为提高升降机的机动性，将升降机固定在电瓶搬运车或货车上。它连接汽车引擎动力，实现车载式升降机的升降功能，以适应厂区内外的高空作业。广泛应用于宾馆、大厦、机场、车站、体育场、车间、仓库等场所的高空作业；也可用于临时性的高空照明、广告宣传等。

（3）铝合金式。铝合金式升降机采用高强度优质铝合金材料，由于型材强度高，使升降台的偏转与摆动极小。全新设计的新一代升降机具有造型美观、体积小、自重轻、升降平衡、安全可靠等优点，它能在极小的空间内发挥最高的举升能力，使单人高空作业变得轻而易举，广泛用于工厂、宾馆、餐厅、车站、机场影剧院、展览馆等场所，是保养机具、油漆装修、调换灯具、电器、清洁保养等用途的最佳安全伴侣。主要类型有单立柱铝合金、双立柱铝合金、三立柱铝合金、四立柱铝合金。

（4）曲臂式。曲臂式高空作业升降车能悬伸作业、跨越一定的障碍或在一处升降可进行多点作业；平台载重量大，可供两人或多人同时作业并可搭载一定的设备；升降平台移动性好，转移场地方便；外形美观，适于室内外作业和存放，适用车站、码头、商场、体育场馆、小区物业、厂矿车间等大范围作业。

（5）套缸式。套缸式液压升降机为多级液压缸直立上升。液压缸高强度的材质和良好的机械性能，塔形梯状护架，使升降机有更高的稳定性。即使身处 20 m 高空，也能感受其优越的平稳性能。适用场合有：厂房、宾馆、大厦、商场、车站、机场、体育场等，电力线路、照明电器、高架管道等安装维护，高空清洁等单人工作的高空作业。

（6）导轨式。导轨式升降机是一种非剪叉式液压升降台，适用二、三层工业厂房、餐厅、酒楼楼层间的货物传输。液压升降台液压升降台台面最低高度为 150～300 mm，适合不能开挖地坑的工作场所安装使用。该平台无须上部吊点，形式多样（单柱、双柱、四柱），运行平稳，操作简单可靠，楼层间货物传输经济便捷。

三、起重吊装机械的选用

（1）施工起重吊装机械选择的依据。

①工程特点：根据工程建筑物所处具体地点、平面形式、占地面积、结构形式、建筑物长度、建筑物宽度、建筑物高度等确定起重吊装机械选型。

②施工项目的施工条件：主要是根据施工工期、现场的道路条件、周边环境条件、基坑开挖深度和范围、基坑支护状况、现场平面布置条件、施工工序等确定起重吊装机械位置的设置。

③预制构件：根据建筑物的装配率和构件数量、重量、长度、最终就位位置确定起重吊装机械选型。

④其他材料兼顾：现浇混凝土使用需要的钢架钢管、模板、钢筋。木材、砌体等也需要起重吊装机械兼顾考虑。

⑤工程量：根据建设工程需要加工运输的工程量大小，决定选用的设备型号。

（2）装配混凝土结构施工起重吊装机械的选型。

①装配整体式混凝土结构，一般情况下，采用的预制构件体型大，人工很难对其加以吊运安装作业，通常情况下，需要采用大型机械吊运设备完成构件的吊运安装工作。吊运设备分为汽车起重机、履带式起重机或塔式起重机，也可根据工程使用专用移动式机械，在实际施工过程中，应合理地使用多种吊装设备，使其优势互补，以便更好地完成各类构件的装卸、运输、吊运、安装工作，取得最佳的经济、社会和环境效益。

②对于单体工程建筑总高度不高且外形造型奇特的建筑物，可以优先选择汽车式起重机、履带式起重机，优点是吊机位置可灵活移动，进场出场方便。

③对于单体工程建筑高度较高、外形规整且上下基本无变化或变化有规律的建筑物，可以优先选用附着塔式起重机；对于单体工程建筑高度较高，且外形不规整，上下基本变化大且有规律的建筑物，可以选用内爬塔式起重机，其优点是起重量大、位置固定，内爬塔式起重机一般安设在混凝土电梯井内，可随电梯井同步升高。

④如预制构件几何尺寸小，自重较小，也可采用楼面移动式小吊机等自行研制的实用型吊装机械。

模块小结

本模块主要就装配式混凝土建筑材料、配件和设备的相关问题进行了介绍。详细说明了构件制作中使用的混凝土、钢筋，以及构件连接中用到的灌浆料。另外，就装配式建筑当中使用的保温材料和装饰材料的种类、性能做了详细说明。最后针对装配式建筑施工中使用到的其中吊装机械、施工升降机等进行了介绍，同时，分析了起重吊装机械的选用原则和方法。

课后习题

一、单选题

1. 关于灌浆套筒的说法，正确的是(　　　)。

A. 分为全灌浆套筒和半灌浆套筒

B. 半灌浆套筒是指接头两端均采用灌浆方式连接钢筋的灌浆套筒

C. 全灌浆套筒是指接头一端采用灌浆方式连接，另一端采用非灌浆方式连接钢筋的灌浆套筒

D. 套筒灌浆连接对构件的混凝土强度等级没有要求

2. 关于专用灌浆料的说法，不正确的是(　　　)。

A. 以水泥为基本材料　　　　　　　　B. 配以适当的粗集料

C. 掺入混凝土外加剂　　　　　　　　D. 具有微膨胀性

3. 常见的预埋吊钉不包括(　　　)。

A. 圆头吊钉　　　　　　　　　　　　B. 套筒吊钉

C. 平板吊钉　　　　　　　　　　　　D. 钢材吊钉

4. 施工起重吊装机械选择的依据不包括(　　　)。

A. 工程特点　　　　　　　　　　　　B. 施工人员数量

C. 预制构件　　　　　　　　　　　　D. 吊装工程量

5. 预制构件钢筋加工不包括(　　　)。

A. 钢筋调直　　　　　　　　　　　　B. 钢筋除锈

C. 钢筋弯曲成型　　　　　　　　　　D. 钢筋拉伸试验

二、简答题

1. 装配式结构混凝土材料基本要求有哪些？

2. 钢筋的种类和要求有哪些？

3. 专用灌浆料的性质有哪些？

4. 保温和装饰材料有哪些？

5. 装配式建筑主要配件有哪些？

6. 装配式建筑垂直起吊设备有哪些？

模块四　预制混凝土构件制作与储运

🖱️ **知识目标**

(1)了解预制构件的准备工作；

(2)熟悉预制构件设备以及工具；

(3)掌握预制构件生产流程和方法；

(4)掌握预制构件运输和存放的要求；

(5)掌握预制构件常见质量问题和防止措施。

🖱️ **能力目标**

(1)能进行预制构件的准备工作；

(2)能选择预制构件设备以及工具；

(3)能组织预制构件生产并进行质量控制与安全管理；

(4)能组织预制构件运输和存放并进行安全管理。

🖱️ **素质目标**

(1)具备分析问题、解决问题的职业素质和精益求精、追求卓越的工匠精神；

(2)具备质量意识、安全意识；

(3)具备实际操作动手能力，弘扬劳动精神。

单元一　预制构件施工准备

一、预制构件厂设置

装配式混凝土构件的生产，按照生产场地分类，可分为施工现场生产和工厂化生产两种。对于预制构件数量少、工艺简单、施工现场条件允许的

传承"鲁班文化"　　预制构件厂工位图片

项目，可采用在施工现场生产的方式。但是，对于装配式混凝土建筑，由于预制构件需求

量大，构件种类多，生产工艺复杂，施工现场普遍不具有生产条件，故多采用在预制构件厂生产的方式。

预制构件生产企业应遵守国家及地方有关部门对硬件设施、人员配置、质量管理体系和质量检测手段等的规定。

(1)生产单位应具备保证产品质量要求的生产工艺设施、试验检测条件，建立完善的质量管理体系和制度。完善的质量管理体系和制度是质量管理的前提条件和企业质量管理水平的体现。质量管理体系中应建立并保持与质量管理有关的文件形成和控制工作程序，该程序应包括文件的编制(获取)、审核、批准、发放、变更和保存等。

(2)生产单位宜建立质量可追溯的信息化管理系统。生产单位宜采用现代化的信息管理系统，并建立统一的编码规则和标志系统。信息化管理系统应与生产单位的生产工艺流程相匹配，贯穿整个生产过程，并应与构件BIM信息模型有接口，有利于在生产全过程中控制构件生产质量，精确算量，并形成生产全过程记录文件及影像。预制构件表面预埋带无线射频芯片的标志卡(RFID卡)有利于实现装配式建筑质量全过程控制和追溯，芯片中应存入生产过程及质量控制全部相关信息。

(3)生产单位的检测、试验、张拉、计量等设备及仪器仪表均应检定合格，并应在有效期内使用。不具备试验能力的检验项目，应委托第三方检测机构进行试验。在预制构件生产质量控制中，需要进行有关钢筋、混凝土和构件成品等的日常试验和检测，预制构件企业应配备开展日常试验检测工作的试验室。通常，生产单位试验室应满足产品生产用原材料必试项目的试验检测要求，其他试验检测项目可委托有资质的检测机构进行。

(4)重视人员培训，逐步建立专业化的施工队伍。根据装配式混凝土构件生产技术特点和管理要求，对管理人员及作业人员进行专项培训，严禁未培训上岗及培训不合格者上岗。要建立完善的内部教育和考核制度，通过定期培训考核和劳动竞赛等形式提高职工素质。

1. 规模与厂址

预制构件生产企业在进行构件厂建设时，应充分考虑以下因素：

(1)生产规模：生产规模就是构件生产企业每单位时间内可生产出符合国家规定质量标准的制品数量。生产规模大的企业可以为更多的建设项目提供预制构件，更好地为建设行业和广大人民服务的同时，也能为企业创造更多的利益。但是，如果生产规模超过了当时装配式项目的市场占有率，就非常容易造成订单不饱满、生产线闲置的现象，造成企业资源的浪费。

(2)厂址选择：在确定厂址时，应充分考虑其与主要供货市场的运输距离。运输距离的增加往往会造成运输成本的增加，对生产企业不利。此外，还应考虑构件厂与主要生产原料供应企业之间的关系，便于企业购进原材料。由于预制构件生产具有较强的污染性，建议将构件厂的厂址选在郊区或远离人们生活聚居区的地点。

(3)良性发展：预制构件生产企业应积极吸纳先进的生产工艺，提高构件厂生产的机械化水平。构件厂应有符合标准的环保和节能的设备与技术，有符合相关标准要求的实验检验设备。

2. 厂区规划

(1)规划设计的原则。

①总平面设计必须执行国家的方针政策，按设计任务书进行。

②总平面设计必须以所在城市的总体规划、区域规划为依据，符合总体布局规划要

求，如场地出入口位置、建筑体形、层数、高度、公建布置、绿化、环境等都应满足规划要求，与周围环境协调统一。同时，建设项目内的道路、管网应与市政道路与管网合理衔接，以满足生产、方便生活。

③总平面设计应结合地形、地质、水文、气象等自然条件，依山就势，因地制宜。

④建筑物之间的距离应满足生产、防火、日照、通风、抗震及管线布置等各方面要求。

⑤结合地形，合理地进行用地范围内的建筑物、构筑物、道路及其他工程设施之间的平面布置。

厂区规划如图4-1所示。

图4-1 厂区规划

(2)主要建设内容。

①生产车间；

②成品堆场；

③办公及生活配套设施；

④锅炉房、搅拌站等生产配套设施；

⑤园区综合管网；

⑥成品展示区。

工程内景如图4-2所示。

图4-2 工程内景

(3)工厂设施布置。预制构件工厂设计的核心内容之一是厂内设施布置，即合理选择厂内设施(如混凝土搅拌、钢筋加工、预制、存放等生产设施，以及试验室、锅炉、配电室、生活区、办公室等辅助设施)的位置及关联方式，使得各种物资资源以最高效率组合为产品服务。按照系统工程的观点，设施布置在提高设施系统整体功能上的意义比设备先进程度更大。在进行设施布置时，尽可能考虑遵守以下原则并考虑搬运要求：

①系统性原则：整体优化，不追求个别指标先进。

②近距离原则：在环境与条件允许的情况下，设施之间距离最短，减少无效运输，降

低物流成本。

③场地与空间有效利用原则：空间充分利用，有利于节约资金。

④机械化原则：既要有利于自动化的发展，也要留有适当的余地。

⑤安全、方便原则：保证安全，不能一味追求运输距离最短。

⑥投资建设费用最少原则：使用最少的投资达到系统功能要求。

⑦便于科学管理和信息传递原则：信息传递与管理是实现科学管理的关键。

二、生产工艺布置

流水生产组织是大批量生产的典型组织形式。在流水生产组织中，劳动对象按制订的工艺路线及生产节拍，连续不断，按顺序通过各个工位，最终形成产品。这种生产方式工艺过程封闭，各工序时间基本相等或呈简单的倍数关系，生产节奏性强，过程连续性好，能采用先进、高效的技术装备，能提高工人的操作熟练程度和效率，缩短生产周期。

按流水生产要求设计和组织的生产线称为流水生产线，简称流水线。流水线按生产节拍性质，可分为强制节拍流水线和自由节拍流水线；按自动化程度，可分为自动化流水线、机械化流水线和手工流水线；按加工对象移动方式，可分为移动式流水线和固定式流水线；按加工对象品种，可分为单品种流水线和多品种流水线。结合以上划分，在各类预制构件方面，典型的流水生产类型包括以下几项。

1. 固定模台法

固定模台法的主要特点是模台固定不动，通过操作工人和生产机械的位置移动来完成构件的生产。固定模台法具有适用性好、管理简单、设备成本较低的特点，但难以机械化，人工消耗较多。这种生产方式主要应用于生产车间的自动化、机械化实力较弱的生产企业，或者用于生产同种产品数量少、生产难度大的预制构件(图 4-3)。

2. 流动模台法

流动模台法是指在生产线上按工艺要求依次设置若干操作工位，工序交接时，模台可沿生产线行走，构件生产时，模台依次在正在进行的工艺工位停留，直至最终生产完成。这种生产方式机械化程度高，生产效率也高，可连续循环作业，便于实现自动化生产。目前，大多数的 PC 构件生产线采用流动模台法(图 4-4)。

图 4-3 装配式固定模台法

图 4-4 装配式流动模台法

一、预制构件的生产设备

预制构件生产设备通常包括混凝土制造设备、钢筋加工组装设备、材料出入及保管设备、成型设备、加热养护设备、搬运设备、起重设备、测试设备等。本单元主要介绍流动模台法中常用的主要设备，包括模台、模台辊道、模台清理喷涂机、画线机、混凝土送料机、混凝土布料机、混凝土振动台、构件表面刮平机、蒸养窑、翻板机和脱模机。

1. 模台

模台是预制构件生产的作业面，也是预制构件的底模板。目前常用的模台有不锈钢模和碳钢模台，模台面板宜选用整块的钢板制作，钢板厚度不宜小于 10 mm。其尺寸应满足预制构件的制作尺寸要求，一般不小于 3 500 mm×9 000 mm。模台表面必须平整，表面高低差在任意 2 000 mm 长度内不得超过 2 mm，在气温变化较大的地区应设置伸缩缝。

2. 模台辊道

模台辊道是实现模台沿生产线机械化行走的必要设备(图 4-5)。模台辊道由两侧的辊轮组成。工作时，辊轮同向辊动，带动上面的模台向下一道工序的作业地点移动。模台辊道应能合理控制模台的运行速度，并保证模台运行时不偏离、不颠簸。此外，模台辊道的规格应与模台对应。

3. 模台清理喷涂机

模台清理喷涂机是对模台表面进行清理和喷涂脱模剂等生产所需剂液的一体化设备(图 4-6)。目前国内预制构件生产企业发展不均衡，部分发展相对滞后的企业依然由人工来完成这部分工作。

图 4-5　装配式模台辊道

图 4-6　装配式模台清理喷涂机

4. 画线机

画线机是通过数控系统控制，根据设计图纸要求，在模台上进行全自动画线的设备(图 4-7)。相比人工操作，画线机不仅对构件的定位更加准确，而且可以大大减少画线作业所用的时间。

5. 混凝土送料机

混凝土送料机是向混凝土布料机输送混凝土拌合物的设备。目前生产企业普遍应用的混凝土输送设备可通过手动、遥控和自动 3 种方式接收指令，按照指令以指定的速度移动或停止、与混凝土布料机联动或终止联动。

6. 混凝土布料机

混凝土布料机，是预制构件生产线上向模台上的模具内浇筑混凝土的设备。布料机应能在生产线上方纵横向移动，以满足将混凝土均匀浇筑在模具内的要求。布料机的储料斗应有足够的储料容量，以保证混凝土浇筑作业的连续进行。布料口的高度应可调或处于满足混凝土浇筑中自由下落高度的要求。布料机应有下料速度变频控制系统，实时调整下料速度。

7. 混凝土振动台

混凝土振动台是预制构件生产线上用于实现混凝土振捣密实的设备。振动台具有振捣密实度好、作业时间短、噪声小等优点，非常适用预制构件流水生产。待振捣的预制混凝土构件必须牢固固定在工作台面上，构件不宜在工作台面上偏置，以保证振动均匀。振动台开启后，振捣首个构件前需先试车，待空载 3~5 min 确定无误后方可投入使用。生产过程中如发现异常，应立即停止使用，待找出故障并修复后才能重新投入生产。

8. 构件表面刮平机

构件表面刮平机用于在混凝土初凝前将混凝土表面刮平，使构件外观良好，质量可靠（图 4-8）。

图 4-7　装配式模台画线机

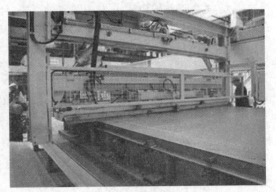

图 4-8　构件表面刮平机

9. 蒸养窑

预制构件生产过程中，混凝土的养护采用在蒸养窑里蒸汽养护的做法。蒸养窑的尺寸、承重能力应满足待蒸养构件的尺寸和质量的要求，且其内部应能通过自动控制或远程手动控制对蒸养窑每个分仓里的温度进行控制。窑门启闭机构应灵敏、可靠，封闭性能强，不得泄漏蒸汽。此外，预制构件进出蒸养窑需要模台存取机配合（图 4-9）。

10. 翻板机

翻板机是用于翻转预制构件，使其调整到设计起吊状态的机械设备（图 4-10）。

图 4-9　蒸养窑

图 4-10　翻板机

11. 脱模机

脱模机是待预制构件达到脱模强度后将其吊离模台所用的机械。脱模机应有框架式吊梁，起吊脱模时，按构件设计吊点起吊，并保持各吊点垂直受力。

二、模具

模具是专门用来生产预制构件的各种模板系统，可采用固定在生产场地的固定模具，也可采用移动模具。预制构件生产模具主要以钢模为主，对于形状复杂、数量少的构件，也可采用木模或其他材料制作。清水混凝土预制构件建议采用精度较高的模具制作。流水线平台上的各种边模可采用玻璃钢、铝合金、高品质复合板等轻质材料制作。模具和台座的管理应由专人负责，并应建立健全模具设计、制作、改制、验收、使用和保管制度。

1. 模具设计原则

在预制构件生产过程中，模具设计的优劣直接决定了构件的质量、生产效率以及企业的成本，应引起足够的重视。模具设计应遵循以下原则：

（1）质量可靠：模具应能保证构件生产的顺利进行，保证生产出的构件的质量符合标准。因此，模具本身的质量应可靠。这里说的质量可靠，不仅是指模具在构件生产时不变形、不漏浆等，还指模具的方案应能实现构件的设计意图。这就要求模具应有足够的强度、刚度和稳定性，并能满足预制构件预留孔洞、插筋、预埋吊件及其他预埋件的要求。跨度较大的预制构件和预应力构件的模具应根据设计要求预设反拱。

（2）方便操作：模具的设计方案应能方便现场工人的实际操作。模具设计应保证在不损失模具精度的前提下合理控制模具组装时间，拆模时，在不损坏构件的前提下方便工人拆卸模板。这就要求模具设计人员必须充分掌握构件的生产工艺。

（3）通用性强：模具设计方案还应实现模具的通用性，提高模具的重复利用率。对模具的重复利用，不仅能够降低构件生产企业的生产成本，也是节能环保、绿色生产的要求。

（4）方便运输：这里所说的运输，是指模具在生产车间内的位置移动。构件生产过程中，模具的运输是一项非常普遍的工作，其运输的难易程度对生产进度影响很大。因此，应通过受力计算尽可能地降低模板质量，力争达到不靠吊车，只需工人配合简单的水平运输工具就可以实现模具运输工作。

(5)使用寿命：模具的使用寿命将直接影响构件的制造成本。所以，在模具设计时，应考虑赋予模具合理的刚度，增大模具周转次数，以避免模具损坏或变形，节省模具修补或更换的追加费用。

2. 模具设计要求

预制构件模具以钢模为主，面板主材选用 Q235 钢板，支撑结构可选用型钢或者钢板，规格可根据模具形式选择，应满足以下要求：

(1)模具应具有足够的承载力、刚度和稳定性，保证在构件生产时能可靠承受浇筑混凝土的质量、侧压力及工作荷载。

(2)模具应支、拆方便，且应便于钢筋安装和混凝土浇筑、养护。

(3)模具的部件与部件之间应连接牢固；预制构件上的预埋件均应有可靠的固定措施。

3. 模具设计要点

(1)叠合楼板模具设计要点。根据叠合楼板高度，可选用相应的角铁作为边模，当楼板四边有倒角时，可在角铁上后焊一块折弯后的钢板。由于角铁组成的边模上开了许多豁口（供胡子筋伸出），导致长向的刚度不足，故需在侧模上设加强肋板，间距为 400～500 mm。

(2)内墙板模具设计要点。由于内墙板就是混凝土实心墙体，一般没有造型。为了便于加工，可选用槽钢作为边模。内墙板两侧面和上表面均有外露筋且数量较多，需要在槽钢上开许多豁口，导致边模刚度不足，周转中容易变形，所以，应在边模上增设肋板。

(3)外墙板模具设计要点。外墙板一般采用"三明治"结构。为实现外立面的平整度，外墙板多采用反打工艺生产。根据浇筑顺序，可将模具分为两层：第一层为外叶层和保温层；第二层为内叶层。因为第一层模具是第二层模具的基础，在第一层的连接处需要加固。第二层的结构层模具同内墙板模具形式。结构层模具的定位螺栓较少，故需要增加拉杆定位，防止胀模。预制构件的边模还可以用磁盒固定。在模台上用磁盒固定边模具有简单方便的优势，能够更好地满足流水线生产节拍需要。虽然磁盒在模台上的吸力很大，但是振动状态下抗剪切能力不足，容易造成偏移，影响几何尺寸，用磁盒生产高精度几何尺寸预制构件时，需要采取辅助定位措施。

(4)楼梯模具设计要点。楼梯模具可分为平式和立式两种模式。平式模具占用场地大，需要压光的面积也大，构件需多次翻转，故推荐设计为立式楼梯模具。楼梯模具设计的重点为楼梯踏步的处理，由于踏步呈波浪形，钢板需折弯后拼接，拼缝的位置宜放在既不影响构件效果又便于拼接的位置，可采用焊接或冷拼接工艺，需要特别注意接缝处不得出现漏浆现象。

4. 模具的制作

模具的制作加工工序可概括为开料、零件制作、拼装成模。

(1)开料。依照零件图将零件所需的各部分材料按图纸尺寸裁制。对于部分精度要求较高的零件，裁制好的板材还需要进行精加工来保证其尺寸精度符合要求。

(2)零件制作。将裁制好的材料依照零件图进行折弯、焊接、打磨等制成零件。部分零件因其外形尺寸对产品质量影响较大，为保证产品质量，焊接好的零件还需对其局部尺寸进行精加工。

（3）拼装成模。将制成的各零件依照组装图拼模。拼模时，应保证各相关尺寸达到精度要求。待所有尺寸均符合要求后，安装定位销及连接螺栓，随后安装定位机构和调节机构。再次复核各相关尺寸，若无问题，模具即可交付使用。

5. 模具的使用要求

（1）由于每套模具被分解得较零碎，应对模具按顺序统一编号，防止错用。

（2）模具组装时，边模上的连接螺栓和定位销一个都不能少，必须到位。为了构件拆模时边模顺利拆卸，防漏浆的部件必须安装到位。

（3）在预制构件蒸汽养护之前，应把吊模和防漏浆的部件拆除。吊模是指下部没有支撑而悬在空中的模板，多采用悬吊等方式固定。选择此时拆除的原因是吊模好拆卸，在流水线上不占用上部空间，可降低蒸养窑的层高；混凝土基本还没有强度，防漏浆的部件很容易拆除，若等到脱模时，防漏浆部件、混凝土和边模会紧紧地粘在一起，极难拆除。因此，防漏浆部件必须在蒸汽养护之前拆掉。

（4）当构件脱模时，首先将边模上的连接螺栓和定位销全部拆卸掉，为了保证模具的使用寿命，禁止使用大锤。

（5）在模具暂时不使用时，应对模具进行养护，需在模具上涂刷一层机油，防止腐蚀。

三、构件生产常用工具

1. 磁性固定装置

预制构件生产中的磁性固定装置，包括边模固定磁盒及其连接附件、磁力边、磁性倒角条以及各种预埋件固定磁座。使用磁性固定装置，对平台没有任何损伤，拆卸快捷方便，磁盒可以重复使用，不但能提高效率，而且具有很高的经济实用性。磁性固定装置已经在国内得到越来越多的重视和越来越广泛的应用。

边模固定磁盒可利用强磁芯与钢模台的吸附力，通过导杆传递至不锈钢外壳上，用卡口横向定位，同时，用高硬度可调节紧固螺栓产生强大的下压力，直接或通过其他紧固件传递压力，从而将模具牢牢地固定于模台上（图4-11）。

2. 新型接驳器

接驳器是使两种构件无缝连接的工具，在预制混凝土构件生产中，接驳器多指预制构件与吊运设备连接的工具。

图 4-11 边模固定磁盒

随着预制构件的制作和安装技术的发展，国内外出现了多种新型的专门用于连接新型吊点的接驳器，包括各种用于圆头吊钉的接驳器、套筒吊钉的接驳器、平板吊钉的接驳器。它们具有接驳快速、使用安全等特点，得到了广泛应用（图4-12）。

3. 防尘帽和防尘盖

防尘帽和防尘盖是用于保护密封内螺纹埋件，防止螺纹堵塞或受到污染锈蚀的工具（图4-13）。使用时，应保证防尘帽或防尘盖的规格与其所保护的螺纹埋件对应。防尘帽和防尘盖可以重复进行使用，但必须保证使用后及时拆卸、回收并清理保养。

图 4-12　套筒吊钉接驳器

图 4-13　防尘帽与防尘盖

4. 封浆插板

封浆插板是为了封堵边模"胡子筋"开槽，阻挡混凝土浆溢出的工具。多用于边模为角钢、钢筋开口是 U 形槽的构件生产（图 4-14）。使用时应注意，当混凝土接近无流动状态时，应及时将封浆插板拆卸清理回收，以增加封浆插板的重复利用率。

5. 边模夹具

边模夹具是预制过程中用来迅速、方便、安全地固定边模，使之拼装成整体并准确定位的装置。边模夹具种类多样，图 4-15 所示为其中一种。

图 4-14　封浆插板

图 4-15　边模夹具

单元三　预制构件生产

预制构件生产的通用工艺流程：编制生产方案→模具设计与制作→模台清理、组装边模、涂脱模剂→钢筋加工绑扎→水电、预埋件、门窗预埋→隐蔽工程验收→混凝土浇筑→混凝土振捣→混凝土养护→脱模、起吊→表面处理→质检→构件标识→构件成品入库或运输。

1. 编制生产方案

预制构件生产前，应编制生产方案，生产方案宜包括生产计划及生产工艺、模具方案及计划、技术质量控制措施、成品存放、运输和保护方案等。

2. 模台清理、组装边模、涂脱模剂

将上一生产循环用于构件制作的模台上残留的杂物清理干净，并按照构件生产工艺的要求组装边模，在模台表面和边模上涂抹脱模剂（图4-16）。模台清理可以使用模台清理机进行，也可由人工完成，但务必保证模台表面无混凝土或砂浆残留。

3. 钢筋加工绑扎

钢筋骨架、钢筋网片和预埋件必须严格按照构件加工图及下料单要求制作。首件钢筋制作，必须通知技术、质检及相关部门检查验收。制作过程中，应当定期、定量检查，对于不符合设计要求及超过允许偏差的，一律不得绑扎，按废料处理（图4-17）。

图4-16 组装后的模具

图4-17 钢筋加工绑扎

为提高生产效率，钢筋宜采用机械加工的成型钢筋。叠合板类构件中的钢筋桁架加工工艺复杂，质量控制较难，应使用专业化生产的成型钢筋桁架。

钢筋网、钢筋骨架应满足构件设计图纸要求，宜采用专用钢筋定位件，入模时，钢筋骨架尺寸应准确，骨架吊装时，应采用多吊点的专用吊架，防止骨架产生变形。保护层垫块宜采用塑料类垫块，且应与钢筋骨架或网片绑扎牢固，垫块按梅花状布置，间距应满足钢筋限位及控制变形的要求。钢筋骨架入模时，应平直、无损伤，表面不得有油污或者锈蚀。应按构件图纸安装好钢筋连接套管、连接件、预埋件。

纵向钢筋及需要套丝的钢筋，不得使用切断机下料，必须保证钢筋两端平整，套丝长度、丝距及角度必须严格按照图纸设计要求。与半灌浆套筒连接的纵向钢筋应按产品要求套丝，梁底部纵筋按照国标要求套丝。

预制构件表面的预埋件、螺栓孔和预留洞口应按构件模板图进行配置，应满足预制构件吊装、制作工况下的安全性、耐久性和稳定性。

4. 水电、预埋件、门窗预埋

固定预埋件前，应检查预埋件型号、材料用量、级别、规格尺寸、预埋件平整度、锚固长度、预埋件焊接质量等。预埋件的固定必须位置准确，在混凝土浇筑、振捣过程中，不得发生移位(图 4-18)。

预埋电线盒、电线管或其他管线时，必须与模板或钢筋固定牢固，并将孔隙堵塞严密，避免水泥砂浆进入。预埋螺栓、吊具等应采用工具式卡具固定，并应保护好丝扣。预埋钢筋套筒应使用定位螺栓固定在侧模上，灌浆口角度可采用钢筋棍绑扎在主筋上进行定位控制。

当门窗框、预埋管线的预制构件制作时，门窗框、预埋管线应在浇筑混凝土前预先放置并固定，固定时，应采取防止污染窗体表

图 4-18　安放预埋件

面的保护措施。当采用铝框时，应采取避免铝框与混凝土直接接触发生电化学腐蚀的措施。门窗预埋时，应采取措施控制温度或受力变形对门窗产生的不利影响。

灌浆套筒的安装应符合下列规定：

(1)连接钢筋与全灌浆套筒安装时，应逐根插入灌浆套筒，插入深度应满足设计锚固深度要求。

(2)钢筋安装时，应将其固定在模具上，灌浆套筒与柱底、墙底模板应垂直，应采用橡胶环、螺杆等固定件，以避免混凝土浇筑、振捣时灌浆套筒和连接钢筋移位。

(3)与灌浆套筒连接的灌浆管、出浆管应定位准确，安装稳固。

(4)应采取防止混凝土浇筑时向灌浆套筒内漏浆的封堵措施。

(5)对于半灌浆套筒连接，机械连接端的钢筋丝头加工、连接安装质量均应符合相关要求。

5. 隐蔽工程验收

浇筑混凝土前，应进行钢筋、预应力的隐蔽工程检查。隐蔽工程检查项目如下：

(1)钢筋的牌号、规格数量、位置和间距。

(2)纵向受力钢筋的连接方式、接头位置接头质量、接头面积百分率、搭接长度、锚固方式及锚固长度。

(3)箍筋弯钩的弯折角度及平直段长度。

(4)钢筋的混凝土保护层厚度。

(5)预埋件、吊环、插筋、灌浆套筒、预留孔洞、金属波纹管的规格、数量、位置及固定措施。

(6)预埋线盒和管线的规格、数量、位置及固定措施。

(7)夹芯外墙板的保温层位置和厚度，拉结件的规格、数量和位置。

(8)预应力筋及其锚具、连接器和锚垫板的品种、规格、数量、位置。

(9)预留孔道的规格、数量、位置，灌浆孔、排气孔、锚固区局部加强构造。

6. 混凝土浇筑

按照生产计划混凝土用量制备混凝土。混凝土浇筑前，预埋件及预留钢筋的外露部分宜采取防止污染的措施；混凝土浇筑过程中，注意对钢筋网片及预埋件的保护，保证模具门窗框、预埋件、连接件不发生变形或者移位，如有偏差，应采取措施及时纠正。

混凝土应均匀连续浇筑。对于混凝土从出机到浇筑完毕的延续时间，气温高于 25 ℃时，不宜超过 60 min；气温不高于 25 ℃时，不宜超过 90 min。混凝土投料高度不宜大于

600 mm，并应均匀摊铺。

混凝土浇筑时，应采取可靠措施按照设计要求在混凝土构件表面制作粗糙面和键槽。混凝土浇筑应按照构件检验要求制作混凝土试块（图 4-19）。

带保温材料的预制构件宜采用水平浇筑方式成型，保温材料宜在混凝土成型过程中放置固定，底层混凝土初凝前进行保温材料铺设，保温材料应与底层混凝土固定，当多层铺设时，上、下层保温材料接缝应相互错开；当采用垂直浇筑成型工艺时，保温材料可在混凝土浇筑前放置固定。连接件穿过保温材料处应填补密实。预制构件制作过程中，应按设计要求检查连接件在混凝土中的定位偏差。

7. 混凝土振捣

混凝土宜采用机械振捣方式成型。振捣设备应根据混凝土的品种、工作性、预制构件的规格和形状等因素确定，应制订振捣成型操作规程。当采用振捣棒时，混凝土振捣过程中，不应碰触钢筋骨架、面砖和预埋件，并应随时检查模具有无漏浆、变形或预埋件有无移位等现象。应充分、有效振捣，避免出现漏振造成的蜂窝、麻面现象。

混凝土振捣后，应当至少进行一次抹压。构件浇筑完成后进行一次收光，收光过程中，应当检查外露的钢筋及预埋件，并按照要求调整（图 4-20）。

图 4-19　混凝土浇筑

图 4-20　混凝土振捣

8. 混凝土养护

在条件允许的情况下，预制构件优先推荐自然养护。梁、柱等体积较大预制构件，宜采用自然养护方式；楼板、墙板等较薄预制构件或冬期生产预制构件，宜采用蒸汽养护方式。

采用加热养护时，按照合理的养护制度进行温控可避免预制构件出现温差裂缝。预制构件养护应符合下列规定：

（1）应根据预制构件特点和生产任务量选择自然养护、自然养护加养护剂或加热养护方式。

（2）混凝土浇筑完毕或压面工序完成后，应及时覆盖保湿，脱模前不得揭开。

（3）涂刷养护剂应在混凝土终凝后进行。

（4）加热养护可选择蒸汽加热、电加热或模具加热等方式。

（5）加热养护制度应通过试验确定，宜采用加热养护温度自动控制装置。宜在常温下预养护 2～6 h，升、降温速度不宜超过 20 ℃/h，最高养护温度不宜超过 70 ℃。

（6）夹心保温外墙板最高养护温度不宜大于 60 ℃。因为有机保温材料在较高温度下会产生热变形，影响产品质量。

9. 脱模、起吊

为避免由于蒸汽温度骤降而引起混凝土构件产生变形或裂缝，应严格控制构件脱模时构件温度与环境温度的差值。预制构件脱模时的表面温度与环境温度的差值不宜超过 25 ℃。

预制构件脱模起吊时的混凝土强度应计算确定，且不宜小于 15 MPa。平模工艺生产的大型墙板挂板类预制构件宜采用翻板机翻转直立后再行起吊（图 4-21）。对于设有门洞、窗洞等较大洞口的墙板，脱模起吊时应进行加固，防止扭曲变形造成的开裂。

图 4-21　构件起吊

10. 表面处理

构件脱模后，不存在影响结构性能的钢筋、预埋件或者连接件锚固的局部破损和构件表面的非受力裂缝时，可用修补浆料进行表面修补后使用。构件脱模后，构件外装饰材料出现破损应进行修补。

构件表面带有装饰性石材或瓷砖的预制构件，脱模后应对石材或瓷砖表面进行检查和清理。应先去除石材或瓷砖缝隙部位的预留封条和胶带，再用清水刷洗。清理完成后，宜对石材或瓷砖表面进行保护。

11. 质检

预制构件在出厂前应进行成品质量验收，其检查项目包括预制构件的外观质量、预制构件的外形尺寸、预制构件的钢筋、连接套筒、预埋件、预留孔洞、预制构件的外装饰和门窗框。

其检查结果和方法应符合现行国家标准的规定。

12. 构件标识

预制构件验收合格后，应在明显部位标识构件型号、生产日期和质量验收合格标志。预制构件脱模后，应在其表面醒目位置按构件设计制作图规定对每个构件编码。预制构件生产企业应按照有关标准规定或合同要求，对其供应的产品签发产品质量证明书，明确重要参数，有特殊要求的产品，还应提供安装说明书。

13. 外墙饰面砖（或石材）反打工艺

构件加工厂生产预制夹心外墙板时，先将饰面砖（或石材）与外墙板铺设在模具内，再浇筑混凝土，将饰面砖（或石材）与外墙板连接成一体的制作工艺，称为外墙饰面砖（或石材）反打工艺。这种工艺生产出来的预制构件表面平整，面砖（或石材）附着牢固，并且大大提高效率。

应用于反打工艺的面砖（或石材），应在背面预制榫卯或卡钩埋件，以增加面砖（或石材）对混凝土的附着能力（图 4-22）。

瓷砖入模前，宜先将若干片瓷砖在固定模具内排列好，组成瓷砖套，并且砖缝间预留好隔离胶条。这样做的好处是保证瓷砖排列的整齐和平整，胶条除了保持缝隙规整外，还可以阻断水泥砂浆渗到瓷砖表面。另需注意的是，边模与瓷砖缝隙以及砖缝间可以事先涂抹少量砂浆，以避免混凝土浇筑时充填不密而影响缝隙美观。

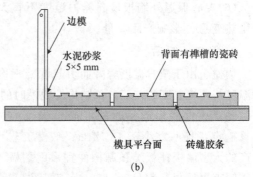

边模

水泥砂浆
5×5 mm

背面有榫槽的瓷砖

模具平台面   砖缝胶条

(a)   (b)

图 4-22   面砖(或石材)背面处理

(a)预埋卡钩埋件;(b)预制榫卯

浇筑混凝土并养护脱模后,将表面瓷砖缝间的隔离胶条除掉,再清洁表面即可成品。

单元四   部品生产

部品原材料应使用节能环保的材料,并应符合现行国家标准和室内建筑装饰材料有害物质限量的相关规定。部品原材料应有质量合格证明并完成抽样复试,没有复试或者复试不合格的不能使用。

部品生产应成套供应,并满足加工精度的要求。部品生产时,应对尺寸偏差和外观质量进行控制。现场组装骨架外墙所需要的骨架、基层墙板、填充材料应在工厂完成生产。预制外墙部品生产时,外门窗的预埋件设置应在工厂完成,不同金属的接触面应避免电化学腐蚀。

合格部品应具有唯一编码和生产信息,并在包装的明显位置标注部品编码、生产单位、生产日期、检验员代码等。部品包装的尺寸和质量应考虑现场运输条件,便于搬运与组装;并注明卸货方式和明细清单。

应制订部品的成品保护堆放和运输专项方案,其内容应包括运输时间、次序、堆放场地、运输路线、固定要求、堆放支垫及成品保护措施等。对于超高、超宽、形状特殊的部品的运输和堆放,应有专门的质量安全保护措施。

单元五   预制构件的运输与存放

一、预制构件运输

1. 预制构件运输的准备工作

构件运输的准备工作主要包括制订运输方案、设计并制作运输架、验算构件强度、清查构件及察看运输路线。

(1)制订运输方案：此环节需要根据运输构件实际情况、装卸车现场及运输道路的情况、施工单位或当地的起重机械和运输车辆的供应条件以及经济效益等因素综合考虑，最终选定运输方法、起重机械（装卸构件用）、运输车辆和运输路线。应按照客户指定的地点及货物的规格和质量制订特定的路线，确保运输条件与实际情况相符。

(2)设计并制作运输架：根据构件的质量和外形尺寸进行设计制作，且尽量考虑运输架的通用性。

(3)验算构件强度：对钢筋混凝土屋架和钢筋混凝土柱子等构件，根据运输方案所确定的条件，验算构件在最不利截面处的抗裂度，避免在运输中出现裂缝。如有出现裂缝的可能，应进行加固处理。

(4)清查构件：清查构件的型号、质量和数量，有无加盖合格印和出厂合格证书等。

(5)察看运输路线：在运输前再次对路线进行勘察，对于沿途可能经过的桥梁、桥洞、电缆、车道的承载能力，通行高度、宽度、弯度和坡度，沿途上空有无障碍物等实地考察并记载，制订出最佳顺畅的路线。这需要实地现场的考察，如果凭经验和询问，很有可能发生许多意料之外的事情，有时甚至需要交通部门的配合等。在制订方案时，每处需要注意的地方要注明，如不能满足车辆顺利通行，应及时采取措施。此外，应注意沿途是否横穿铁道，如有，应查清火车通过道口的时间，以免发生交通事故。

①立式运输方案：在低盘平板车上安装专用运输架，墙板对称靠放或者插放在运输架上。对于内、外墙板和PCF板等竖向构件，多采用立式运输方案（图4-23）。

②平层叠放运输方式：将预制构件平放在运输车上，一件一件往上叠放在一起进行运输。叠合板、阳台板、楼梯、装饰板等水平构件多采用平层叠放运输方式（图4-24）。

图 4-23 构件立装示意

图 4-24 构件平装示意

叠合楼板：标准6层/叠，不影响质量安全的情况下，可到8层，堆码时，按产品的尺寸大小堆叠；预应力板：堆码8～10层/叠。叠合梁：2～3层/叠（最上层的高度不能超过挡边一层），考虑是否有加强筋向梁下端弯曲。

除此之外，对于一些小型构件和异型构件，多采用散装方式进行运输。

2. 控制合理运输半径

合理运距的测算主要以运输费用占构件销售单价比例为考核参数。通过运输成本和预制构件合理销售价格分析，可以较准确地测算出运输成本占比与运输距离的关系，根据国内平均或者世界上发达国家占比情况反推合理运距。

3. 预制构件合理运输距离分析表

在预制构件合理运输距离分析表（表 4-1）中，运费参考了近几年的实际运费水平。预制构件每立方米综合单价按平均 3 000 元计算（水平构件较为便宜，为 2 400～2 700 元；外墙、阳台板等复杂构件为 3 000～3 400 元）。以运费占销售额 8%估计的合理运输距离约为 120 km。

表 4-1　预制构件合理运输距离分析表

序号	项目	近距离	中距离	较远距离	远距离	超远距离
1	运输距离/km	30	60	90	120	150
2	运费/(元·车$^{-1}$)	1 100	1 500	1 900	2 300	2 700
3	平均运量/(m³·车$^{-1}$)	9.5	9.5	9.5	9.5	9.5
4	平均运费/(元·m^{-3})	115.8	157.9	200.0	242.1	284.2
5	水平预制构件市场价格/(元·m^{-3})	3 000	3 000	3 000	3 000	3 000
6	水平运费占构件销售价格比例/%	3.86	5.26	6.67	8.07	9.47

4. 合理运输半径测算

从预制构件生产企业布局的角度，合理运输距离由于还与运输路线相关，而运输路线往往不是直线，运输距离不能直观地反映布局情况，故提出了合理运输半径的概念。

从预制构件厂到预制构件使用工地的距离并不是直线距离，况且运输构件的车辆为大型运输车辆，因交通限行、超宽、超高等原因，经常需要绕行，所以实际运输线路更长。

根据预制构件运输经验，实际运输距离平均值比直线距离长 20%左右，因此，将构件合理运输半径确定为合理运输距离的 80%较为合适。所以，以运费占销售额 8%估算合理运输半径约为 100 km。

合理运输半径为 100 km，意味着以项目建设地点为中心，以 100 km 为半径的区域内的生产企业，其运输距离基本可以控制在 120 km 以内，从经济性和节能环保的角度来看，处于合理范围。

总的来说，如今国内的预制构件运输与物流的实际情况还有很多需要提升的地方。目前，虽然有个别企业在积极研发预制构件的运输设备，但总体来看还处于发展初期，标准化程度低，存储和运输方式较为落后。同时，受道路、运输政策及市场环境的限制和影响，运输效率不高，构件专用运输车还比较缺乏且价格较高。

二、预制构件存放

预制混凝土构件如果在存储环节发生损坏、变形，将会很难补修，既耽误工期，又造成经济损失。因此，大型预制混凝土构件的存储方式非常重要。物料储存要分门别类，按"先进先出"原则堆放物料，原材料需填写"物料卡"标识，并有相应台账、卡账以供查询。

对因有批次规定特殊原因而不能混放的同一物料应分开摆放。物料储存要尽量做到"上小下大，上轻下重，不超安全高度"。物料不得直接置于地上，必要时加垫板、工字钢、木方或置于容器内，予以保护存放。物料要放置在指定区域，以免影响物料的收发管理。不良品与良品必须分仓或分区储存、管理，并做好相应标识。储存场地须适当保持通风、通气，以保证物料品质不发生变异。

1. 构件的存储方案

（1）存储方案。

①构件的存储方案主要包括确定预制构件的存储方式、设定制作存储货架、计算构件的存储场地和相应辅助物料需求。

②确定预制构件的存储方式：根据预制构件的外形尺寸（叠合板、墙板、楼梯、梁、柱、飘窗、阳台等），可以把预制构件的存储方式分成叠合板、墙板专用存放架存放，楼梯、梁、柱、飘窗、阳台叠放几种储放。

③设定制作存储货架：根据预制构件的质量和外形尺寸进行设计制作，且尽量考虑运输架的通用性。

④计算构件的存储场地：根据项目包含构件的大小、方量、存储方式、调板、装车便捷及场地的扩容性情况，划定构件存储场地和计算出存储场地面积需求。

⑤计算相应辅助物料需求：根据构件的大小、方量、存储方式计算出相应辅助物料需求（存放架、木方、槽钢等）数量。

（2）构件一般储放工装、治具介绍（表4-2）。

表4-2 构件一般储放工装、治具

序号	工装/治具	工作内容
1	龙门吊	构件起吊、装卸、调板
2	外雇汽车吊	构件起吊、装卸，调板
3	叉车	构件装卸
4	吊具	叠合楼板构件起吊、装卸，调板
5	钢丝绳	构件（除叠合板）起吊、装卸，调板
6	存放架	墙板专用存储
7	转运车	构件从车间向堆场转运
8	专用运输架	墙板转运专用
9	木方（100 mm×100 mm×250 mm）	构件存储支撑
10	工字钢（110 mm×110 mm×3 000 mm）	叠合板存储支撑

2. 制构件主要储放方式介绍

（1）叠合楼板的放置。叠合板储存应放在指定的存放区域，存放区域的地面应保证水平。叠合板需分型号码放、水平放置。第一层叠合楼板应放置在 H 型钢(型钢长度根据通用性,一般为 3 000 mm)上,保证桁架金与型钢垂直,型钢距构件边 500~800 mm。层间用 4 块 100 mm×100 mm×250 mm 的木方隔开,四角的 4 个木方位平行于型钢放置(图 4-25),存放层数不超过 8 层,高度不超过 1.5 m。

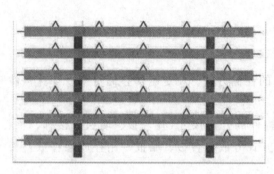 

图 4-25 叠合楼板的放置

(2)墙板立方专用存放架储存。墙板采用立方专用存放架储存,墙板宽度小于 4 m 时,墙板下部垫 2 块 100 mm×100 mm×250 mm 木方,两端距墙边 30 mm 处各一块木方。墙板宽度大于 4 m 或带门口洞时,墙板下部垫 3 块 100 mm×100 mm×250 mm 木方,两端距墙边 300 mm 处各一块木方,墙体重心位置处一块(图 4-26、图 4-27)。

图 4-26 墙板立方专用存放架储存(1)　　图 4-27 墙板立方专用存放架储存(2)

(3)楼梯的储存。楼梯的储存应放在指定的储存区域,存放区域地面应保证水平。楼梯应分型号码放。折跑梯左右两端第二个、第三个踏步位置应垫 4 块 100 mm×100 mm×500 mm 木方,距离前后两侧为 250 mm,保证各层间木方水平投影重合,存放层数不超过 6 层。

(4)梁的储存。梁存储应放在指定的存放区域,存放区域地面应保证水平,需分型号码放、水平放置。第一层梁应放置在 H 型钢(型钢长度根据通用性,一般为 3 000 mm)上,保证长度方向与型钢垂直,型钢距构件边 500~800 mm,长度过长时,应在中间间距 4 m 放置一个 H 型钢,根据构件长度和质量最高叠放 2 层。层间用块 100 mm×100 mm×500 mm 的木方隔开,保证各层间木方水平投影重合于 H 型钢(图 4-28)。

图 4-28　梁的储存

(5)柱的储存。柱存储应放在指定的存放区域,存放区域地面应保证水平。柱需分型号码放、水平放置。第一层柱应放置在 H 型钢(型钢长度根据通用性一般为 3 000 mm)上,保证长度方向与型钢垂直,型钢距构件边 500~800 mm,长度过长时,应在中间间距4 m放置一个 H 型钢,根据构件长度和质量最高叠放 3 层。层间用块 100 mm×100 mm×500 mm 的木方隔开,保证各层间木方水平投影重合于 H 型钢(图 4-29)。

(6)飘窗的储存(图 4-30)。飘窗采用立方专用存放架储存,飘窗下部垫 3 块 100 mm×100 mm×250 mm 木方;两端距墙边300 mm处各一块木方,飘窗重心位置处一块木方。

图 4-29　柱的储存　　　　　　　　　图 4-30　飘窗的储存

(7)异形构件的储存。对于一些异形构件的储存,要根据其质量和外形尺寸的实际情况合理划分储存区域及储存形式,避免损伤和变形造成构件质量缺陷(图 4-31)。

图 4-31　异形构件的储存

三、预制构件的存储管理

(1)成品预制构件出入库流程如图4-32所示。

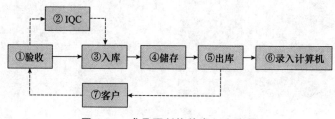

图4-32 成品预制构件出入库流程

(2)成品仓库区域规划(表4-3)。

表4-3 成品仓库区域规划表

序号	规划区域	区域说明
1	装车区域	构件备货、物流装车区域
2	不合格区域	不合格构件暂存区域
3	库存区域	合格产成品入库储存重点区域,区内根据项目或产成品种类进行规划
4	工装夹具放置区	构件转运、装车需要的相关工装放置区

(3)成品预制构件仓库的储存要求。

①根据库存区域规划绘制仓库平面图,表明各类产品存放位置,并贴于明显处。

②依照产品特征、数量、分库、分区、分类存放,按"定置管理"的要求做到定区、定位、定标识。

③库存成品标识包括产品名称、编号、型号、规格、现库存量,由仓管员用"存货标识卡"做出。

④库存摆放应做到检点方便、成行成列、堆码整齐距离,货架与货架之间有适当间隔,码放高度不得超过规定层数,以防损坏产品。

⑤应建立健全岗位责任制,坚持做到人各有责,物各有主,事事有人管;库存物资如有损失、贬值、报废、盘盈、盘亏等,仓管员应及时报仓储部主管领导,分析原因,查明责任,按规定办理报批手续,未经批准一律不准擅自处理。

⑥库存成品数量要做到账、物一致,出入库构件数量及时录入电脑。

(4)成品仓库区域"5S"管理。

①整理:工作现场,区别要与不要的物品,只保留有用的物品,撤除不需要的物品;

②整顿:把要用的物品按规定位置摆放整齐,并做好标识进行管理;

③清扫:将不需要的物品清除掉,保持工作现场无垃圾,无污秽状态;

④清洁:维持以上整理、整顿、清扫后的局面,使工作人员觉得整洁、卫生;

⑤素养:通过进行上述活动,让每个员工都自觉遵守各项规章制度,养成良好的工作习惯。

单元六　　常见质量问题及防治

一、装配式建筑施工质量控制要点

1. 预制构件进场检验

(1)预制构件进场时，应全数检查外观质量，不得有严重缺陷，并且不应有一般缺陷(表4-4)。

建筑工程施工质量验收

表4-4　结构外观质量缺陷

名称	现象	严重缺陷	一般缺陷
结合面	未按设计要求将接合面设置成粗糙面或键槽以及配置抗剪(抗拉)钢筋	未设置粗糙面；键槽或抗剪(抗拉)钢筋缺失或不符合设计要求	设置的粗糙面不符合设计要求
露筋	构件内钢筋未被混凝土包裹而外漏	纵向受力钢筋有露筋	其他钢筋有少量露筋
蜂窝	混凝土表面缺少水泥砂浆而形成石子外漏	构件主要受力部位有蜂窝	其他部位有少量蜂窝
孔洞	混凝土中孔穴深度和长度均超过保护层厚度	构件主要受力部位有孔洞	其他部位有少量孔洞
夹渣	混凝土中夹有杂物且深度超过保护层厚度	构件主要受力部位有夹渣	其他部位有少量夹渣
疏松	混凝土中局部不密实	构件主要受力部位有疏松	其他部位有少量疏松
裂缝	缝隙从混凝土表面延伸至混凝土内部	构件主要受力部位有影响结构性能或使用功能的裂缝	其他部位有少量不影响结构性能或使用功能的裂缝
连接部位缺陷	构件连接处混凝土缺陷及连接钢筋、连接件松动	连接部位有影响结构传力性能的缺陷	连接部位有少量不影响结构传力性能的缺陷
外形缺陷	缺棱角、棱角不直、翘曲不平、飞边凸肋等	清水混凝土构件有影响使用功能或装饰效果的外形缺陷	其他混凝土构件有不影响使用功能的外形缺陷
外表缺陷	构件表面麻面、掉皮、起砂、沾污等	具有重要装饰效果的清水混凝土构件有外表缺陷	其他混凝土构件有不影响使用功能的外形缺陷

(2)预制构件的允许偏差及检验方法应符合表4-5要求，应全数检查，预制构件有粗糙面时，粗糙面相关的尺寸允许偏差可适当放宽。

表 4-5　预制构件尺寸允许偏差及检验方法

项目			允许偏差/mm	检验方法
长度	板、梁、柱、桁架	＜12 m	±5	尺量检查
		≥12 m 且＜18 m	±10	
		≥18 m	±20	
	墙板		±4	
宽度、高(厚)度	板、梁、柱、桁架截面尺寸		±5	钢尺量一端及中部，取其中偏差绝对值较大处
	墙板的高度、厚度		±3	
表面平整度	板、梁、柱、墙板内表面		5	2 m 靠尺和塞尺检查
	墙板外表面		3	
侧向弯曲	板、梁、柱		$l/750$ 且≤20	拉线、钢尺量最大侧向弯曲处
	墙板、桁架		$l/1\,000$ 且≤20	
翘曲	板		$l/750$	调平尺在两端量测
	墙板		$l/1\,000$	
对角线差	板		10	钢尺量两个对角线
	墙板、门窗口		5	
挠度变形	梁、板、桁架设计起拱		±10	拉线、钢尺量最大弯曲处
	梁、板、桁架、下垂		0	
预留孔	中心线位置		5	尺量检查
	孔尺寸		±5	
预留洞	中心位置		10	尺量检查
	洞口尺寸、深度		±10	
门窗口	中心线位置		5	尺量检查
	宽度、高度		±3	
预埋件	预埋件锚板中心线位置		5	尺量检查
	预埋件锚板与混凝土面平面高差		0，-5	
	预埋螺栓中心线位置		2	
	预埋螺栓外漏长度		+10，-5	
	预埋套筒、螺母中心线位置		2	
	预埋套筒、螺母与混凝土面平面高差		0，-5	
	线管、电盒、木砖、吊环在构件平面的中心线位置偏差		20	
	线管、电盒、木砖、吊环与构件表面混凝土高差		0，-10	
预留插筋	中心线位置		3	尺量检查
	外露长度		+5，-5	

项目		允许偏差/mm	检验方法
键槽	中心线位置	5	尺量检查
	长度、宽度、深度	±5	

注：1. *l* 为构件最长边的长度（mm）。

2. 检查中心线、螺栓和孔道位置时，应沿纵、横两个方向量测，并取其中偏差较大值。

3. 预制构件进场检查合格后，应在构件上进行合格标识。

2. 吊装精度控制与校核

（1）吊装质量的控制重点在于施工测量的精度控制方面。为达到构件整体拼装的严密性，避免因累计误差超过允许偏差值而使后续构件无法正常吊装就位等问题的出现，吊装前须对所有吊装控制线进行认真的复检，构件安装就位后，须由项目部质检员会同监理工程师验收构件的安装精度。安装精度经验收签字通过后，方可进行下道工序施工。

（2）轴线、柱、墙定位边线及 200 mm 或 300 mm 控制线、结构 1 m 线、建筑 1 m 线、支撑定位点在放线完成后及时进行标识。现场吊装完成后，及时依据表 4-6 进行检查，标识完整，实测上墙。

装配式结构构件位置和尺寸允许偏差及检验方法见表 4-6。

表 4-6　装配式结构构件位置和尺寸允许偏差及检验方法

项目			允许偏差/mm	检验方法
构件轴线位置	竖向构件（柱、墙、桁架）		8	经纬仪及尺量
	水平构件（梁、楼板）		5	
标高	梁、柱、墙板楼板底面或顶面		±5	水准仪或拉线、尺量
构件垂直度	柱、墙板安装后的高度	≤6 m	5	经纬仪或吊线、尺量
		>6 m	10	
构件倾斜度	梁、桁架		5	经纬仪或吊线、尺量
相邻构件平整度	梁、楼板底面	外露	3	2 m 靠尺和塞尺量测
		不外露	5	
	柱、墙板	外露	5	
		不外露	8	
构件搁置长度	梁、板		±10	尺量
支座、支垫中心位置	板、梁、柱、墙、桁架		10	尺量
墙板接缝宽度			±5	尺量

（3）墙板吊装施工。

①吊装前对外墙分割线进行统筹分割，尽量将现浇结构的施工误差进行平差，防止预制构件因误差累积而无法进行。

②吊装应依次铺开，不宜间隔吊装。

③吊装前，在楼面板上根据定位轴线放出预制墙体定位边线及 200 mm 控制线，检查竖向连接钢筋，针对偏位钢筋用钢套管进行矫正。

④吊装就位后，应用靠尺核准墙体垂直度，调整斜向支撑，固定斜向支撑，最后才可摘钩。

3. 套筒灌浆施工

(1)拌制专用灌浆料应进行浆料流动性检测，留置试块，然后才可以进行灌浆。

(2)一个阶段灌浆作业结束后，应立即清洗灌浆泵。

(3)灌浆泵内残留的灌浆料浆液如已超过 30 min(自制浆加水开始计算)，不得继续使用，应废弃。

(4)在预制墙板灌浆施工之前对操作人员进行培训，通过培训增强操作人员对灌浆质量重要性的意识，明确该操作行为的一次性，且不可逆的特点，从思想上重视其所从事的灌浆操作；另外，通过工作人员灌浆作业的模拟操作培训，规范灌浆作业操作流程，熟练掌握灌浆操作要领及其控制要点。

(5)现场存放灌浆料时，需搭设专门的灌浆料储存仓库，要求该仓库防雨、通风，仓库内搭设放置灌浆料存架(离地一定高度)，使灌浆料处于干燥、阴凉处。

(6)预制墙板与现浇结构接合部分表面应清理干净，不得有油污、浮灰、粘贴物、木屑等杂物，构件周边封堵应严密，不漏浆。

4. 叠合板吊装施工

(1)预制叠合板按照吊装计划按编号依次叠放。吊装顺序尽量依次铺开，不宜间隔吊装。

(2)板底支撑不得大于 2 m，每根支撑之间高差不得大于 2 mm、标高差不得大于 3 mm，悬挑板外端比内端支撑尽量调高 2 mm。

(3)在预制板吊装结束后，就可以分段进行管线预埋的施工。在满足设计管道流程基础上，结合叠合板规格合理地规划线盒位置、管线走向，使其合理化，线盒需根据管网综合布置图预埋在预制板中，叠合层仅有 8 cm，叠合层中杜绝多层管线交错，最多只允许两根线管交叉在一起。

(4)叠合层混凝土浇捣结束后，应适时对上表面进行抹面、收光作业，作业分粗刮平、细抹面、精收光三个阶段完成。混凝土应及时洒水养护，使混凝土处于湿润状态，洒水次数每天不得少于 4 次，养护时间不得少于 7 天。

5. 楼梯施工质量控制要点

(1)预制楼梯段安装时，要校对标高，安装预制段时，除校对标高外，还应校对预制段斜向长度，以避免预制楼梯段支座处接触不实或搭接长度不够而引起的支承不良。

(2)严禁干摆浮搁。安装时，应严格按设计要求安装楼梯与墙体连接件；安装后，及时对楼梯孔洞处进行灌浆封堵。

(3)安装休息板应注意标高及水平位置线的准确性，避免因抄平放线不准而导致休息板面与踏步板面接槎不齐。

二、质量通病及防治措施

（1）预制构件龄期达不到要求就安装，造成个别构件安装后出现质量问题。

防治措施：预制构件在安装前，预制构件的混凝土强度应符合设计要求。当设计无具体要求时，混凝土同条件立方体抗压强度不宜小于混凝土强度等级值的75%。

（2）安装精度差，墙板、挂板轴线偏位，墙板与墙板缝隙及相邻高差大，墙板与现浇结构错缝等。

防治措施：

①编制针对性安装方案，做好技术交底和人员教育培训。

②装配式结构施工前，宜选择有代表性的单元或构件进行试安装，根据试安装结果及时调整完善施工方案，确定施工工艺及工序。

③安装施工前，应按工序要求检查核对已施工完成结构部分的质量，测量放线后，做好安装定位标志。

④强化预制构件吊装校核与调整：预制墙板、预制柱等竖向构件安装后，应对安装位置、安装标高、垂直度、累计垂直度进行校核与调整；预制叠合类构件、预制梁等横向构件安装后，应对安装位置、安装标高进行校核与调整；相邻预制板类构件，应对相邻预制构件平整度、高差、拼缝尺寸进行校核与调整；预制装饰类构件应对装饰面的完整性进行校核与调整。

⑤强化安装过程质量控制与验收，提高安装精度。

（3）叠合楼板及钢筋深入梁、墙尺寸不符合要求；叠合楼板之间缝处理不好，造成后期开裂；叠合楼板安装后，楼板产生小裂缝。

防治措施：

①叠合楼板的预制板的板端与支座（梁或剪力墙）搁置长度不应少于15 mm。

②板端支座处，预制板内的纵向受力钢筋宜从板端伸出并锚入支座梁或墙的现浇混凝土层中，在支座内，锚固长度不应小于$5d$（d为钢筋直径）且宜伸过支座中心线。单向预制板的板侧支座处，钢筋可不伸出，支座处宜贴预制板顶面在现浇混凝土中设置附加钢筋。

③单向预制叠合板板侧的分离式接缝应配置附加钢筋，并用专用的嵌缝砂浆嵌缝。

④模板支撑、起拱以及拆模进行严格控制，以防叠合楼板安装后楼板产生裂缝。

（4）安装顺序不对，叠合楼梯安放困难等，而工人操作时乱撬硬安，导致钢筋偏位，构件安装精度差。

防治措施：加强技术交底，严格按程序安装，对于复杂接点，可用BIM技术在计算机上先模拟，再安装。

（5）钢筋套筒灌浆连接或钢筋浆锚搭接连接的连接钢筋偏位，安装困难，影响连接质量。

防治措施：

①竖向预制墙预留钢筋和孔洞位置、尺寸应准确。

②采取定位架或格栅网等辅助措施，提高精度，保证预留钢筋位置准确。对于个别偏位的钢筋，应及时采取有效措施处理。

（6）墙板找平垫块不规范，灌浆不规范。

防治措施：

①墙板找平垫块宜采用螺栓垫块找平，直接转动调节螺栓对其找平。

②灌浆前应制定灌浆操作的专项质量保证措施，灌浆操作全过程应有专职检验人员负责现场监督并保留影像资料。

③灌浆料应按配比要求计算灌浆材料和水的用量，经搅拌均匀后，测定其流动度满足规范要求后方可灌注。

④灌浆作业应采取压浆法从下口灌注，当浆料从上口流出时，应及时封堵，持压 30 s 后再封堵下口。

⑤灌浆作业应及时做好施工质量检查记录，每工作班应制作 1 组且每层不应少于 3 组 40 mm×40 mm×160 mm 的长方体试件。

⑥灌浆作业时，应保证浆料在 48 h 凝结硬化过程中连接部位温度不低于 10 ℃。

（7）现浇混凝土浇筑前，模板或连接处缝隙封堵不好，有的用发泡剂，有的现浇结构根部，影响观感和连接质量。

防治措施：

①浇筑混凝土前，模板或连接处缝隙不能用发泡剂封堵，因为发泡材料易进入现浇结构，建议用打胶封堵。

②模板或连接处缝隙封堵应加强质量控制与验收，保证现浇结构质量。

（8）与预制墙板连接的现浇短肢墙模板安装不规范，影响现浇结构质量。

防治措施：

①与预制墙板连接的现浇短肢墙模板应位置、尺寸准确，固定牢固，防止胀缩模及偏位，并注意成型后的现浇结构与预制构件之间平整、不错位。

②宜采用定型钢模板、铝模板，并用专用夹具固定，改善混凝土观感。

（9）模板支撑、斜撑安装与拆除不规范。

防治措施：

①叠合板作为水平模板使用时，其下部龙骨应垂直于叠合板桁架钢筋，竖向支撑可采用定型独立钢支柱、碗扣式、插接式和盘销式钢管架等，其上部可调支座与钢管竖向中心线一致，伸出长度符合要求，不得过长，支撑间距应符合要求并进行必要的验算；当叠合层混凝土强度达到设计和标准要求时，方可拆除支撑。

②预制墙板临时支撑安放在背后，通过预留孔（预埋件）与墙板连接，不宜少于 2 道，当墙板底部没有水平约束时，墙板每道支撑应包括上部斜撑和下部支撑，上部斜撑距板底的距离不宜小于板高的 2/3，且不应小于板高的 1/2。支撑应在预制构件与结构可靠连接后，且上部构件吊装完成后方可拆除。

（10）叠合楼板、叠合墙板开裂，叠合楼板之间连接缝开裂，外挂板裂缝，外挂板与外挂板缝，内隔墙与周边裂缝。

防治措施：

①叠合墙板开裂防治主要是提高叠合墙板质量，加强进场验收，不合格的不准使用。固定叠合墙板和浇筑混凝土时，应有防叠合墙板开裂的措施，可使用自密实混凝土。与现浇结构、其他墙体连接部位应有相应的构造加强措施。

②外挂板裂缝、外挂板与外挂板缝防治，主要是提高安装精度，控制缝隙宽度，选择

合适的嵌缝材料和密封胶。外挂板安装后，不要受到额外应力。

③对于内隔墙与周边裂缝的防治，内隔墙与周边应有钢筋、键槽、粗糙面等连接构造措施。缝隙应选择合适的嵌缝材料处理，并用钢筋网片或耐碱网布补强。

④加强成品保护，严禁在预制构件时开槽打洞。

(11)外墙渗漏。

①预制外墙板的接缝和门窗洞口等防水薄弱部位，宜采用构造防水和材料防水相结合的防排水做法，并应满足热工、防水、防火、环保、隔声及建筑装饰等要求，做到材料耐久，便于制作和安装。

②预制外墙板接缝采用构造防水时，水平缝宜采用外低内高的高低缝或企口缝，竖缝宜采用双直槽缝，并在预制外墙板一字缝部位每隔三层设置排水管引水外流。

③预制外墙板接缝采用材料防水时，应采用防水性能、相容性、耐候性能和耐老化性能优良的硅酮防水密封胶作嵌缝材料。板缝宽不宜大于 20 mm，嵌缝深度不应小于 20 mm。

④对外墙接缝，应进行防水性能抽查，并做淋水试验。对渗漏部位，应进行修补。

模块小结

本模块重点介绍了装配式混凝土构件制作的相关工艺流程，包括构件制作的准备工作，构件制作过程中使用的设备及工具等。其中，对构件生产流程和方法进行了详细介绍。同时，就成品运输和存放的方法及注意事项进行了说明，并且分析了预制构件成品可能出现的质量问题和防治措施。

课后习题

一、单选题

1. 预制构件生产企业在进行构件厂建设时，应考虑的因素不包括（　　　　）。

A. 生产规模　　　　　　　　　　B. 厂址选择

C. 构件厂人数　　　　　　　　　D. 良性发展

2. 预制构件典型的流水生产类型包括（　　　　）。

A. 固定模台法　　　　　　　　　B. 流动模台法

C. 流水生产法　　　　　　　　　D. A 和 B

3. 模具的制作加工工序不包括（　　　　）。

A. 矫正　　　　　　　　　　　　B. 开料

C. 零件制作　　　　　　　　　　D. 拼装成模

4. 关于预制构件养护脱模的说法，错误的是（　　　　）。

A. 梁、柱等体积较大的预制构件，宜采用自然养护方式

B. 楼板、墙板等较薄的预制构件或冬期生产预制构件，宜采用蒸汽养护方式

C. 加热养护时，对温度变化幅度没有具体要求

D. 预制构件脱模时的表面温度与环境温度的差值不宜超过 25 ℃

5. 预制构件主要运输方式不包括（　　　）。

A. 起吊状态下运输 　　　　　　　　B. 平层叠放运输

C. 散装运输 　　　　　　　　　　　D. 立式运输

二、简答题

1. 预制构件的准备工作有哪些？

2. 预制构件设备以及工具有哪些？

3. 预制构件生产流程和方法是什么？

4. 预制构件运输和存放的要求有哪些？

5. 预制构件常见质量问题和防止措施有哪些？

模块五　装配式混凝土结构工程施工

知识目标

(1)了解装配式混凝土结构施工前准备基本知识；

(2)掌握不同预制构件吊装施工工艺；

(3)掌握连接部位施工工艺；

(4)掌握预制外挂墙板防水处理技术；

(5)掌握不同装配式混凝土结构体系施工工艺；

(6)了解成品保护、施工质量控制措施。

能力目标

(1)能进行装配式混凝土结构施工前准备；

(2)能组织不同预制构件吊装施工；

(3)能组织连接部位施工；

(4)能学会预制外挂墙板防水处理；

(5)能组织不同装配式混凝土结构体系施工；

(6)能进行成品保护、施工质量控制。

素质目标

(1)将火神山、雷神山医院装配式施工工艺引入课堂，感受"中国速度"，激发爱国情怀和职业荣誉感；

(2)具备分析问题、解决问题的职业素质和精益求精、追求卓越的工匠精神；

(3)具备质量意识、安全意识；

(4)具备实际操作动手能力，弘扬劳动精神。

单元一　施工前准备

火神山医院建设
之中国速度

一、技术准备

装配式混凝土结构工程施工前，应由相关单位完成深化设计，并经原设计单位确认。

1. 深化设计图准备

预制构件的深化设计图应包括但不限于下列内容：

(1)预制构件模板图、配筋图、预埋吊件及各种预埋件的细部构造图等。

(2)夹心保温外墙板，应绘制内外叶墙板拉结件布置图及保温板排板图。

火神山、雷神山医院
背后的硬核科技"密码"

(3)水、电线、管、盒预埋预设布置图。

(4)预制构件脱模、翻转过程中混凝土强度及预埋吊件的承载力的验算。

(5)对带饰面砖或饰面板的构件，应绘制排砖图或排板图。

2. 施工组织设计

工程项目明确后，应认真编写专项施工组织设计，编写时，要突出装配式结构安装的特点，对施工组织及部署的科学性，施工工序的合理性，施工方法选用的技术性、经济性和实现的可能性进行科学的论证，能够达到科学、合理地指导现场，组织调动人、机、料、具等资源完成装配式安装的总体要求；针对一些技术难点提出解决问题的方法。专项施工组织设计的基本内容应包括以下几项：

(1)编制依据。指导安装所必需的施工图(包括构件拆分图和构件布置图)和相关的国家标准、行业标准、部颁标准、省和地方标准及强制性条文，企业标准。

(2)工程概况。工程总体简介(工程名称、地址、建筑规模和施工范围)；建设单位、设计、监理单位；质量和安全目标。

工程设计结构及建筑特点：结构安全等级、抗震等级、地质水文、地基与基础结构以及消防、保温等要求。同时，要重点说明装配式结构的体系形式和工艺特点，对工程难点和关键部位要有清晰的预判。

工程环境特征：场地供水、供电、排水情况，详细说明与装配式结构紧密相关的气候条件，雨、雪、风特点；对构件运输影响大的道路桥梁情况。

(3)施工部署。合理划分流水施工段是保证装配式结构工程施工质量和进度以及高效进行现场组织管理的前提条件。装配式混凝土结构工程一般以一个单元为一个施工段，从每栋建筑的中间单元开始流水施工。

对于装配式结构，应该编制预制构件明细表。预制构件明细表的编制和施工段的划分为预制构件生产计划的安排、运输和吊装的组织提供了非常重要的依据。

施工部署还应该包括整体进度计划、结构总体施工进度计划、构件生产计划、构件安装进度计划、分部和分项工程施工进度计划；预制构件运输包括车辆数量、运输路线、现场装卸方法、起重和安装计算。

(4)施工场地平面布置。

(5)主要设备机具计划。

(6)构件安装工艺：测量放线、节点施工、防水施工、成品保护及修补措施。

(7)施工安全：吊装安全措施、专项施工安全措施及应急预案。

(8)质量管理：构件安装的专项施工质量管理。

(9)绿色施工与环境保护措施。

3. 施工现场平面布置

施工现场平面布置图是在拟建工程的建筑平面上(包括周围环境)，布置为施工服务的各种临时建筑、临时设施及材料、施工机械、预制构件等，是施工方案在现场的空间体现。它反映已有建筑与拟建工程之间、临时建筑与临时设施间的相互空间关系。布置得恰当与否、执行得好坏，对现场的施工组织、文明施工，以及施工进度、工程成本、工程质量和安全都将产生直接的影响。根据现场不同施工阶段(期)，施工现场总平面布置图可分为基础工程施工总平面图、装配式结构工程施工阶段总平面图、装饰装修阶段施工总平面布置图，现针对装配式建筑施工重点介绍装配式结构工程施工阶段现场总平面图的设计与管理工作。

(1)施工总平面图的设计内容。

①装配式建筑项目施工用地范围内的地形状况。

②全部拟建建(构)筑物和其他基础设施的位置。

③项目施工用地范围内的构件堆放区、运输构件车辆装卸点、运输设施。

④供电、供水、供热设施与线路，排水排污设施，临时施工道路。

⑤办公用房和生活用房。

⑥施工现场机械设备布置图。

⑦现场常规的建筑材料及周转工具。

⑧现场加工区域。

⑨必备的安全、消防、保卫和环保设施。

⑩相邻的地上、地下既有建(构)筑物及相关环境。

(2)施工总平面图的设计原则。

①平面布置科学合理，减少施工场地的占用面积。

②合理规划预制构件堆放区域，减少二次搬运，构件堆放区域单独隔离设置，禁止无关人员进入。

③施工区域的划分和场地的临时占用应符合总体施工部署和施工流程的要求，减少相互干扰。

④充分利用既有建(构)筑物和既有设施为项目施工服务，降低临时设施的建造费用。

⑤临时设施应方便生产和生活，办公区、生活区、生产区宜分离设置，并符合节能、环保、安全和消防等要求。

⑥遵守当地主管部门和建设单位关于施工现场安全文明施工的相关规定。

(3)施工总平面图的设计要点。

①设置大门，引入场外道路。施工现场宜考虑设置两个以上大门。大门应考虑周边路网情况、道路转弯半径和坡度限制，大门的高度和宽度应满足大型运输构件车辆的通行要求。

②布置大型机械设备。布置塔式起重机时，应充分考虑其塔臂覆盖范围、塔式起重机端部吊装能力、单体预制构件的质量以及预制构件的运输、堆放和构件装配施工。

③布置构件堆场。构件堆场应满足施工流水段的装配要求，且应满足大型运输构件车辆、汽车起重机的通行、装卸要求。为保证现场施工安全，构件堆场应设围挡，防止无关人员进入。

④布置运输构件车辆装卸点。装配式建筑施工构件采用大型运输车辆运输，车辆运输构件多、装卸时间长，因此，应该合理地布置运输的构件车辆的构件装卸点，以免因车辆长时间停留而影响现场内道路的畅通，阻碍现场其他工序的正常作业施工。装卸点应在塔

式起重机或者起重设备的塔臂覆盖范围之内，且不宜设置在道路上。

4. 图纸会审

建筑设计图纸是施工企业进行施工活动的主要依据，图纸会审是技术管理的一个重要方面，熟悉图纸、掌握图纸内容、明确工程特点和各项技术要求、理解设计意图，是确保工程质量和工程顺利进行的重要前提。

图纸会审是由设计、施工、监理单位以及有关部门参加的图纸审查会，其目的有两个：一是使施工单位和各参建单位熟悉设计图纸，了解工程特点和设计意图，找出需要解决的技术难题，并制订解决方案；二是解决图纸中存在的问题，减少图纸的差错，使设计达到经济合理、符合实际，以利于施工顺利进行。图纸会审程序通常先由设计单位进行交底，交底内容包括设计意图、生产工艺流程、建筑结构造型、采用的标准和构件、建筑材料的性能要求、对施工程序和方法的建议要求以及工程质量标准与特殊要求等。然后，由施工单位(包括建设、监理单位)提出图纸自审中发现的图纸中的技术差错和图面上的问题，如工程结构是否经济、合理、实用，对设计图中不合理的地方提出改进建议；各专业图纸各部分尺寸、标高是否一致，结构、设备、水电安装之间，各种管线安装之间有无矛盾，总图与大样之间有无矛盾等，设计单位均应一一明确交底和解答。会审时，要细致、认真地做好记录。会审时施工等单位提出的问题由设计解答，整理出"图纸会审记录"，由建设、设计和施工、监理单位共同会签，"记录"作为施工图纸的补充和依据。不能立刻解决的问题，会后由设计单位发设计修改图或设计变更通知单。

项目技术负责人组织各专业技术人员认真学习设计图纸，领会设计意图，做好图纸会审前的图纸自审，一般采用先粗后精，先建筑后结构，先大后细，先主体后装修，先一般后特殊的方法。在自审图纸时，还应注意：一是图样与说明要结合看，要仔细看设计总说明和每张图纸中的细部说明，注意说明与图面是否一致，说明问题是否清楚、明确，说明中的要求是否切实可行；二是土建图与安装图要结合看，要对照土建和机、电、水等图纸，核对土建安装之间有无矛盾，预埋铁件、预留孔洞位置、尺寸和标高是否相符等，并提前将自审意见集中整理成书面文件汇总。

对于装配式结构的图纸会审，应重点关注以下几个方面：

(1)装配式结构体系的选择和创新应该得到专家论证，深化设计图应该符合专家论证的结论。

(2)对于装配式结构与常规结构的转换层，其固定墙部分需与预制墙板灌浆套筒对接的预埋钢筋的长度和位置。

(3)墙板间边缘构件竖缝主筋的连接和箍筋的封闭，后浇混凝土部位粗糙面和键槽。

(4)预制墙板之间上部叠合梁对接节点部位的钢筋(包括锚固板)搭接是否存在矛盾。

(5)外挂墙板的外挂节点做法、板缝防水和封闭做法。

(6)水、电线管盒的预埋、预留，预制墙板内预埋管线与现浇楼板预埋管线的连接。

二、人员准备

1. 人员培训

根据装配式混凝土结构工程的管理和施工技术特点，对管理人员及作业人员进行专项培训，严禁未培训上岗及培训不合格者上岗；要建立完善的内部教育和考核制度，通过定期考核和劳动竞赛等形式提高工人素质。对于长期从事装配式混凝土结构施工的企业，逐步建立专业化的施工队伍。钢筋套筒灌浆作业是装配式结构的关键工序，是有别于常规建筑的新工艺。因此，施工前应对工人进行专门的灌浆作业技能培训，模拟现场灌浆施工作业流程，提高注浆工人的质量意识和业务技能，确保构件灌浆作业的施工质量。

2. 技术安全交底

技术交底的内容包括图纸交底、施工组织设计交底、设计变更交底、分项工程技术交底。技术交底采用三级制，即项目技术负责人→施工员→班组长。项目技术负责人向施工员进行交底，要求细致、齐全，并应结合具体操作部位、关键部位的质量要求、操作要点及安全注意事项等进行交底。施工员接受交底后，应反复、细致地向操作班组进行交底，除口头和文字交底外，必要时应进行图表、样板、示范操作等方法的交底。班组长在接受交底后，应组织工人进行认真讨论，保证其明确施工意图。

对于现场施工人员要坚持每日班前会议制度，与此同时，进行安全教育和安全交底，做到安全教育天天讲，安全意识念念不忘。

三、起重机具准备

1. 塔式起重机使用

在装配式建筑施工中，塔式起重机承担建筑材料、施工机具运输的同时，还要负责所有预制构件的吊运安装。因此，和传统建筑施工相比，装配式建筑塔式起重机选型、布置和使用上有自己的特点：

(1)塔式起重机起重能力要求高，型号往往比传统施工使用的型号大；

(2)吊装 PC 构件占用时间长，塔式起重机使用更紧张；

(3)围护墙体同步施工，塔式起重机定位优先选阳台、窗洞。

2. 塔式起重机选择

(1)主要考虑的 3 大技术参数。

①工作幅度：塔机的回转中心到吊钩可达到最远处的距离，决定塔式起重机的覆盖范围。塔式起重机使用分为地下室施工和主体施工两大阶段。地下室施工阶段主要吊装模板、架管、钢筋、料斗等，对起重能力要求不高，但对覆盖范围要求大；主体施工阶段中，吊装预制构件是塔式起重机的主要工作，预制构件动辄 5～6 t，所以主体施工阶段对塔式起重机起重能力要求高，但只需要覆盖主体。

因此，需要综合考虑两个阶段的需求（臂长可阶段性变化），选出经济性好的方案。

②起重高度。起重高度需考虑以下因素，如图 5-1 所示。

a. 建筑物的高度（安装高度比建筑物高出 2～3 节标准节，一般高出 10 m 左右）。

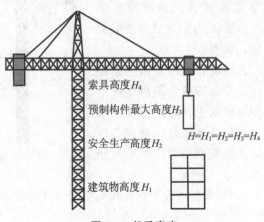

索具高度 H_4

预制构件最大高度 H_3

$H=H_1=H_2=H_3=H_4$

安全生产高度 H_2

建筑物高度 H_1

图 5-1　起重高度

b. 群体建筑中相邻塔式起重机的安全垂直距离（按规范要求错开 2 节标准节高度）。

③起重量：

a. 起重量×工作幅度 ＝ 起重力矩，一般控制在额定起重力矩的 75% 以下。

b. 起重量＝ 单个预制构件质量 ＋ 吊具质量（挂钩、钢丝绳、钢扁担等）。

c. 预制构件起吊及落位整个过程是否超荷，需进行塔式起重机起重能力验算，并绘制塔式起重机起重能力验算图。

（2）主要考虑的经济参数。经济参数包括进出场安拆费、月租金、作业人员工资等。

3. 塔式起重机布置

考虑其结构形式，根据其最大起重量位置选择塔式起重机布置，对塔式起重机位置进行充分发挥和合理布置，有利于预制构件的吊装装配施工。塔式起重机位置确定原则如下：

（1）应满足塔式起重机覆盖的要求。

①布置在建筑长边中点附近可以获得较小的臂长且覆盖整个建筑和堆场，如图 5-2 所示。

②两台塔式起重机对向布置可以在较小臂长、较大起重能力情况下覆盖整个建筑，如图 5-3 所示。

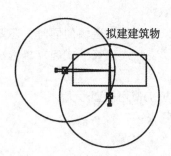

图 5-2　单台塔式起重机布置示意

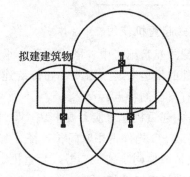

图 5-3　双台塔式起重机布置示意

（2）应满足群塔施工安全距离要求。装配式建筑施工对塔式起重机依赖大，塔式起重机布置数量也比传统施工要多，群塔作业安全更需要提前设计，如图 5-4 所示。

高低塔布置与建筑主体施工进度安排有关，群塔作业方案中应根据主体施工进度及塔式起重机技术要求，确定合理的塔式起重机升节、附墙时间节点。

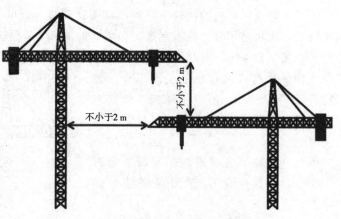

图 5-4　塔式起重机的最小安全距离

（3）应满足塔式起重机和架空线边线的最小安全距离要求，应符合表 5-1 规定。

表 5-1 塔式起重机和架空线边线的最小安全距离

安全距离	电压/kV				
	<2	1~15	20~40	60~110	220
沿垂直方向/m	1.5	3.0	4.0	5.0	6.0
沿水平方向/m	1.5	2.0	3.5	4.0	6.0

(4)应满足塔式起重机附着位置及尺寸要求。装配式建筑塔式起重机附着有以下特点：

①外挂板、内墙板属于非承重构件，所以不得用作塔式起重机附墙连接，塔式起重机必须与建筑结构主体附墙连接。

②分户墙、外围护墙与主体同步施工，因此，塔式起重机附着杆件必须优先选择窗洞、阳台伸进。

③塔式起重机附着必须在塔式起重机专项施工方案中体现，明确附着细节。若需要在外挂板及其他预制构件上预留洞口或设置埋件的，开工前下好构件工艺变更单，工厂提前做好预留预埋。

(5)应满足塔式起重机拆除的要求：塔式起重机方案设计应该充分考虑塔式起重机拆除时的工况，避免拆除时才出现臂摆和建筑主体、相邻塔式起重机、施工电梯、外挂爬架等相碰撞情况。

4. 吊具吊索的选用

(1)吊索选择。钢丝绳吊索，一般选择型号为 $6×19+1$ 互捻钢丝绳，此钢丝绳强度较高，吊装时不易扭结。吊索安全系数 $n=6~7$，吊索大小、长度应根据吊装构件质量和吊点位置计算确定。吊索和吊装构件吊装夹角度一般控制在不小于 $45°$。

(2)卸扣选择。卸扣大小应与吊索相匹配，卸扣一般应大于或等于吊索。

(3)手拉葫芦选择。手拉葫芦用来完成构件卸车时翻转和构件吊装时的水平调整。手拉葫芦在吊装中受力一般大于所配吊索，吊装前要根据构件质量、设置位置、翻转吊装和水平调整过程中手拉葫芦最不利角度通过计算来确定，一般选用 3 t 手拉葫芦即可。

四、预制构件的进场检验与存放

1. 构件堆放基本要求

(1)按照总平面布置要求，设置预制构件专用堆场，避免交叉作业形成安全隐患，应尽量靠近道路，道路应平整、坚实。

(2)堆场应平整、坚实(宜硬化，满足平整度和地基承载力要求)，并应有排水措施。在地下室顶板等部位设置的堆场，应有经过施工单位技术部门批准的支撑方案。

(3)现场构件堆场应按规格、品种、所用部位、吊装顺序分别设置，构件堆垛之间应设置合理的工作人员安全通道。堆放区应设置隔离围栏，不得与其他建筑材料、设备混合堆放，防止搬运时相互影响造成伤害。

(4)预制构件存放时，预埋吊件所处位置应避免遮挡，易于起吊。

(5)构件叠放层数应符合规范要求，防止构件堆放超限产生安全隐患。

(6)插架应有足够的刚度和稳定性，相邻插架宜连成整体并定期进行检查。

（7）夹心保温外墙构件存放处 2 m 范围内不应有动火作业。

（8）构件堆场周围应设置围栏，并悬挂安全警示牌。

（9）构件宜布置在塔式起重机起重能力覆盖范围之内，堆场中预制构件堆放以吊装次序为原则，并对进场的每块预制构件按吊装次序编号，应尽量布置在建筑物的外围并严格分类堆放。

（10）构件标识信息清晰、完整，宜布置在构件正面或侧面，便于识读，并注意保护。

2. 构件堆放场地及存放

根据装配式混凝土结构专项施工方案制订预制构件场内的运输与存放计划。预制构件场内运输与存放计划包括进场时间、次序、存放场地、运输线路、固定要求、码放支垫及成品保护措施等内容，对于超高、超宽、形状特殊的大型构件的运输和码放，应采取专项质量安全保证措施。

（1）施工现场内的两道路应按照构件运输车辆的要求合理设置转弯半径及道路坡度。

（2）现场运输道路和存放堆场应坚实、平整，并有排水措施。运输车辆进入施工现场的道路，应满足预制构件的运输要求。预制构件装卸、吊装的工作范围内不应有障碍物，并应有满足预制构件周转使用的场地，如图 5-5 所示。

（3）预制构件装卸时，应考虑车体平衡，采取绑扎固定措施；预制构件边角部或与紧固用绳索接触的部位，宜采用垫衬加以保护。

（4）预制构件运送到现场后，应按规格、品种、使用部位、吊装顺序分别设置存放场地。存放场地应设置在吊车的有效吊重覆盖范围半径内，并设置通道。

（5）预制墙板宜对称插放或靠放存放，支架应有足够的刚度，并支垫稳固。预制外墙板宜对称靠放、饰面朝外，且与地面倾斜角度不宜小于 80°。

（6）预制板类构件可采用叠放方式存放，构件层与层之间应垫平、垫实，每层构件之间的整木或整块应在同一垂直线上，依据工程经验，一般中小跨构件叠放层数不超过5层，大跨和特殊构件叠放层数和支垫位置，应根据构件施工验算确定。

（7）预制墙板插放于墙板专用堆放架上，如图 5-6 所示。堆放架设计为两侧插放，堆放架应满足强度、刚度和稳定性的要求，堆放架必须设置防磕碰、防下沉的保护措施；保证构件堆放有序、存放合理，确保构件起吊方便、占地面积最小。墙板堆放时，根据墙板的吊装编号顺序进行堆放，堆放时，要求两侧交错堆放，保证堆放架的整体稳定性。

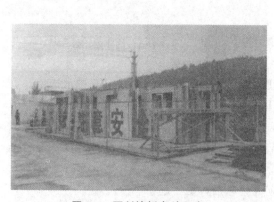

图 5-5　预制墙板存放示意

图 5-6　存放架实样

3. 不同类型构件堆放要求

(1)叠合梁。

①在叠合梁起吊点对应的最下面一层采用宽度为 100 mm 的方木通长垂直设置，将叠合梁后浇层面朝上并整齐地放置；各层之间在起吊点的正下方放置宽度为 50 mm 的通长方木，要求其方木高度不小于 200 mm。

②层与层之间垫平，各层方木应上下对齐，堆放高度不宜大于 4 层。

③每垛构件之间，在伸出的锚固钢筋一端间距不得小于 600 mm，另一端间距不得小于 400 mm。叠放图如图 5-7 所示。

(2)叠合板。

①多层码垛存放构件，层与层之间应垫平，各层垫块或方木(长宽高分别为 200 mm、100 mm、100 mm)应上下对齐。垫木放置在桁架侧边，板两端(至板端 200 mm)及跨中位置均应设置垫木且间距不大于 1.6 m，最下面一层支垫应通长设置，并应采取防止堆垛倾覆的措施。

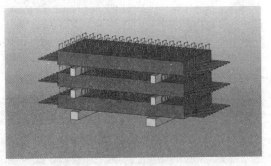

图 5-7　叠合梁堆放三维图

②采取多点支垫时，一定要避免边缘支垫低于中间支垫，形成过长的悬臂，导致较大负弯矩产生裂缝。

③不同板号应分别堆放，堆放高度不宜大于 6 层。每垛之间纵向间距不得小于 500 mm，横向间距不得小于 600 mm，堆放时间不宜超过两个月，如图 5-8 所示。

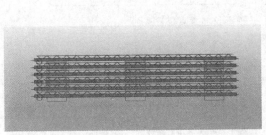

图 5-8　叠合板立面堆放示意

(3)预制墙板。

①预制内外墙板采用专用支架直立存放，吊装点朝上放置，支架应有足够的强度和刚度，门窗洞口的构件薄弱部位，采取防止变形开裂的临时加固措施。

②L 形墙板采用插放架堆放，方木在预制内外墙板的底部通长布置，且放置在预制内外墙板的 200 mm 厚结构层的下方，墙板与插放架空隙部分用方木插销填塞。

③一字形墙板采用联排堆放，方木在预制内外墙板的底部通长布置，且放置在预制内外墙板的 200 mm 厚结构层的下方，上方通过调节螺杆固定墙板。

（4）预制楼梯。

①楼梯正面朝上，在楼梯安装点对应的最下面一层采用宽度为 100 mm 的方木通长垂直设置。同种规格依次向上叠放，层与层之间垫平，各层垫块或方木应放置在起吊点的正下方，堆放高度不宜大于 4 层。

②方木选用尺寸为 200 mm×100 mm×100 mm，每层放置 4 块，并垂直放置两层方木，应上下对齐。

③每垛构件之间，其纵横向间距不得小于 400 mm。具体如图 5-9、图 5-10 所示。

图 5-9　预制楼梯堆放示意

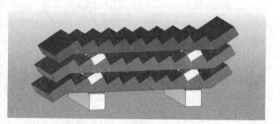

图 5-10　预制楼梯堆放三维图

4. 预制构件入场检验

（1）对入场的预制构件的外观质量进行全数检查，见表 5-2 的规定。检验方法是观测检测，要求外观质量不宜有一般缺陷，不应有严重缺陷。

表 5-2　预制构件外观质量缺陷

名称	现象	严重缺陷	一般缺陷
露筋	构件内钢筋未被混凝土包裹而外露	主筋有露筋	其他钢筋有少量露筋
蜂窝	混凝土表面缺少水泥砂而形成石子外露	主筋部位和置点位置有蜂窝	其他部位有少量蜂窝
孔洞	混凝土中孔穴深度和长度均超过构件	构件主要受力部位有孔洞	孔洞
夹渣	混凝土中夹有杂物且深度超过保护层厚度	构件主要受力部位有夹渣	其他部位有少量夹渣
疏松	混凝土中局部不密实	构件主要受力部位有疏松	其他部位有少量疏松
裂缝	裂隙从混凝土表面延伸至混凝土内部	构件主要受力部位有影响结构性能或使用功能的裂缝	其他部位有少量不影响结构性能或使用功能的裂缝
连接部位缺陷	构件连接处混凝土缺陷及连接钢筋、连接件松动、灌浆套筒未保护	连接部位有影响结构传力性能的缺陷	连接部位有基本不影响结构传力性能的缺陷

名称	现象	严重缺陷	一般缺陷
外形缺陷	内表面缺棱掉角、棱角不直、翘曲不平等，外表面面砖粘结不牢、位置偏差、面嵌缝没有达到横平竖直，转角面砖棱角不直、面砖表面翘曲不平等	清水混凝土构件有影响使用功能或装饰效果的外形缺陷	其他混凝土构件有不影响使用功能的外形缺陷
外部缺陷	构件内表面麻面、掉皮、起砂、沾污等，外表面面砖污染。预埋门窗框破坏	具有重要装饰效果的清水混凝土构件、门窗框有外表缺陷	其他混凝土构件有不影响使用功能的外表缺陷、门窗框不宜有外表缺陷

（2）入场的预制构件的尺寸偏差应符合表 5-3 的规定，对于施工过程中临时使用的预埋件中心线位置及后浇混凝土部位的预制构件尺寸偏差，可按表中的规定放大一倍执行。检查数量：同一生产企业、同一品种的构件，不超过 100 个为一批，每批抽查构件数量的 5%，且不少于 3 件。构件入场实测检验如图 5-11 所示。

表 5-3　预制构件尺寸允许偏差和检验方法

项目			允许偏差/mm	检验方法
长度	板、梁、柱、桁架	＜12 m	±5	尺量
		≥12 m 且＜18 m	±10	
		≥18 m	±20	
	墙板		±4	
宽度、高(厚)度	板、梁、柱、桁架截面尺寸		±5	钢尺量一端及中部，取其中偏差绝对值较大处
	墙板的高度、厚度		±3	
表面平整度	板、梁、柱、墙板内表面		5	2 m 靠尺和塞尺检查
	墙板外表面		3	
侧向弯曲	板、梁、柱		$L/750$ 且＜20	拉线、钢尺量最大侧向弯曲处
	墙板、桁架		$L/1\,000$ 且＜20	
翘曲	板		$L/750$	调平尺在两端量测
	墙		$L/1\,000$	
对角线差	板		10	钢尺量两个对角线
	墙板、门窗口		5	
挠度变形	梁、板、桁架设计起拱		±10	拉线、钢尺量最大弯曲处
	梁、板、桁架下垂		0	
预留孔	中心线位置		5	尺量
	孔尺寸		±5	
预留洞	中心线位置		10	尺量
	洞口尺寸、深度		±10	

项目		允许偏差/mm	检验方法
门窗口	中心线位置	5	尺量
	宽度、高度	±3	
预埋件	预埋件锚板中心线位置	5	尺量
	预埋件锚板与混凝土面平面高差	0，−5	
	预埋螺栓中心线位置	2	
	预埋螺栓外露长度	+10，−5	
	预埋套筒、螺母中心线位置	2	
	预埋套筒、螺母与混凝土面平面高差	0，−5	
	线管、电盒、木砖、吊环在构件平面的中心线位置偏差	20	
	线管、电盒、木砖、吊环与构件表面混凝土高差	0，−10	
预留钢筋	中心线位置	3	尺量
	外露长度	+5，−5	
键槽	中心线位置	5	尺量
	长度、宽度、高度	±5	

注：1. L 为构件长度(mm)。
　　2. 检查中心线、螺栓和孔道位置时，应由纵、横两个方向量测，并取其中的较大值。

(3)应详细复查其粗糙面是否达到规范要求；检查灌浆套筒是否畅通、有无异物和油污；检查钢筋的锚固方式及锚固长度。预制构件粗糙面如图 5-12 所示。

图 5-11　构件入场实测检验

图 5-12　预制构件粗糙面

(4)检查并留存出厂合格证及查收以下证明文件：
①预制构件隐蔽工程质量验收表。
②预制构件出厂质量验收表。
③钢筋进场复验报告。

④钢筋留样检验报告。

⑤保温材料、拉结件、套筒等主要材料进厂复验检验报告。

⑥产品合格证。

⑦产品说明书。

⑧其他相关的质量证明文件等资料。

单元二　预制构件吊装施工

一、预制构件吊装前准备

1. 基本要求

预制构件吊装施工流程主要包括构件起吊、就位、调整、脱钩等主要环节。通常情况下，在楼面混凝土浇筑完成后开始准备工作。准备工作有测量放样、临时支撑就位、斜撑连接件安放、止水胶条粘贴等。然后开始预制构件吊装施工，期间还需要与其他作业工序之间的协调和配合工作，为确保吊装施工顺利和有序高效地实施，预制构件吊装前应做好以下几个方面的准备工作。

(1)预制构件堆放区域。构件的堆放位置的确定原则如下：

①构件堆放位置相对于吊装位置正确，避免后续的构件移位。

②不影响汽车起重机或其他运输车辆的通行。

③在汽车起重机或塔式起重机吊装半径内。

(2)构件吊装顺序。不同的预制构件其吊装顺序各不相同。除了柱、梁、板的吊装顺序沿大方向以外，同一种构件中也存在不同的吊装顺序，吊装前应详细规划构件的吊装顺序，防止构件钢筋错位。对于吊装顺序，可依据深化设计图纸、吊装施工顺序图执行。

(3)确认吊装所用的预制构件。确认目前吊装所用的预制构件是否按计划要求进场、验收，堆放位置和吊车吊装动线是否正确、合理。

(4)机械器具的检查。机械器具的检查应包括下列内容：

①对主要吊装用机械器具，检查确认其必要数量及安全性；

②构件吊装用器材、吊具等；

③吊装用斜向支撑和支撑架准备；

④焊接器具及焊接用器材；

⑤临时连接铁件准备；

⑥确认从业人员资格及施工指挥人员。

(5)从业人员和施工指挥人员的确认。应包括下列内容：

①在进行吊装施工之前，要确认吊装从业人员资格以及施工指挥人员；

②现场办公室要备齐指挥人员的资格证书复印件和吊装人员名单，并制成一览表贴在会议室等地方。

（6）指示信号的确认。吊装应设置专门信号指挥者确认信号指示方法，确保吊装施工的顺利进行。

（7）吊装施工前的确认。吊装施工前的确认应包括下列内容：

①建筑物总长、纵向和横向的尺寸以及标高；

②接合用钢筋以及接合用铁件的位置及高度；

③吊装精度测量用的基准线位置。

（8）预制构件吊点、吊具及吊装设备。预制构件吊点、吊具及吊装设备应符合下列规定：

①预制构件起吊时的吊点合力应与构件重心一致，可采用可调式平衡横梁进行起吊和就位；

②预制构件吊装宜采用标准吊具，吊具可采用预埋吊环或内置式连接钢套筒的形式；

③吊装设备应在安全操作状态下进行吊装。

（9）预制构件吊装。预制构件吊装应符合下列规定：

①预制构件应按施工方案的要求吊装，起吊时，绳索与构件水平面的夹角不宜小于60°，且不应小于45°；

②预制构件吊装应采用慢起、快升、缓放的操作方式，预制墙板就位宜采用由上往下插入式吊装形式；

③预制构件吊装过程不宜偏斜和摇摆，严禁吊装构件长时间悬挂在空中；

④预制构件吊装时，构件上应设置缆风绳，保证构件就位平稳；

⑤预制构件的混凝土强度应符合设计要求，当设计无具体要求时，混凝土同条件立方体抗压强度不宜小于混凝土强度等级值的 75%。

（10）预制构件吊装临时固定措施。预制构件吊装临时固定措施应严格按照施工方案的要求实施。

2. 测量放样

装配式混凝土结构工程的测量放样作业分为预制构件的定位和预留定位钢筋的放样。预制构件定位的测量放样与传统工艺放样相似，在此不做详述，本单元以预制柱的预留钢筋定位为例，介绍预留定位钢筋的放样流程。以下以基础柱主筋定位为案例对测量放样过程做系统的介绍。

（1）柱主筋定位施工流程。垫层放样→蜡烛台固定喷漆→放置格网箍→放置立柱主筋→板筋和地梁钢筋绑扎→放置套筒和定木板→架立龙门架→调整柱主筋固定→混凝土浇筑。

（2）基础柱主筋测量定位方式。一般施工现场的测量放样采用传统测量方式，其主要步骤包括基础施工轴线控制，直接采用基坑外控制桩两点通视直线投测法向基坑内投测轴线（采用三点成一线及转直角复测），再按投测控制线引放其他细部控制线，且每次控制轴线的放样必须独立施测两次，经校核无误后方可使用。土方开挖时，高程控制在基底打入小木桩，将水准仪架在基坑边，通过塔尺将基坑上口的标高传递到基坑内的小木桩桩顶。在基坑内按 2 000 mm 左右的间距打入小竹桩，将小木桩上的标高传递到小竹桩上，以此控制整个基坑土方和垫层面的标高。

装配式建筑宜采用测量速度快、精度高的 GPS 测量定位方式。其主要步骤包括每层楼板（或垫层）浇筑完成后使用 4 台双频 GPS 分别架设在通过引进场内已知坐标和楼板面布置的两个点，同时进行静态观测，计算出楼层浇筑完成后布置的两点平面坐标。将全站仪架设在已知控制点上，采用另外一个已知点作为参考方向进行设站。待全站仪设站完毕之后，进行楼层放样，采用极坐标放样方法将待放样点的坐标导入全站仪，全站仪将自动照准设计放样坐标方向，只需要进行距离测量，便可以准确无误地寻找到放样点。完成后在混凝土层面弹墨线，再测放出各分轴线及构件位置。

(3)测量放样精度要求。测量放样的精度要求按照现行国家标准《工程测量标准》(GB 50026—2020)的要求执行。装配式结构在构件吊装时，应重点关注预制构件的标高和平面位置两项指标。表5-4、表5-5分别给出了标高传递的竖向误差精度、建筑平面测量精度要求的各项指标。

表 5-4　标高传递的竖向误差精度

项目		允许偏差/mm
每层		±3
总高 H/m	$H \leqslant 30$	±5
	$30 < H \leqslant 60$	±10
	$60 < H \leqslant 90$	±15

表 5-5　建筑平面测量精度要求

测量高程		测量精度要求
控制点闭合差	高程闭合差	<1 mm
	距离闭合差	<2 mm
	角度闭合差	<20″
测量控制线	控制点位置	结构体外围 1 m 线
	放样线闭合差	小于控制点闭合差 2 倍
平面控制网	测量中误差	±2.5″
	最弱点点位中误差	±15 mm
	相邻点的相对中误差	±8 mm
	导线全长相对闭合差	1/35 000

二、预制柱吊装

1. 吊装准备

(1)柱续接下层钢筋位置、高程复核，底部混凝土面清理干净，预制柱吊装位置测量放样及弹线。

(2)吊装前，应对预制柱进行外观质量检查，尤其要对主筋续接套筒质量进行检查及预制立柱预留孔内部的清理，具体如图5-13所示。

(3)吊装前，应备齐安装所需的设备和器具，如斜撑、固定用铁件、螺栓、柱底高程调整铁片(10 mm、5 mm、2 mm 等基本规格进行组合)、起吊工具、垂直度测定杆或木梯等。

图 5-14 所示为预制立柱吊装前柱底高程调整铁片安放的施工场景。铁片安装时，应以完成立柱吊装后立柱的稳定性以及垂直度可调为原则。

图 5-13　预制柱底部连接套筒

图 5-14　立柱底标高调整用铁垫片设置

（4）在预制立柱顶部架设预制主梁的位置应进行放样和明晰地标识，并放置柱头第一片箍筋，避免因预制梁安装时与预制立柱的预留钢筋发生碰撞而无法吊装。

（5）应事先确认预制立柱的吊装方向、构件编号、水电预埋管、吊点与构件质量等内容。

2. 吊装流程

首先，预制立柱吊装前应做好外观质量、钢筋垂直度、注浆孔清理等准备工作，就绪后，应对立柱吊装位置进行标高复核与调整；其次，进行预制立柱吊装和精度调整；最后，确定斜撑位置，并送吊车的吊钩进入下一根立柱的吊装施工，如此循环往复。值得注意的是，预制立柱和后续的预制梁吊装存在着密切的关系，吊装时应注意两者之间的协调施工。预制柱吊装示意如图 5-15 所示。

图 5-15　预制柱吊装示意

预制柱的吊装流程：吊装前准备工作→吊装前质检与编号确认→柱底部标高钢片调整、斜撑固定座安装→梁搁置位置放样→预制立柱吊装→斜撑安装及垂直度调整→斜撑系统位置锁定→吊车吊钩松绑→进入下一道工序。

3. 垂直度调整

柱吊装到位后，应及时将斜撑固定到预埋在预制柱上方和楼板的预埋件上，每根预制立柱的固定至少在 3 个不同侧面设置斜撑，通过可调节装置进行垂直度调整，直至垂直度满足规定的要求后进行锁定，如图 5-16 所示。

4. 柱底无收缩砂浆灌浆施工

预制柱节点一般采用预埋套筒并与该层楼面上预留钢筋进行灌浆连接。连接节点的灌浆质量好坏将直接影响预制装配式框架结构主体的抗震安全，是整个施工吊装过程中的关键环节。现场施工人员、质量管理员和监理人员应引起高度重视，并严格按照相关规定的要求进行检查和验收。

（1）施工步骤及接缝封堵。预制立柱底部无收缩砂浆灌浆的施工步骤：施工准备与检查→砂浆计量与制备→节点灌浆施工→质量检查验收→编写作业报告→抗压强度试样→资料整理归档。

预制立柱底部节点灌浆封堵可以采用封堵模板或使用专用封堵砂浆填塞。

（2）质量控制。先检查无收缩水泥是否在有效期内，无收缩水泥的使用期限一般为 6 个月，6 个月以上禁止使用，3～6 个月需用 8 号筛去除水泥结块后方可使用。

图 5-16　立柱垂直度调整

每批次灌浆前，需要测试砂浆的流动度，如图 5-17 所示，按流动度仪的标准流程执行，流动度一般应保证为 20～30 mm（具体按照使用灌浆材料要求），若超过该数值范围，则不能使用，必须查明原因处理后，确定流动度符合要求才能实施灌浆。流动度试验环，为上端内径 75 mm、下端内径 85 mm、高 40 mm 不锈钢材质，于搅拌混合后倒入测定。

 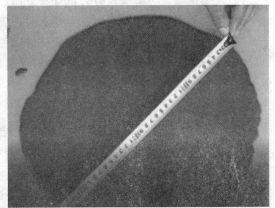

图 5-17　无收缩砂浆流动度测定

无收缩砂浆需做抗压强度试块，模具如图 5-18 所示。试验强度值应达到 550 kgf[①]/cm² 以上，试块需做 7 日及 28 日的强度试验。

无收缩水泥进场时，每批需附原厂质量保证书，以保证无收缩水泥质量。水质应取用对收缩水泥砂浆无害的水源，如自来水等。对于采用地下水或井水等，则需进行氯离子含量检测。

（3）无收缩灌浆施工。灌浆前需用高压空气清理柱底部套筒及柱底杂物，如泡绵、碎石、泥灰等，若用水清洁，则需干燥后才能灌浆。当灌浆中遇到必须暂停的情况，此时采取循环回浆状态，即将灌浆管插入灌浆机注入口，休息时间以 0.5 h 为限。

图 5-18　抗压强度试块制作模具

———————————

① 　1 kgf＝9.8 N。

搅拌器及搅拌桶禁止使用铝质材料，每次需待搅拌均匀后，再持续搅拌 2 min 以上方可使用。

（4）养护。完成无收缩水泥砂浆灌浆施工后，一般需养护 12 h 以上。在养护期间，严禁碰撞立柱底部接缝养护中的立柱，并采取相应的保护措施和标识。

（5）不合格处置。无收缩灌浆只有满浆才算合格，只要未满浆，一律拆掉柱子并清理干净恢复原状为止。当发现有任何一个排浆孔不能顺畅出浆时，应在 30 min 内排除出浆阻碍。若无法排除，则应立即吊起预制立柱，并以高压冲洗机等清除套筒内附着的无收缩水泥砂浆，恢复干净状态。在查明无法顺利出浆的原因，并排除障碍后，方可再度按照原有的施工顺序重新开始吊装施工。

三、预制梁吊装

1. 准备工作

（1）支撑系统是否准备就绪，预制立柱顶标高复核检查。

（2）大梁钢筋、小梁接合剪力位置、方向、编号检查。

（3）预制梁搁置处标高不能达到要求时，应采用软性垫片等予以调整。

（4）按设计要求起吊，起吊前应准备好相关吊具。

（5）若发现预制梁叠合部分主筋配筋（吊装现场预先穿好）与设计不符，应在吊装前及时更正。

2. 吊装流程

预制次梁的吊装一般应在一组（2 根以上）预制主梁吊装完成后进行。预制主次梁吊装前应架设临时支撑系统并进行标高测量，按设计要求达到吊装进度后，及时拧紧支撑系统固定装置，然后吊钩松绑进行下一个环节的施工。支撑系统应按照前述垂直支撑系统的设计要求进行设计。预制主次梁吊装完成后，应及时用水泥砂浆充填其连接接头。

预制主梁和次梁的吊装流程：预制梁吊装准备→主梁临时支撑系统架设→方向/编号/上层主筋检查→上一根主梁吊装→下一根主梁吊装→立柱/支撑置点标高调整→支撑系统标高锁定→吊车吊钩松绑→次梁支撑系统架设→主梁与次梁节点砂浆充填。

预制梁吊装施工示意如图 5-19 所示。预制梁柱节点整体示意如图 5-20 所示。

图 5-19　预制梁吊装施工示意

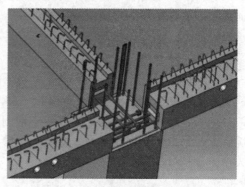
图 5-20　预制梁柱节点整体示意

3. 吊装注意事项

(1)当同一根立柱上搁置两根底标高不同的预制梁时，底标高低的梁先吊装，同时，为了避免同一根柱上主梁的预留主筋发生碰撞，原则上应先吊装 X 方向(建筑物长边方向)的主梁，后吊装 Y 方向主梁。

(2)对带有次梁的主梁，在起吊前应在搁置次梁的剪力处标识出次梁吊装位置。主次梁位置示意如图 5-21 所示。

4. 主次梁的连接

主梁与次梁的连接是通过将预埋在次梁上的钢板(俗称牛担板)置于主梁的预留剪力榫槽内，并通过灌注砂浆形成整体。根据设计要求，在次梁的搁置点附近一定的区域范围内，还需对箍筋进行加密，提高次梁在搁置端部的抗剪承载力。图 5-22 给出了主次梁吊装就位后，连接部位砂浆灌注的现场施工场景。值得注意的是，在灌浆之前，主次梁节点处先支立模板，接缝处应用软木材料堵塞，防止漏浆情况的发生。

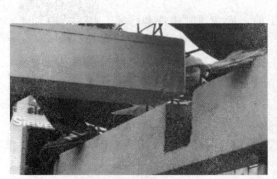 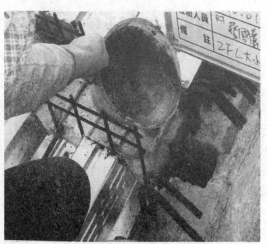

　　图 5-21　主次梁位置示意　　　　　　图 5-22　主次梁接缝处灌浆

5. 主次梁吊装施工要领

预制主梁、次梁吊装过程中的施工要领见表 5-6。表中给出的吊装要领包括从临时支撑系统架设至主梁和次梁接缝连接等 7 个主要环节。

表 5-6　梁吊装施工要领表

作业内容	要领说明
①临时支撑系架设	在预制梁吊装前，主次梁下方需事先架设临时支撑系统，一般主梁采用支撑鹰架，次梁采用门式支撑架。预制主梁若两侧搁置次梁，则使用 3 组支撑鹰架，若单侧背负次梁，则使用一点 5 组支撑鹰架，支撑鹰架设位置一般在主梁中央部位。次梁采用 3 根钢管支撑，钢管支撑间距应沿次梁长度方向均匀布置。架设后，应注意预制梁顶部标高是否满足精度要求
②方向、编号、上层主筋确认	梁吊装前应进行外观和钢筋布置等的检查，包括构件缺损或缺角、箍筋外保护层与梁箍垂直度、主次梁剪力榫位置偏差、穿梁开孔等项目。吊装前需对主梁钢筋、次梁接合剪力榫位置、方向、编号进行检查
③剪力榫位置放样	主梁吊装前，须对次梁剪力榫的位置绘制次梁吊装基准线，作为次梁吊装定位的基准

作业内容	要领说明
④主梁起吊吊装	起吊前应对主梁钢筋、次梁接合剪力榫位置、方向、编号进行检查。当柱头标高误差超过容许值时，若柱头标高太低，则在吊装主梁前应于柱头置放铁片调整高差；若柱头标高太高，则于吊装主梁前须先将柱头凿除修正至设计标高
⑤柱头位置、梁中央部高程调整	吊装后需派一组人调整支撑架架顶标高，使柱头位置、梁中央部标高保持一致及水平，确保灌浆后主次梁不至于下垂
⑥主梁吊装后吊装次梁	次梁吊装须待两向主梁吊装完成后才能吊装，因此，于吊装前须检查好主梁吊装顺序，确保主梁上下部钢筋位置可以交错而不会吊错重吊，然后吊装次梁
⑦主梁与次梁接缝连接	主次梁吊装完成后，次梁剪力榫处木模板封模后采用抗压强度 35 MPa 以上的结构砂浆灌浆填缝，待砂浆凝固后拆模

四、预制剪力墙板吊装

1. 准备工作

（1）剪力墙板安装位置测量画线。安装施工前，应在预制构件和已完成的结构上测量放线，设置安装定位标志，对于装配式剪力墙结构测量、安装、定位，主要包括：每层楼面轴线垂直控制点不应少于 4 个，楼层上的控制轴线应使用经纬仪由底层原始点直接向上引测，每个楼层应设置 1 个引程控制点，预制构件控制线应由轴线引出，每块预制构件应有纵、横控制线各 2 条；预制外墙板安装前，应在墙板内侧弹出竖向与水平线，安装时，应与楼层上该墙板控制线相对应。当采用饰面砖外装饰时，饰面砖竖向、横向砖应引测，贯通到外墙内侧来控制相邻板与板之间、层与层之间饰面砖砖缝对直；预制外墙板垂直度测量，4 个角留设的测点为预制外墙板转换控制点，用靠尺以此 4 点在内侧进行垂直度校核和测量；应在预制外墙板顶部设置水平标高点，在上层预制外墙板吊装时，应先垫垫块或在构件上预埋标高控制调节件。

预制剪力墙（外墙）
虚拟仿真施工

建筑物外墙垂直度的测量，宜选用投点法进行观测。在建筑物大角上设置上、下两个标志点作为观测点，上部观测点随着楼层的升高逐步提升，用经纬仪观测建筑物的垂直度并做好记录。观测时，应在底部观测点的位置安置水平读数尺等测量设施，在每个观测点安置经纬仪投影时，应按正倒镜法测出每对观测点标志间的水平位移分量，按矢量相加法求得水平位移值和位移方向。

（2）测量过程中应该及时将所有柱、墙、门洞的位置在地面弹好墨线，并准备铺设坐浆料。将安装位置洒水阴湿，地面上、墙板下放好垫块，垫块保证墙板底标高的正确，由于坐浆料通常在 1 h 内初凝，所以吊装必须连续作业，相邻墙板的调整工作必须在坐浆料初凝前进行。

（3）铺设坐浆料。坐浆时，坐浆区域需运用等面积法计算出三角形区域面积，同时，坐浆料必须满足以下技术要求：

①坐浆料坍落度不宜过大，一般在市场购买强度为 40～60 MPa 的灌浆料，使用小型搅拌机（容积可容纳一包料即可）加适当的水搅拌而成，不宜调制过稀，必须保证坐浆完成后呈中间高、两端低的形状。

②在坐浆料采购前，需要与厂家约定浆料内粗集料的最大粒径为 5 mm，且坐浆料必须具有微膨胀性。

③坐浆料的强度等级应比相应的预制墙板混凝土的强度提高一个等级。

④为防止坐浆料填充到外叶板之间，在苯板处补充 50 mm×20 mm 的聚苯板堵塞缝隙。

（4）剪力墙底部接缝处坐浆强度应该满足设计要求。以每层为一检验批：每工作班应制作 1 组且每层不少于 3 组立方体试件，标准养护 28 d 后，进行抗压强度保温板处局部封堵试验。

2. 剪力墙板吊装、定位校正和临时固定

（1）剪力墙板吊装。由于吊装作业需要连续进行，所以吊装前的准备工作非常重要，首先，应将所有柱、墙、门洞的位置在地面弹好墨线，根据后置埋件布置图，采用后孔法安装预制构件定位卡具，并进行复核检查；同时，对起重设备进行安全检查，并在空载状态下对吊臂角度、负载能力、吊绳等进行检查，对最困难的部件进行空载实际演练（必须进行），将倒链、斜撑杆、螺钉、扳手、靠尺、开孔电钻等工具准备齐全，操作人员对操作工具进行清点。检查预制构件预留螺栓孔缺陷情况，在吊装前进行修复，保证螺栓孔丝扣完好；提前架好经纬仪、水准仪并调平。填写施工准备情况登记表，施工现场负责人检查核对签字后方可开始吊装预制墙板吊装，示意如图 5-23 所示。

预制构件在吊装过程中应保持稳定，不得偏斜、摇摆和扭转。吊装时，一定采用扁担式吊具吊装。

（2）剪力墙板定位校正。墙板底部若局部套筒未对准，可使用倒链将墙板手动微调对孔。底部没有灌浆套筒的外填充墙板直接顺着角码缓缓放下墙板。

垂直坐落在准确的位置后，拉线复核水平是否有偏差，无误差后，利用预制墙板上的预埋螺栓和地面后置膨胀螺栓安装斜支撑杆。复测墙顶标高后，方可松开吊钩。利用

图 5-23 预制墙板吊装示意

斜撑杆调节好墙体的垂直度（注：在调节斜撑杆时，必须两名工人同时、同方向分别调节两根斜撑杆）。调节好墙体垂直度后，刮平底部坐浆。

安装施工应根据结构特点按合理顺序进行，需考虑到平面运输、结构体系转换、测量校正、精度调整及系统构成等因素，及时形成稳定的空间刚度单元。必要时，应增加临时支撑结构或临时措施。单个混凝土构件的连接施工应一次性完成。

预制墙板等竖向构件安装后，应对安装位置、安装标高、垂直度、累计垂直度进行校核与调整，其校核与偏差调整原则可参照以下要求：预制外墙板侧面中线及板面垂直度的校核，应以中线为主进行调整；预制外墙板上下校正时，应以竖缝为主进行调整；墙板接缝应以满足外墙面平整度为主，内墙面不平或翘曲时，可在内装饰或内保温层内调整；预制外墙板山墙阳角与相邻板的校正，以阳角为基准进行调整；预制外墙板拼缝平整的校核，应以楼地面水平线为准进行调整。

构件安装就位后，可通过临时支撑对构件的位置和垂直度进行微调。

（3）剪力墙板临时固定。安装阶段的结构稳定性对保证施工安全和安装精度非常重

要，构件在安装就位后，应采取临时措施进行固定，如图 5-24 所示。临时支撑结构或临时措施应能承受结构自重、施工荷载、风荷载、吊装产生的冲击荷载等作用，并不至于使结构产生永久变形。

图 5-24　临时斜撑固定示意

在装配式混凝土结构工程施工过程中，当预制构件或整个结构自身不能承受施工荷载时，需要通过设置临时支撑来保证施工定位、施工安全及工程质量。临时支撑包括水平构件下方的临时竖向支撑、在水平构件两端支撑构件上设置的临时牛腿、竖向构件的临时支撑等。

对于预制剪力墙板，临时斜撑一般安放在其背后，且一般不少于两道；对于宽度比较小的墙板，也可仅设置 1 道斜撑。当墙板底部没有水平约束时，墙板的每道临时支撑包括上部斜撑和下部支撑，下部支撑可做成水平支撑或斜向支撑。对于预制柱，由于其底部纵向钢筋可以起到水平约束的作用，故一般仅设置上部支撑。柱的斜撑也最少要设置两道，且应设置在两个相邻的侧面上，水平投影相互垂直。

临时斜撑与预制构件一般做成铰接，并通过预埋件进行连接。考虑到临时斜撑主要承受的是水平荷载，为充分发挥其作用，对上部的斜撑，其支撑点距离板底的距离不宜小于板高的 2/3，且不应小于高度的 1/2。

调整复核墙体的水平位置和标高、垂直度及相邻墙体的平整度后，填写预制构件安装验收表，施工现场负责人及甲方代表（或监理）签字后进入下道工序，依次逐块吊装，直至本层外墙板全部吊装就位。

预制剪力墙板斜支撑和限位装置应在连接节点和连接接缝部位后浇混凝土或灌浆度达到设计要求后拆除；当设计无具体要求时，后浇混凝土或灌浆料应达到设计强度的 75% 以上方可拆除；预制柱斜支撑应在预制柱与连接节点部位后浇混凝土或灌浆料强度达到设计要求，且上部构件吊装完成后进行拆除。拆除的模板和支撑应分散堆放并及时清运，应采取措施避免施工集中堆载。

五、预制外挂墙板吊装

1. 预制外挂墙板的特点

预制外挂墙板是安装在主体结构（一般为钢筋混凝土框架结构、框-剪结构、钢结构）上起围护、装饰作用的非承重预制混凝土外墙板，按装配式结构的装配程序分类，应该属于"后安装法"。

预制外挂墙板与主体结构的连接采用柔性连接构造，主要有点支撑和线支撑两种安装方式；按装配式结构的装配工艺分类，应该属于"干作法"。

根据以上外挂墙板的特点，首先必须重视外挂节点的安装质量，保证其可靠性，对于外挂墙板之间必须有的构造"缝隙"，必须进行填缝处理和打胶密封。

2. 外挂墙板吊装前准备

(1)外挂墙板安装前应该编制安装方案，确定外挂墙板水平运输、垂直运输的吊装方式，进行设备选型及安装调试。

(2)主体结构预埋件应在主体结构施工时按设计要求埋设；外挂墙板安装前，应在施工单位对主体结构和预埋件验收合格的基础上进行复测，对存在的问题，应与施工、监理、设计单位进行协调解决。主体结构及预埋件施工偏差应符合《混凝土结构工程施工质量验收规范》(GB 50204—2015)的规定，垂直方向和水平方向最大施工偏差应该满足设计要求。

(3)外挂墙板在进场前应进行检查验收，不合格的构件不得安装使用，安装用连接件及配套材料应进行现场报验，复试合格后方可使用。

(4)外挂墙板的现场存放应该按安装顺序排列并采取保护措施。

(5)外挂墙板安装人员应提前进行安装技能和安装培训工作，安装前施工管理人员要做好技术交底和安全交底。施工安装人员应充分理解安装技术要求和质量检验标准。

3. 外挂墙板的安装与固定

(1)外挂墙板正式安装前要根据施工方案要求进行试安装，经过试安装并验收合格后可进行正式安装。

(2)外挂墙板应该按顺序分层或分段吊装，吊装应采用慢起、稳升、缓放的操作方式，应系好缆风绳控制构件转动；吊装过程中应保持稳定，不得偏斜、摇摆和扭转，如图 5-25 所示。应采取保证构件稳定的临时固定措施，外挂墙板的校核与偏差调整应符合以下要求：

①预制外挂墙板侧面中线及板面垂直度的校核，应以中线为主调整。

②预制外挂墙板上下校正时，应以竖缝为主调整。

③墙板接缝应以满足外墙面平整为主，内墙面不平或翘曲时，可在内装饰或内保温层内调整。

④预制外挂墙板山墙阳角与相邻板的校正，以阳角为基准调整。

⑤预制外挂墙板拼缝平整的校核，应以楼地面水平线为准调整。

图 5-25 预制外挂墙板吊装

(3)外挂墙板安装就位后，应对连接节点进行检查验收，隐藏在墙内的连接节点必须在施工过程中及时做好隐检记录。

(4)外挂墙板均为独立自承重构件，应保证板缝四周为弹性密封构造，安装时，严禁在板缝中放置硬质垫块，避免外挂墙板通过垫块传力造成节点连接破坏。

(5)节点连接处露明铁件均应做防腐处理，对于焊接处镀锌层破坏部位，必须涂刷三道防腐涂料防腐，有防火要求的铁件应采用防火涂料喷涂处理。

(6)外挂墙板安装质量的尺寸允许偏差检查，应符合相关要求。

六、预制叠合楼板吊装

1. 预制叠合楼板吊装施工要点

预制叠合楼板吊装施工要点应包括下列内容：

(1)预制叠合楼板吊装应控制水平标高，可采用找平软坐浆或粘软性垫片进行吊装；

(2)预制叠合楼板吊装时，应按设计图纸要求预埋水电等管线；

(3)预制叠合楼板起吊时，吊点不应少于4点。

2. 预制叠合楼板吊装

预制叠合楼板吊装应符合下列规定：

(1)预制叠合楼板吊装应事先设置临时支撑，并应控制相邻板缝的平整度；

(2)施工集中荷载或受力较大部位应避开拼接位置；

(3)外伸预留钢筋伸入支座时，预留钢筋不得弯折；

(4)相邻叠合楼板间拼缝可采用干硬性防水砂浆塞缝，大于30 mm的拼缝，应采用防水细石混凝土填实；

(5)应在后浇混凝土强度达到设计要求后，拆除支撑。

3. 吊装需使用专用平衡吊具

预制楼板吊装需采用专用的平衡吊具，平衡吊具能够更快速、安全地将预制楼板吊装到相应位置。预制叠合板吊装专用平衡吊具，如图 5-26 所示，叠合板吊装示意如图 5-27 所示。

图 5-26　预制叠合板吊装专用平衡吊具

图 5-27　叠合板吊装示意

4. 预制叠合楼板安装施工

(1)预制叠合楼板安装施工应符合下列规定：

①叠合构件的支撑应根据设计要求或施工方案设置，支撑标高除应符合设计规定外，还应考虑支撑本身的施工变形。

②控制施工荷载不超过设计规定，并应避免单个预制构件承受较大的集中荷载与冲击荷载。

③叠合构件的设置长度应满足设计要求，宜设置厚度不大于 30 mm 的坐浆或垫片。

④叠合构件混凝土浇筑前，应检查接合面粗糙度，并应检查及校正预制构件的外露钢筋。

⑤叠合构件应在后浇混凝土强度达到设计要求后，方可拆除支撑或承受施工荷载。

(2)叠合板支座处纵向钢筋施工易发生问题的做法。

做法一：叠合板吊装时，因纵向甩出胡子筋，在向支座处安装时，与封闭箍筋易发生矛盾，叠合板甩出钢筋大部分需要弯折，严重影响钢筋定位和吊装进度。

做法二：因叠合梁采用开口箍筋，当叠合板甩出的胡子筋向支座处安装时，也有矛盾和难度。同时，应注意在叠合板就位胡子筋进入支座后，才能安装叠合梁纵向钢筋。

做法三：因附加钢筋，叠合板不甩出胡子筋，安装不存在问题。

七、预制楼梯吊装

1. 准备工作

(1)检查支撑架是否搭设完毕，顶部高程是否正确；

(2)吊装前需要做好梁位线的弹线及验收工作。

2. 预制楼梯施工步骤

预制楼梯施工应按照下列步骤操作：

(1)楼梯进场后，需按单元和楼层清点数量和核对编号；

(2)搭设楼梯(板)支撑排架与搁置件；

(3)标高控制与楼梯位置线设置；

(4)按编号和吊装流程，逐块安装就位；

(5)塔式起重机吊点脱钩，进行下一叠合板梯段吊装，并循环重复；

(6)楼层浇捣混凝土完成，混凝土强度达到设计、规范要求后，拆除支撑排架与搁置件。

3. 预制楼梯吊装要点

预制楼梯吊装符合下列规定：

(1)预制楼梯采用预留锚固钢筋方式时，应先放置预制楼梯，再与现浇梁或板浇筑连接成整体。

(2)预制楼梯与现浇梁或板之间采用预埋件焊接连接方式时，应先施工现浇梁或板再搁置预制楼梯进行焊接连接。

(3)框架结构预制楼梯吊点可设置在预制楼梯板侧面，剪力墙结构预制楼梯吊点可设置在预制楼梯板面。

(4)预制楼梯吊装时，上下预制楼梯应保持通直。预制楼梯施工吊装如图 5-28 所示。

图 5-28　预制楼梯吊装

4. 预制楼梯安装

检查核对构件编号，确定安装位置，弹出楼梯安装控制线，对控制线及标高进行复核，楼梯侧面距结构墙体预留 30 mm 空隙，为后续初装的抹灰层预留空间；梯井之间根据楼梯栏杆安装要求预留 40 mm 空隙。在楼梯段上下口梯梁处铺 20 mm 厚 C25 细石混凝土找平灰饼，找平层灰饼标高要控制准确。

预制楼梯采用水平吊装，用螺栓将通用吊耳与楼梯板预埋吊装内螺母连接，起吊前检查卸扣卡环，确认牢固后方可继续缓慢起吊。调整索具铁链长度，使楼梯段休息平台处于水平位置，试吊预制楼梯板，检查吊点位置是否准确，吊索受力是否均匀等，试起吊高度不应超过 1 m。

楼梯吊至梁上方 30～50 cm 后，调整楼梯位置板边线基本与控制线吻合。就位时要求缓慢操作，严禁快速猛放，以免造成楼梯板震折损坏。楼梯板基本就位后，根据控制线，利用撬棍微调、校正，先保证楼梯两侧准确就位，再使用水平尺和倒链调节楼梯水平。预制楼梯安装示意如图 5-29 所示。

图 5-29　预制楼梯安装示意

八、预制阳台板、空调板吊装

1. 预制阳台板吊装施工要点

（1）悬挑阳台板吊装前，应设置防倾覆支撑架，并应在结构楼层混凝土达到设计强度要求时，方可拆除支撑架；

（2）悬挑阳台板施工荷载不得超过楼板的允许荷载值；

（3）预制阳台板预留锚固钢筋应伸入现浇结构，并应与现浇混凝土结构连成整体；

（4）预制阳台与侧板采用灌浆连接方式时，阳台预留钢筋应插入孔内后进行灌浆处理；

（5）灌浆预留孔的直径应大于插筋直径的 3 倍，并不应小于 60 mm，预留的孔壁表面应保持粗糙或设波纹管齿槽。

预制阳台板吊装示意如图 5-30 所示。

图 5-30　预制阳台板吊装示意

2. 预制空调板吊装施工要点

（1）预制空调板吊装时，应采取临时支撑措施；

（2）预制空调板与现浇结构连接时，预留锚固钢筋应伸入现浇结构部分，并应与现浇结构连成整体；

（3）预制空调板采用插入式吊装方式时，连接位置应设预埋连接件，并应与预制墙板的预埋连接件连接，空调板与墙板四周的防水槽口应嵌填防水密封胶。

预制空调板示意如图 5-31 所示。

图 5-31　预制空调板示意

<h1 style="text-align:center">单元三　连接部位施工技术</h1>

预制构件节点的钢筋连接应满足行业标准《钢筋机械连接技术规程》（JGJ 107—2016）中 I 级接头的性能要求，并应符合国家行业有关标准的规定。

预制构件钢筋连接的种类主要有钢筋套筒灌浆连接、钢筋浆锚连接以及直螺纹套筒连接。

一、钢筋套筒灌浆连接施工

1. 基本原理

钢筋套筒灌浆连接的基本原理是预制构件一端的预留钢筋插入另一端预留的套筒内，钢筋与套筒之间通过灌浆孔灌入高强度无收缩水泥砂浆，即完成钢筋的连接。钢筋套筒灌浆连接的受力机理是通过灌注的高强度无收缩砂浆在套筒的围束作用下，在达到设计要求的强度后，钢筋、砂浆和套筒三者之间产生的摩擦力和咬合力，满足设计要求的承载力。灌浆套筒连接示意如图 5-32 所示。

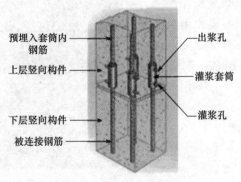

预埋入套筒内钢筋　　出浆孔
上层竖向构件　　灌浆套筒
　　灌浆孔
下层竖向构件
被连接钢筋

图 5-32　灌浆套筒连接示意

接头采用直螺纹和水泥灌浆复合连接形式，缩短了接头长度，简化了预制构件的钢筋连接生产工艺；连接套筒采用优质钢或合金钢原材料机械加工而成，套筒的强度高、性能好。配套开发了接头专用灌浆材料，其流动度大、操作时间长、早强性能好、终期强度高。

该工艺适用于剪力墙、框架柱、框架梁纵筋的连接，是装配整体结构的关键技术。

2. 灌浆材料

灌浆料不应对钢筋产生锈蚀作用，结块灌浆料严禁使用。柱套筒注浆材料选用专用的高强度无收缩灌浆料。

3. 灌浆套筒

套筒是通过水泥基灌浆料的传力作用将钢筋对接连接所用的金属套筒，通常采用铸造工艺或机械加工工艺制造。

(1)套筒应采用球墨铸铁制作，并应符合现行国家标准《球墨铸铁件》(GB/T 1348—2019)的有关要求。球墨铸铁套筒材料性能应符合下列规定：

①抗拉强度不应小于 6 MPa。

②伸长率不应小于 3%。

③球化率不应小于 85%。

(2)套筒式钢筋连接的性能检验，应符合《钢筋机械连接技术规程》(JGJ 107—2016)中Ⅰ级接头性能等级要求。

(3)采用套筒续接砂浆连接的钢筋，其屈服强度标准不应大于 500 MPa 且抗拉强度标准值不应大于 630 MPa。

4. 套筒灌浆连接施工流程

以预制竖向墙体之间钢筋连接为例，套筒灌浆连接施工流程：接缝清理→预制构件封模 →无收缩砂浆制备→砂浆流动度检测→无收缩砂浆灌浆并塞孔。

5. 套筒灌浆连接施工要点

(1)接缝清理。接缝处应在封模前清理，不得有碎石、油污、脱模剂等杂物，防止因为污染影响灌浆后的粘接强度。

(2)封模墙体下口与楼板之间的缝隙采用干硬性坐浆料进行封堵，内衬蛇皮管作为模板，确保模板可靠。墙体底部接缝处四周封模，可采用砂浆或木材，但必须确保严密，避免漏浆。当采用木材封模时，要塞紧，以免木材受压力作用跑位漏浆，如图 5-33 所示。

(3)无收缩水泥砂浆的制备。水胶比例严格按照材料性能要求配比，分别用计量水杯和电子秤量取，混合时，应先加水再加料，用选定的变速搅拌机搅拌 4~5 min，使浆料拌和均匀，随后静置排气，将搅拌好的浆料静置 1~2 min，使浆料气泡自然排出，使用小铲子刮掉表面气泡。在注浆的同时，同步制作浆料强度试块进行抗压强度试验，以确认其强度，如图 5-34 所示。

图 5-33　封模示意

图 5-34 无收缩水泥砂浆制备

（4）砂浆流动度检测。搅拌后的灌浆料倒入圆模，直至浆体与模型平齐，然后提起模型，让浆体在无扰动条件下自由流动至停止，测量浆体最大扩散长度，流动度初始值大于300 mm 方可使用。砂浆流动度检测示意如图 5-35 所示。

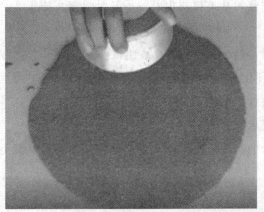
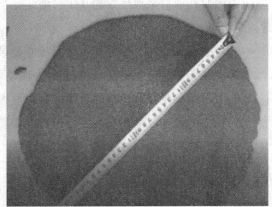

图 5-35 砂浆流动度检测示意

（5）无收缩水泥砂浆灌浆并塞孔。灌浆作业之前，应检查灌浆机具是否干净，尤其输送软管不应有残余水泥，防止堵塞灌浆机。无收缩水泥砂浆灌浆示意如图 5-36 所示。

图 5-36 无收缩水泥砂浆灌浆

竖向灌浆套筒灌浆时,从套筒下方的灌浆孔注浆,待套筒上方的排浆孔排出浆液1～2 s后,用塞子封堵,封堵时要保持一定的压力,持压30 s后再封堵下部灌浆孔。

灌浆开始后,必须连续进行,不能间断,浆料拌合物应在制备30 min内用完。

如果出浆孔未流出浆液,则不得封堵,应立即停止灌浆作业,检查无法出浆的原因,并排除障碍后方可继续作业。

灌浆作业完成后,必须将工作面和施工机具清洗干净。

6. 套筒灌浆连接施工注意事项

采用钢筋套筒灌浆连接时,应按设计要求检查套筒中连接钢筋的位置和长度,套筒灌浆施工还应符合下列规定:

(1)灌浆前,应制定套筒灌浆操作的专项质量保证措施,灌浆操作全过程应有质量监控。

(2)灌浆料应按配比要求计量灌浆材料和水的用量,经搅拌均匀后,测定其流动度应满足设计要求。

(3)灌浆作业应采取压浆法从下口灌注,当浆料从上口流出时,应及时封堵,持压30 s后再封堵下口。

(4)灌浆作业应及时做好施工质量检查记录,每个工作班制作一组试件。

(5)灌浆作业时,应保证浆料在48 h凝结硬化过程中连接部位温度不低于10 ℃。

(6)关于钢筋机械式接头的种类,请参照设计图纸施工。

(7)接头的设计应满足强度及变形性能的要求。

(8)接头连接件的屈服承载力和抗拉承载力的标准值应不小于被连接钢筋的屈服承载力和抗拉承载力标准值的1.10倍。

7. 试验和检查

(1)当"需确定接头性能等级时""材料、工艺、规格进行变更时""质量监督部门提出专门要求时",应进行试验。

(2)每楼层均需做3组水泥砂浆试块,送检相关部门检测,对砂浆1 d、7 d、28 d强度进行测定。做1 d试块强度的目的是确定第二天是否可以吊装其上部构件,只有试块的强度达到设计值的65%～70%,才能进行上部构件的吊装。

(3)套筒灌浆连接及钢筋浆锚搭接的连接接头检验应以每层或500个接头为一个检验批,每个检验批均应全数检查其施工记录和每班试件强度试验报告;连接接头的抗拉强度不应小于连接钢筋抗拉强度标准值,且破坏时应断于接头外钢筋。套筒续接器的拉伸试验架如图5-37所示。连接接头破坏示意如图5-38所示。

(4)采用套筒灌浆连接时,应检查套筒中连接钢筋的位置和长度是否满足设计要求,套筒和灌浆材料应采用同一厂家经认证的配套产品。

(5)灌浆前,应制定套筒灌浆操作的专项质量保证措施,被连接钢筋偏离套筒中心线的角度不应超过7°,灌浆操作全过程应由监理人员旁站。

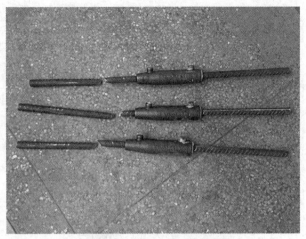

| 图 5-37　套筒续接拉伸试验架 | 图 5-38　连接接头破坏示意 |

（6）灌浆料应由经培训合格的专业人员按配置要求计量灌浆材料和水的用量，经搅拌均匀后测定其流动度，当满足设计要求后，方可灌注。

（7）浆料应在制备后半小时内用完，灌浆作业应采取压浆法从下口灌注，当浆料从上口流出时，应及时封堵，持压 30 s 后再封堵下口。

二、钢筋浆锚搭接连接施工

1. 基本原理

传统现浇混凝土结构的钢筋搭接一般采用绑扎连接或直接焊接等方式；而装配式结构预制构件之间的钢筋连接除了采用钢套筒连接以外，有时也采用钢筋浆锚搭接连接的方式。与钢套筒连接相比，钢筋浆锚搭接连接同样安全可靠、施工方便、成本相对较低。根据同济大学、哈尔滨工业大学等大量的试验研究结果表明，钢筋浆锚搭接是一种可以保证钢筋之间力的传递的有效连接方式。

钢筋浆锚搭接连接的受力机理是将拉结钢筋锚固在带有螺旋筋加固的预留孔内，通过高强度无收缩水泥砂浆的灌浆，进而实现力的传递。也就是说，钢筋中的拉力通过剪力传递到灌浆料中，再传递到周围的预制混凝土之间的界面，也称为间接锚固或间接搭接。

连接钢筋采用浆锚搭接连接时，可在下层预制构件中设置竖向连接钢筋与上层预制构件内的连接钢筋通过浆锚搭接连接。纵向钢筋采用浆锚搭接连接时，对预留孔成孔工艺、孔道形状和长度、构造要求、灌浆料和被连接的钢筋，应进行力学性能以及适用性的试验，直径大于 20 mm 的钢筋不宜采用浆锚搭接连接，直接承受动力荷载构件的纵向钢筋不应采用浆锚搭接连接。连接钢筋可在预制构件中通长设置，或在预制构件中可靠地锚固。

2. 浆锚搭接连接的性能要求

钢筋浆锚搭接连接用灌浆料性能应按照《装配式混凝土结构技术规程》（JGJ 1—2014）的要求执行，具体性能要求详见表 5-7。

121

表 5-7　钢筋浆锚搭接用灌浆材料性能要求

项目	指标名称	指标性能
泌水率/%		0
流动度/mm	初始值	≥200
	30 min 保留值	≥150
竖向膨胀率/%	3 h	≥0.02
	24 h 与 3 h 的膨胀值之差	0.02～0.5
抗压强度/MPa	1 d	≥30
	3 d	≥50
	28 d	≥70
对钢筋的锈蚀作用		不应有

3. 浆锚搭接连接施工要点

预制构件主筋采用浆锚灌浆连接的方式，在设计上对抗震等级和建筑高度有一定的限制。在预制剪力墙体系中，预制剪力墙的连接使用较多，预制框架体系中的预制立柱的连接一般不宜采用。钢筋浆锚搭接连接的施工流程可参考钢筋套筒灌浆连接施工工序进行。图 5-39 给出了钢筋浆锚搭接连接的示意。毫无疑问，浆锚灌浆连接节点施工的关键是灌浆材料及施工工艺，无收缩水泥灌浆施工质量可参照钢套筒的连接施工相关内容。

三、直螺纹套筒连接施工

1. 基本原理

直螺纹套筒连接接头施工，其工艺原理是将钢筋待连接部分剥肋后滚压成螺纹，利用连接套筒进行连接，使钢筋丝头与连接套筒连接为一体，从而实现了等强度钢筋连接。直螺纹套筒连接的种类主要有冷镦粗直螺纹、热镦粗直螺纹、直接滚压直螺纹、挤(碾)压肋滚压直螺纹。

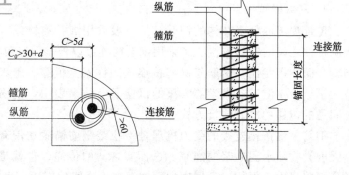

图 5-39　钢筋浆锚搭接连接示意

2. 一般注意事项

(1)技术要求。

①钢筋先调直再下料，切口端面与钢筋轴线垂直，不得有马蹄形或挠曲，不得用气割下料。

②钢筋下料时，需符合下列规定：

a. 设置在同一个构件内的同一截面受力钢筋的位置应相互错开。在同一截面接头百分率不应超过 50%。

b. 钢筋接头端部距钢筋受弯点不得小于钢筋直径的 10 倍长度。

c. 钢筋连接套筒的混凝土保护层厚度应满足《混凝土结构设计规范 2015 年版》(GB 50010—2010)中的相应规定且不得小于 15 mm,连接套之间的横向净距不宜小于 25 mm。

(2)钢筋螺纹加工。

①钢筋端部平头使用钢筋切割机进行切割,不得采用气割,切口断面应与钢筋轴线垂直。

②按照钢筋规格所需要的调试棒调整好滚丝头内控最小尺寸。

③按照钢筋规格更换胀力环,并按规定丝头加工尺寸调整好剥肋加工尺寸。

④调整剥肋挡块及滚压行程开关位置,保证剥肋及滚压螺纹长度符合丝头加工尺寸的规定。

⑤丝头加工时,应用水性润滑液,不得使用油性润滑液。当气温低于 0 ℃时,应掺入 15%～20%亚硝酸钠。严禁使用机油作切割液或不加切割液加工丝头。

⑥钢筋丝头加工完毕经检验合格后,应立即套上丝头保护帽或拧上连接套筒,防止装卸钢筋时损坏丝头。

(3)钢筋连接。

①连接钢筋时,钢筋规格和连接套筒规格应一致,并确保钢筋和连接套的丝扣干净、完好无损。

②连接钢筋时,应对准轴线将钢筋拧入连接套。

③必须用力矩扳手拧紧接头。力矩扳手的精度为±5%,要求每半年用扭力仪检定一次。力矩扳手不使用时,将其力矩值调整为零,以保证其精度。

④连接钢筋时,应对正轴线将钢筋拧入连接套,然后用力矩拧紧。接头拧紧值应满足表 5-8 规定的力矩值,不得超拧,拧紧后的接头应做上标记,防止钢筋接头漏拧。

表 5-8　滚压直螺纹钢筋接头拧紧力矩值

钢筋直径/mm	≤16	18～20	22～25	28～32
拧紧力矩值/(N·m)	100	200	260	320

⑤钢筋连接前,要根据所连接直径的需要将力矩扳手上的游动标尺刻度调定在相应的位置上。即按规定的力矩值,使力矩扳手对钢筋轴线均匀加力。当听到力矩扳手发出"咔哒"声响时,即停止加力(否则会损坏扳手)。

⑥连接水平钢筋时,必须依次连接,从一头向另一头,不得从两边向中间连接。连接时,两人应面对站立,一人用扳手卡住已连接好的钢筋,另一人用力矩扳手拧紧待连接钢筋,按规定的力矩值进行连接,这样可避免弄坏已连接好的钢筋接头。

⑦使用扳手对钢筋接头拧紧时,只要达到力矩扳手调定的力矩值即可,拧紧后按表 5-8 规定力矩值检查。

⑧接头拼接完成后,应使两个丝头在套筒中央位置相互顶紧,套筒的两端不得有一扣以上的完整丝扣外露,加长型接头的外露扣数不受限制,但有明显标记,以检查进入套筒的丝头长度是否满足要求。

(4)材料与机械设备。

①材料准备。

a. 钢套筒应具有出厂合格证。套筒的力学性能必须符合规定,表面不得有裂纹、折叠等缺陷。套筒在运输、储存中,应按不同规格分别堆放,不得露天堆放,防止锈蚀和玷污。

b. 钢筋必须符合国家标准设计要求，还应有产品合格证、出厂检验报告和进场复验报告。

②机械设备。钢筋直螺纹剥肋滚丝机、力矩扳手、牙型规、卡规、直螺纹塞规。

3. 波纹管连接施工

波纹管连接的施工工艺与钢筋套筒灌浆连接及浆锚灌浆连接的施工流程和施工要求基本相同，详细内容可参照执行。图 5-40 所示为金属波纹管连接示意。

图 5-40　金属波纹管浆锚搭接连接

四、节点现浇连接施工

装配式混凝土结构竖向构件安装完成后，应及时穿插进行边缘构件后浇混凝土带的钢筋安装和模板施工，并完成后浇混凝土浇筑施工。

1. 基本要求

装配式混凝土结构中节点现浇连接是指在预制构件吊装完成后，预制构件之间的节点经钢筋绑扎或焊接，然后通过支模浇筑混凝土，实现装配式结构与现浇结构相同的一种施工工艺。按照建筑结构体系的不同，其节点的构造要求和施工工艺也有所不同。现浇连接节点主要包括柱节点、叠合梁板节点、叠合阳台、空调板节点、湿式预制墙板节点等。

节点现浇连接构造应按设计图纸的要求进行施工，才能具有足够的抗弯、抗剪、抗震性能，才能保证结构的整体性以及安全性。预制构件现浇节点的施工注意事项如下：

（1）现浇节点的连接在预制侧接触面上应设置粗糙面和键槽等。

（2）混凝土浇筑量小，需考虑模板和构件的吸水影响。浇筑前要清扫浇筑部位，清除杂质，用水打湿模板和构件的接触部位，但模板内不应有积水。

（3）在混凝土浇筑过程中，为使混凝土填充到节点的每个角落，确保混凝土充填密实；混凝土灌入后，需采取有效的振捣措施，但一般不宜使用振动幅度大的振捣装置。

（4）冬期施工时，为防止冻坏填充混凝土，要对混凝土进行保温养护。

（5）对于清水混凝土工程及装饰混凝土工程，应使用能达到设计效果的模板。

（6）固定在模板上的预埋件、预留孔和预留洞均不得渗漏，且应安装牢固，其偏差应符合表 5-9 的规定。检查中心线位置时，应沿纵、横两个方向量测，并取其中的较大值。

表 5-9　预埋件和预留孔洞的允许偏差

项目		允许偏差/mm
预埋钢板中心线位置		3
预埋管、预留孔中心线位置		3
插筋	中心线位置	5
	外露长度	+10，0
预埋螺栓	中心线位置	2
	外露长度	+10，0

项目		允许偏差/mm
预留洞	中心线位置	10
	尺寸	+10，0

2. 节点现浇连接施工钢筋工程

(1)钢筋连接。装配式混凝土结构的钢筋连接如果采用钢筋焊接连接，接头应符合现行行业标准《钢筋焊接及验收规程》(JGJ 18—2012)的有关规定；如果采用钢筋机械连接接头，应符合现行行业标准《钢筋机械连接技术规程》(JGJ 107—2016)的有关规定，机械连接接头部位的混凝土保护层厚度宜符合现行国家标准《混凝土结构设计规范(2015 年版)》(GB 50010—2010)中受力钢筋的混凝土保护层最小厚度的规定，且不得小于 15 mm，接头之间的横向净距不宜小于 25 mm；当钢筋采用弯钩或机械锚固措施时，钢筋锚固端的锚固长度应符合现行国家标准《混凝土结构设计规范(2015 年版)》(GB 50010—2010)的有关规定；采用钢筋锚固板时，应符合现行行业标准《钢筋锚固板应用技术规程》(JGJ 256—2011)的有关规定。

(2)钢筋定位。装配式混凝土结构后浇混凝土内的连接钢筋应埋设准确，连接与锚固方式应符合设计和现行有关技术标准的规定。

构件连接处的钢筋位置应符合设计要求。当设计无具体要求时，应保证主要受力构件和构件中主要受力方向的钢筋位置，并应符合下列规定：框架节点处，梁纵向受力钢筋宜置于柱纵向钢筋内侧；当主、次梁底部标高相同时，次梁下部钢筋应放在主梁下部钢筋之上；剪力墙中水平的分布钢筋宜置于竖向钢筋外侧，并在墙端弯折锚固。

钢筋套筒灌浆连接接头的预留钢筋应采用专用模具进行定位，并应符合下列规定：定位钢筋中心位置存在细微偏差时，宜采用钢套管方式进行细微调整；定位钢筋中心位置存在严重偏差，影响预制构件安装时，应按设计单位确认的技术方案处理；应采用可靠的绑扎固定措施对连接钢筋的外露长度进行控制。

预制构件的外露钢筋应防止弯曲变形，并在预制构件吊装完成后，对其位置进行校核与调整。

(3)预制墙板连接部位宜先校正水平连接钢筋，后安装箍筋套，待墙体竖向钢筋连接完成后绑扎箍筋，连接部位加密区的箍筋宜采用封闭箍筋；预制梁柱节点区的钢筋安装时，节点区柱箍筋应预先安装于预制柱钢筋上，随预制柱一同安装就位；预制叠合梁采用封闭箍筋时，预制梁上部纵筋应预先穿入箍筋内临时固定，并随预制梁一同安装就位。预制叠合梁采用开口箍筋时，预制梁上部纵筋可在现场安装。

(4)装配式混凝土结构后浇混凝土节点间的钢筋安装需要注意的问题。

①装配式混凝土结构节点现浇连接施工时的钢筋安装做法受操作顺序和空间的限制，与常规做法有很大的不同，必须在符合相关规范要求的前提下顺应装配式混凝土结构的要求。

②装配式混凝土结构预制墙板间竖缝(墙板间后浇混凝土带)的钢筋安装做法按《装配式混凝土结构技术规程》(JGJ 1—2014)第 8.3.1 条的要求"……约束边缘构件……宜全部采用后浇混凝土，并且应在后浇段内设置封闭箍筋"，按国家标准图集《装配式混凝土结构连接节点构造(2015 年合订本)》(G310—1～2)中墙板预制墙板间构件竖缝有加附加连接钢筋的做法。预制墙板间竖缝钢筋示意如图 5-41 所示。

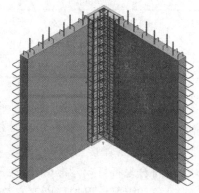

图 5-41 预制墙板间竖缝钢筋示意

3. 节点现浇连接施工模板安装

墙板间后浇混凝土带连接宜采用工具式定型模板支撑，并应符合下列规定：定型模板应通过螺栓（预置内螺母）或预留孔洞拉结的方式与预制构件可靠连接，定型模板安装应避免遮挡预制墙板下部灌浆预留孔洞，夹心墙板的外叶板应采用螺栓拉结或夹板等加强固定，墙板接缝部位及与定型模板连接处均应采取可靠的密封、防漏浆措施。

采用预制保温作为免拆除外墙模板（PCF）进行支模时，预制外墙模板的尺寸参数及与相邻外墙板之间的拼缝宽度应符合设计要求。安装时，与内侧模板或相邻构件的连接应牢固并采取可靠的密封、防漏浆措施。

4. 节点现浇连接施工混凝土浇筑

（1）对于装配式混凝土结构的墙板间边缘构件竖缝后浇混凝土带的浇筑，应该与水平构件的混凝土叠合层以及按设计非预制而必须现浇的结构（如作为核心筒的电梯井、楼梯间）同步进行，一般选择一个单元作为一个施工段，按先竖向、后水平的顺序浇筑施工。这样的施工安排就用后浇混凝土将竖向和水平预制构件结构形成一个整体。

（2）后浇混凝土浇筑前，应进行所有隐蔽项目的现场检查与验收。

（3）浇筑混凝土过程中，应按规定见证取样留置混凝土试件。同一配合比的混凝土，每工作班且建筑面积不超过 1 000 m²，应制作一组标准养护试件，同一楼层应制作不少于 3 组标准养护试件。

（4）混凝土应采用预拌混凝土，预拌混凝土应符合现行相关标准的规定；装配式混凝土结构施工中的接合部位或接缝处混凝土的工作性应符合设计施工规定；当采用自密实混凝土时，应符合现行相关标准的规定。

（5）预制构件连接节点和连接接缝部位后浇混凝土施工应符合下列规定：浇筑前，应清洁接合部位，并洒水润湿；连接接缝混凝土应连续浇筑，竖向连接接缝可逐层浇筑，混凝土分层浇筑高度应符合现行规范要求；浇筑时，应采取保证混凝土浇筑密实的措施；同一连接接缝的混凝土应连续浇筑，并应在底层混凝土初凝之前将上一层混凝土浇筑完毕；预制构件连接节点和连接接缝部位的混凝土应加密振捣点，并适当延长振捣时间。预制构件连接处混凝土浇筑和振捣时，应对模板和支架进行观察及维护，发生异常情况时，应及时进行处理；构件接缝处混凝土浇筑和振捣时，应采取措施防止模板、相连接构件、钢筋、预埋件及其定位件的移位。

（6）混凝土浇筑完毕后，应按施工技术方案要求及时采取有效的养护措施，并应符合规定：应在浇筑完毕后的 12 h 以内对混凝土加以覆盖并养护，浇水次数应能保持混凝土处于湿润状态；采用塑料薄膜覆盖养护的混凝土，其敞露的全部表面应覆盖严密，并应保持塑料薄膜内有凝结水，后浇混凝土的养护时间不应少于 14 d。

喷涂混凝土养护剂是混凝土养护的一种新工艺，混凝土养护剂是高分子材料，喷洒在混凝土表面后固化，形成一层致密的薄膜，使混凝土表面与空气隔绝，大幅度降低水分从混凝土表面蒸发的损失。同时，可与混凝土浅层游离氢氧化钙作用，在渗透层内形成致密、坚硬的表层，从而利用混凝土中自身的水分最大限度地完成水化作用，达到混凝土自养护的目的。用养护剂的目的是保护混凝土，因为在混凝土硬化过程中表面失水，混凝土会产生收缩，导致裂缝，称为塑性收缩裂缝；在混凝土终凝前，无法洒水养护，使用养护剂就是较好的选择。对于整体装配式混凝土结构竖向构件接缝处的后浇混凝土带，洒水保湿比较困难，采用养护剂保护应该是可行的选择。

(7)预制墙板斜支撑和限位装置，应在连接节点和连接接缝部位后浇混凝土或灌浆料强度达到设计要求后拆除；当设计无具体要求时，后浇混凝土或灌浆料应达到设计强度的 75% 以上方可拆除。模板与支撑拆除时的后浇混凝土强度要求详见表 5-10。

表 5-10　模板与支撑拆除时的后浇混凝土强度要求

构件类型	构件跨度/m	达到混凝土强度等级值的百分比/%
板	≤2	≥50
	>2, ≤8	≥75
	>8	≥100
梁	≤8	≥75
	>8	≥100
悬臂构件		≥100

(8)混凝土冬期施工应按现行标准《混凝土结构工程施工规范》(GB 50666—2011)、《建筑工程冬期施工规程》(JGJ/T 104—2011)的相关规定执行。

5. 节点现浇连接施工注意事项

(1)为确保现浇混凝土的平整度施工质量，预制装配式结构中现场大体积混凝土的浇筑宜采用铝合金材质的系统模板。

(2)由于浇筑在接合部位的混凝土量较少，所以模板的侧面压力较小，但在设计时，要保证浇筑混凝土时铸模不会发生移动或膨胀。

(3)为了防止水泥浆从预制构件面和模板的接合面溢出，模板需要和构件连接紧密，必要时对缝隙采用软质材料进行有效封堵，避免漏浆，以免影响施工质量。

(4)模板脱模之前，要保证混凝土达到设计要求的强度。

(5)混凝土浇筑完毕后，应按施工技术方案及时采取有效的养护措施，并应符合下列规定：

①应在混凝土浇筑完毕后 12 h 内对混凝土加以覆盖并保湿养护。

②混凝土浇水养护时间：对采用硅酸盐水泥、普通硅酸盐水泥或矿渣硅酸盐水泥拌制的混凝土，不得少于 7 d；对掺用缓凝型外加剂或有抗渗要求的混凝土，不得少于 14 d。

③浇水次数应能保持混凝土处于湿润状态，混凝土养护用水应与拌制用水相同。

④采用塑料布覆盖养护的混凝土，其敞露的全部表面应覆盖严密，并应保持塑料布内有凝结水。

⑤混凝土强度达到 1.2 N/mm² 前，不得在其上踩踏或安装模板及支架。

⑥当日平均气温低于 5 ℃时，不得浇水。

⑦当采用其他品种水泥时，混凝土的养护时间应根据所采用水泥的技术性能确定。

⑧混凝土表面不便浇水或使用塑料布时，宜涂刷养护剂。

⑨大体积混凝土的养护，应根据气候条件按施工技术方案采取控温措施。

⑩检查与检验方法。

检查数量：全数检查。

检验方法：观察，检查施工记录。

单元四　预制外挂墙板防水处理技术

一、接缝材料

预制构件的接缝材料分主材和辅材两部分，辅材根据选定的主材确定。主材密封胶是一种可追随密封面形状而变形、不易流淌、有一定粘结性的密封材料。预制混凝土构件接缝使用建筑密封胶，按其组成大致可分为聚硫橡胶、氯丁橡胶、丙烯酸、聚氨酯、丁基橡胶、硅橡胶、橡塑复合型、热塑性弹性体等多种。预制混凝土构件接缝材料的要求可参照《装配式混凝土结构技术规程》(JGJ 1—2014)执行，具体要求如下：

(1)接缝材料应与混凝土具有相容性，以及规定的抗剪切和伸缩变形能力；接缝材料应具有防霉、防水、防火、耐候等性能。

(2)硅、聚氨酯、聚硫建筑密封胶应分别符合国家现行标准《硅酮和改性硅酮建筑密封胶》(GB/T 14683—2017)、《聚氨酯建筑密封胶》(JC/T 482—2022)、《聚硫建筑密封胶》(JC/T 483—2022)的规定。

(3)夹心外墙板接缝处填充用保温材料的燃烧性能应满足现行国家标准《建筑材料及制品燃烧性能分级》(GB 8624—2012)中 A 级的要求。

二、接缝防水构造要求

预制外墙板接缝采用材料防水时，必须用防水性能可靠的嵌缝材料。板缝宽度不宜大于 20 mm，材料防水的嵌缝深度不得小于 20 mm，对于普通嵌缝材料，在嵌缝材料外侧应勾水泥砂浆保护层，其厚度不得小于 15 mm。对于高档嵌缝材料，其外侧可不做保护层。预制外墙板接缝的材料防水符合下列要求：

(1)外墙板接缝宽度设计应满足在热胀冷缩及风荷载、地震作用等外界环境的影响下，其尺寸变形不会导致密封胶的破裂或剥离破坏的要求。

(2)外墙板接缝宽度不应小于 10 mm，一般设计宜控制在 10~35 mm，接缝胶深度一般为 8~15 mm。

(3)外墙板的接缝可分为水平缝和垂直缝两种形式。

(4)普通多层建筑预制外墙板接缝宜采用一道防水构造做法，如图 5-42 所示。

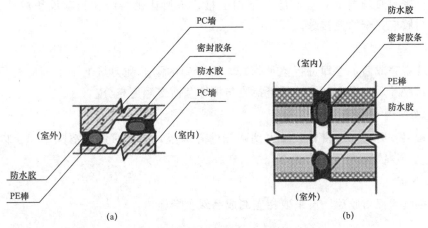

图 5-42　预制外墙板缝一道防水构造

(a)水平缝；(b)垂直缝

(5)高层建筑、多雨地区的预制外墙板接缝防水宜采用两道密封防水构造的做法，即在外部密封胶防水的基础上，增设一道发泡氯丁橡胶密封防水构造，如图 5-43 所示。

三、接缝嵌缝施工流程

接缝嵌缝的施工流程如图 5-44 所示，其主要工序的施工说明如下。

1. 表面清洁处理

将外墙板缝表面清洁至无尘、无污染或无其他污染物的状态，表面如有油污，可用溶剂(甲苯、汽油)擦洗干净。

2. 底涂基层处理

为使密封胶与基层更有效粘结，施打前可先用专用的配套底涂料涂刷一道做基层处理。

3. 背衬材料施工

密封胶施打前，应事先用背衬材料填充过深的板缝，避免浪费密封胶，同时，避免密封胶三面粘结，影响性能发挥。吊装时，用木柄压实、平整。注意吊装的衬底材料的埋置深度，在外墙板面以下 10 mm 左右为宜。

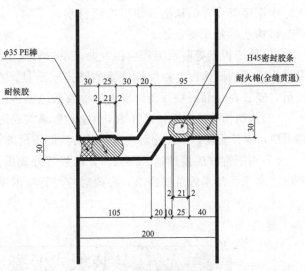

图 5-43　预制外墙板缝两道防水构造

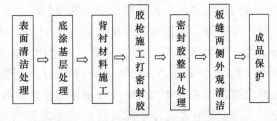

图 5-44　预制外墙板接缝嵌缝施工流程

4. 胶枪施工打密封胶

密封胶采用专用的手动挤压胶枪施打。将密封胶装配到手压式胶枪内，胶嘴应切成适当口径，口径尺寸与接缝尺寸相符，以便在挤胶时能控制在接缝内形成压力，避免空气被带入。此外，密封胶施打时，应顺缝从下向上推，不要让密封胶在胶嘴堆积成珠或成堆。施打过的密封胶应完全填充接缝。

5. 密封胶整平处理

密封胶施打完成后，立即进行整平处理，用专用的圆形刮刀从上到下顺缝刮平。其目的是整平密封胶外观，通过刮压，使密封胶与板缝基面接触更充分。

6. 板缝两侧外观清洁

当施打密封胶时，如果密封胶溢出到两侧的外墙板，应及时进行清除干净，以免影响外观质量。

7. 成品保护

在完成接缝表面封胶后，可采取相应的成品保护措施。

四、接缝嵌缝施工注意事项

根据接缝设计的构造及使用嵌缝材料的不同，其处理方式也存在一定的差异，常用接缝连接构造的施工要点如下：

（1）外墙板接缝防水工程应由专业人员进行施工，橡胶条通常在预制构件出厂时预嵌在混凝土墙板的凹槽内，以保证外墙的防排水质量。在现场施工的过程中，预制构件调整就位后，安装在相邻两块预制外墙板的橡胶条通过挤压达到防水效果。

（2）预制构件外侧通过施打结构性密封胶来实现防水构造。密封防水胶封堵前，侧壁应清理干净，保持干燥，事先应对嵌缝材料的性能质量进行检查，嵌缝材料应与墙板粘结牢固。

（3）预制构件连接缝施工完成后，应进行外观质量检查，并应满足国家或地方相关建筑外墙防水工程技术规范的要求，必要时应进行喷淋试验。

单元五　装配式混凝土结构施工流程

装配式结构的主要预制构件包括预制柱、预制梁、预制楼板、预制楼梯、预制阳台板、预制外墙板等。根据建筑结构形式的不同，可分为装配整体式框架结构、装配整体式剪力墙结构、装配整体式框架-现浇剪力墙结构 3 种体系。此外，预制外墙板体系又可分为全预制外墙板（含预制夹心保温外墙板）和部分预制部分现浇的 PCF 外墙板两种结构形式，不同的建筑结构体系和外墙板体系在吊装施工阶段其工艺流程既存在着共性，又有一定的区别。施工实施主体在制订预制构件吊装总体流程时，应正确领会各类结构体系预制构件的吊装顺序和吊装要领，合理安排工期，做到预制构件吊装均衡化施工，实现现场施工设备和劳动力等资源的合理分配和优化利用。

预制构件吊装施工的总体流程及工期的制订主要基于单个标准层楼面预制构件施工流程，进行循环往复的作业。单个标准层楼面的规划应重点考虑以下几个方面的内容：

（1）预制构件的数量、质量和吊装施工所需要的时间；

（2）构件湿式连接部分现浇混凝土的方量及先后顺序；

（3）构件干式连接部分节点的接头形式和施工要求；

（4）预制构件吊装时的配合工种和作业人员的配置；

（5）各类施工机械设备和器具的性能和使用数量等。

一、预制框架结构体系标准层楼面施工流程

装配式混凝土框架结构体系的主要预制构件有预制柱、预制主次梁、预制叠合楼板、预制楼梯、预制阳台板、预制空调板和预制外墙板等。其标准层楼面的主要施工流程示例如图 5-45 所示，主要预制构件的施工工序如图 5-46 所示。值得注意的是，预制构件在吊装前、吊装就位后以及预制构件节点灌浆连接时，均需要对该环节的施工完成情况进行检查，在验收合格后，方可进行下一个工序施工。

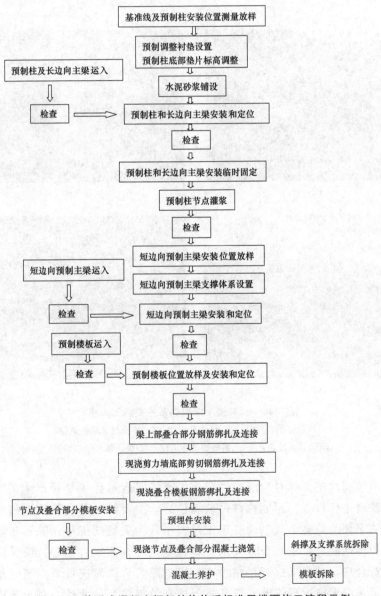

图 5-45　装配式混凝土框架结构体系标准层楼面施工流程示例

图 5-46 预制框架结构体系主要施工工序

(a)预制柱吊装就位；(b)柱底灌浆作业；(c)预制梁吊装就位；

(d)预制板吊装；(e)预制楼梯吊装就位；(f)叠合部位钢筋绑扎

预制构件吊装前，主要针对预制构件在施工现场驳运过程中是否产生二次裂缝、破损和变形等外观质量进行检查；预制构件吊装就位后，主要针对吊装精度进行检查；预制柱连接节点灌浆施工环节是整个预制构件施工过程中最为关键的工序，除了在灌浆前应对灌浆材料的相关指标性能是否满足设计要求进行检查之外，灌浆过程中，应采取旁站等方式对其工艺是否符合规定的要求进行严格检查，完成灌浆后，尚应对节点灌浆是否密实进行检查，必要时可采取无声检测仪器等设备进行填充效果检测；此外，对于现浇节点以及预制叠合部分的模板安装完成后的精度和接缝密封性等应进行检查。现场施工质量管理员和监理人员等应重点针对上述"施工关键环节"进行检查和现场监管。具体的检查方法和质量标准详见相关内容。

二、预制剪力墙体系标准层楼面施工流程

预制剪力墙体系主要预制构件为预制剪力墙、预制楼梯、预制楼板、预制空调板、预制阳台板。预制剪力墙连接部位示意如图5-47所示，其标准层楼面的主要施工流程如图5-48所示，主要预制构件的施工工序如图5-49所示。值得注意的是，预制构件吊装之前、吊装就位后以及预制构件的节点灌浆连接等施工环节，均需要进行监测，在验收合格后，方可进行下一个工序

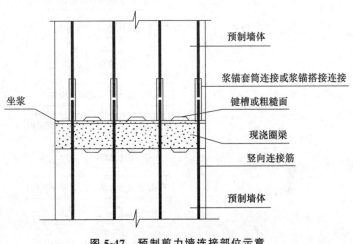

图 5-47 预制剪力墙连接部位示意

的施工。具体检查和验收的要求和内容同预制框架体系。

预制剪力墙体系中可采用部分预制部分现浇的单面叠合剪力墙的结构形式（PCF板），也有内外层预制、中间现浇的双面叠合剪力墙结构形式。单面叠合剪力墙的施工应重点注意钢筋的搭接和节点的处理，施工顺序是先吊装预制剪力墙板，然后进行钢筋绑扎、模板安装以及混凝土等施工环节。

这里，全预制剪力墙的吊装流程与框架体系中湿式节点连接的墙板吊装流程基本相同，同样也通过预留钢筋锚固到现浇楼板中，但预制剪力墙底部通过留孔或预埋套筒进行灌浆与预留钢筋进行连接。

三、预制框架-剪力墙体系标准层楼面施工流程

预制框架-剪力墙结构体系的主要预制构件为预制柱、预制主次梁、预制剪力墙（或现浇）、预制楼板、预制空调板、预制阳台板等。其标准层楼面的主要施工流程如图5-50所示。预制构件在吊装前、吊装就位后以及预制构件的节点灌浆连接均需要进行监测，验收合格后方可进行下一个工序的施工。

四、预制外挂墙板施工流程

预制外挂墙板根据其施工工艺的不同，可分为干式墙板和湿式墙板两种类型，干式墙板为包括预制夹心保温墙板在内的全预制外墙板，也叫全预制外挂墙板；湿式墙板采用半预制半现浇的方式施工，即为PCF外墙板。

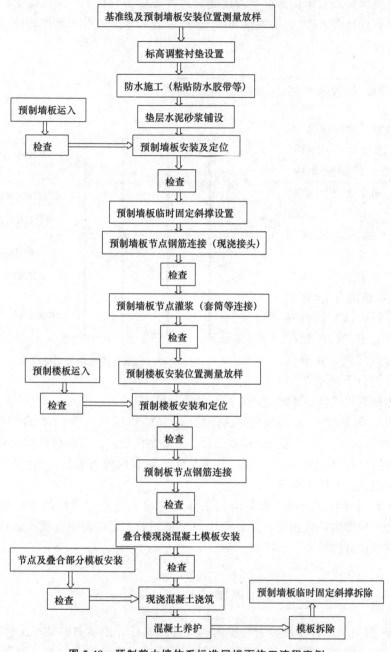

图 5-48　预制剪力墙体系标准层楼面施工流程实例

1. 预制外挂墙板施工前的准备工作

（1）外挂墙板安装前，应该编制安装方案，确定外挂墙板水平运输、垂直运输的吊装方式，进行设备选型及安装调试。

（2）主体结构预埋件应在主体结构施工时按设计要求埋设；外挂墙板安装前，应在施工单位对主体结构和预埋件验收合格的基础上进行复测。

（3）外挂墙板在进场前应进行检查验收，不合格的构件不得安装使用，安装用连接件及配套材料应进行现场报验，复试合格后方可使用。

(a)　　　　　　　　　　　　　　　　(b)

(c)　　　　　　　　　　　　　　　　(d)

(e)　　　　　　　　　　　　　　　　(f)

图 5-49　预制剪力墙体系主要施工工序

(a)预制剪力墙吊装；(b)剪力墙支撑安装就位；(c)剪力墙底部灌浆；

(d)剪力墙连接部位钢筋绑扎；(e)剪力墙接合部位封模；(f)预制叠合板吊装就位

（4）外挂墙板的现场存放应该按安装顺序排列并采取保护措施。

（5）外挂墙板安装人员应提前进行安装技能和安装培训工作，安装前，施工管理人员要做好技术交底和安全交底。施工安装人员应充分理解安装技术要求和质量检验标准。

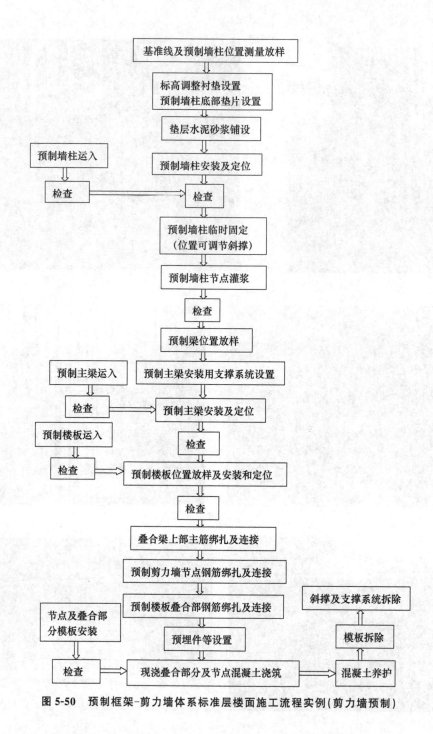

图 5-50 预制框架-剪力墙体系标准层楼面施工流程实例(剪力墙预制)

2. 外挂墙板的安装固定

(1)干式外墙板的施工。外挂墙板吊装示意如图 5-51 所示,全预制外挂墙板的节点连接采用干式连接施工的示意如图 5-52 所示,干式节点预制外墙板通常在预制梁的外侧预留挂靠件,在预制墙板上预留挂板,然后通过在挂靠件上设置垫片进行调整,控制预制外墙板的标高。干式外墙板的吊装可在标准层楼面所有的预制构件吊装完成后进行。

图 5-51 外挂墙板吊装示意

图 5-52 外挂墙板干式连接形式

（2）湿式外墙板的施工。湿式预制外墙通常在预制部分的墙板上部预留锚筋，锚筋伸入叠合现浇层。湿式预制外墙的施工工艺：在墙板上部预留锚筋，锚筋须伸入叠合现浇层，将外墙板上部与叠合楼板的现浇部分用混凝土现浇的方式形成整体。下部用铁件连接，并应严格按照设计的要求留有一定的缓冲空间，以使在地震等外力作用下产生位移时，墙体结构不至于受到挤压而破坏。

3. 外挂墙板施工注意事项

（1）外挂墙板正式安装之前，要根据施工方案要求进行试安装，经过试安装并验收合格后，可进行正式安装。

（2）外挂墙板应该按顺序分层或分段吊装，吊装应采用慢起、稳升、缓放的操作方式，应系好缆风绳控制构件转动；在吊装过程中，应保持稳定，不得偏斜、摇摆和扭转。要采取保证构件稳定的临时固定措施，外挂墙板的校核与偏差调整符合以下要求：

① 预制外挂墙板侧面中线及板面垂直度的校核，应以中线为主调整；

② 预制外挂墙板上下校正时，应以竖缝为主调整；

③ 墙板接缝应以满足外墙面平整为主，内墙面不平或翘曲时，可在内装饰或内保温层内调整；

④ 预制外挂墙板山墙阳角与相邻板的校正，以阳角为基准调整；

⑤ 预制外挂墙板拼缝平整的校核，应以楼地面水平线为准调整。

（3）外挂墙板安装就位后，应对连接节点进行检查验收，隐藏在墙内的连接节点必须在施工过程中及时做好隐检记录。

（4）外挂墙板均为独立自承重构件，应保证板缝四周为弹性密封构造，安装时严禁在板缝中放置硬质垫块，避免外挂墙板通过垫块传力而造成节点连接破坏。

（5）节点连接处露明铁件均应做防腐处理，对于焊接处镀锌层破坏部位，必须涂刷三道防腐涂料防腐，有防火要求的铁件，应采用防火涂料喷涂处理。

（6）外挂墙板安装质量的尺寸允许偏差检查，应符合预制构件安装尺寸的允许偏差及检验方法的相关要求。

单元六　成品保护

一、基本要求

预制构件的成品保护主要包括以下内容：

（1）合理安排施工顺序。主要根据工程实际，合理安排不同工序的施工先后顺序，防止后道工序影响或损坏前道工序。

（2）根据产品特点，可分别对成品和半成品采取护、包、盖、封等措施。

（3）加强成品保护责任制度，加强对成品保护的工作巡查，发现问题及时处理。

二、构件成品保护

依据预制构件成品保护要点，按照预制构件类别分类介绍预制构件成品保护的相关要求：

（1）装配式混凝土结构施工完成后，竖向构件阳角、楼梯踏步口宜采用木条（板）包角保护；

（2）预制构件现场吊装及其他工序等施工整个过程中，宜对预制构件原有的门窗框、预埋件等产品进行保护，装配整体式混凝土结构质量验收前，不得拆除或损坏；

（3）预制外墙板饰面砖、石材、涂刷等装饰材料表面可采用贴膜或用其他专业材料保护；

（4）预制楼梯饰面砖宜采用现场后贴施工，采用构件制作先贴法时，应采用铺设木板或其他覆盖形式的成品保护措施；

（5）预制构件暴露在空气中的预埋铁件应涂抹防锈漆；

（6）预制构件的预埋螺栓孔应填塞海绵棒。

单元七　施工质量控制

一、基本要求

工程质量控制是在明确的质量方针指导下，通过对施工方案的计划、实施、检查和改进，进行施工质量目标的事前控制、事中控制和事后的系统过程控制。结合装配式混凝土结构工程的施工特点，以质量文件审核、现场质量检查等方面为重点，形成上述三个环节互相补充，实现动态的过程质量控制，达到质量管理和质量控制的持续改进。

装配式结构施工的质量控制由构件生产阶段和现场装配施工阶段来组织，在质量控制与施工质量验收的规范方面，目前已经有完善的相应标准，但对于套筒灌浆等关键工序的质量检验，仍以过程控制为主，这不仅要求监理在施工过程中严格监管，还需要进一步组织和培训专业的施工作业班组和确立标准化施工作业流程。对于总包单位来讲，相对粗放的以包代管的管理方式已经不能满足装配式结构施工的质量管理体系控制要求。相对于预制构件的制作质量与吊装质量，更多的标准化模具和成熟专业施工标准做法显得尤为重要。

二、构件吊装施工质量控制

各类预制构件的吊装质量控制要求参见"装配式混凝土建筑质量验收"中的相关内容的要求执行。装配式混凝土结构主要预制构件吊装施工时的质量控制说明如下。

1. 预制柱

(1)预制柱运入现场后，需对预制柱的外观和几何尺寸等项目进行检查和验收。构件检查的项目包括规格、尺寸以及抗压强度是否满足设计要求。同时，观察预制柱内的钢筋套筒是否被异物填入堵塞。检查结果应记录在案，签字后生效。

(2)根据施工图准确画线，以控制预制柱准确安放在平面控制线上。若需进行钢筋穿插连接，还要对预留钢筋进行微调，使预留钢筋可顺利插入钢筋套筒。

(3)预制柱在起吊前，应选择合适的吊具、钩索，并确保其承受的最小拉应力为构件自重的1.5倍。为便于校正预制柱的垂直度，还应在起吊前，在预制柱四角安放金属垫块，并使用经纬仪辅助调节柱的垂直度。

(4)预制柱吊装就位时，施工人员可手扶柱子，引导其内的钢筋套筒与预留钢筋试对，施工人员确定无问题后，可缓慢安放预制柱，在确保预留钢筋完美插入钢筋套筒的同时，引导柱底面与平面控制线对准，若出现少量偏移，可采用橡胶锤、扳手等工具敲击柱身，使之精准就位。

(5)预制柱就位后，可通过灌浆孔灌注混凝土，以及螺栓固定的方式对柱子进行固定。固定过程中，仍需要控制预制柱位置，避免柱子因外力作用而错位。

2. 预制梁

(1)预制梁运入现场后，应对其进行检查和验收，主要检查构件的规格、尺寸、抗压强度以及预留钢筋的形状、型号是否满足设计的要求。

(2)根据图纸，运用经纬仪、钢尺、卷尺等测量工具画出控制轴线。同时，检查梁底支撑工具，查看其支撑高度是否与控制轴线平齐，若不足或超出控制轴线，需要对其进行微调。

(3)预制梁吊装过程中，在离地面200 mm处对构件水平度进行调整，其中，需控制吊索长度，使其与钢梁的夹角不小于60°。

3. 预制叠合楼板

(1)预制叠合楼板运入现场后，应对其进行检查和验收，主要检查构件的规格、尺寸以及抗压强度是否满足项目要求。

(2)根据图纸，运用经纬仪、钢尺、卷尺等测量工具在预制梁上画出楼板位置的控制轴线。同时，检查板底的支撑系统，查看其支撑高度是否与控制轴线平齐，若不足或超出控制轴线，需对其进行做调整，支撑工具为竖向支撑系统，通常由承插盘扣式脚手架和可调顶托组成。

（3）预制楼板吊装时，应按顺序吊装，不可间隔吊装，同时，吊索应连接在楼板四角，保证楼板的水平吊装，并在楼板离开地面 200 mm 左右对其水平度进行调整。

（4）楼板下放时，应将楼板预留筋与预制梁的预留筋的位置错开，缓慢下放，准确就位。吊装完毕后，对楼板位置进行调整或校正，误差控制在 2 mm 以内。最后利用支撑工具，在固定楼板的同时，调整楼板标高。

4. 预制楼梯与阳台板

（1）预制楼梯及阳台板运入现场后，对其进行检查与验收，主要检查构件的尺寸、梯段、台阶数以及抗压强度是否满足项目要求。

（2）根据图纸，在楼梯间的预制梁上，运用经纬仪、钢尺、卷尺等测量工具画出楼板的安放轴线。同时，检查支撑工具，查看其支撑高度是否与控制轴线平齐，若不足或超出控制轴线，需对其进行微调。

（3）预制楼梯吊装时，将吊索连接在楼梯平台的 4 个端部，以保证楼梯水平吊装，并在楼梯离开地面 200 mm 左右用水平尺检测其水平度，并通过吊具进行调整。

（4）楼梯下放时，应将楼梯平台的预留筋与梁箍筋相互交错，缓慢下放，保证楼梯平台准确就位，再使用水平尺、吊具再次调整楼梯水平度。吊装完毕后，可用撬棍对楼梯位置进行调整校正，误差控制在 2 mm。最后利用支撑系统，在固定楼梯的同时，调整楼板标高。

5. 预制外墙板

预制外墙板施工质量控制基本要求与预制叠合楼板基本相同，此处不再赘述。

三、构件节点现浇连接施工质量控制

在混凝土浇筑之前，应首先对制备好的混凝土进行坍落度试验，并检测混凝土的强度是否符合设计要求。对浇筑区域要进行清扫，清除浮浆、污水等异物，并洒水使构件连接节点湿润。在混凝土浇筑过程中，对预制柱和预制墙的水平连接处，可自上而下分层进行浇筑，且每层高度不宜大于 2 m，同时，可用木锤适度敲击模板的侧面，以使混凝土密实，必要时可插入微型振动棒振捣。切勿采用大型振动设备振捣，以防止模板走模或变形等现象发生。

四、构件节点钢筋连接施工质量控制

钢筋连接接头的试验、检查可参照各类连接接头施工方法中规定的方法，钢筋采用机械连接时，其接头质量应符合现行行业标准《钢筋机械连接技术规程》（JGJ 107—2016）的有关规定。

在对预制墙、预制柱内的钢筋套筒进行灌浆时，应用料斗对准构件的灌浆口，开启灌浆泵进行灌浆。灌浆作业时，灌浆要均匀、缓慢。在灌浆前，将不参与灌浆作业的灌浆孔和排浆孔事先用橡胶塞进行封堵，当发现灌浆孔有漏浆现象发生时，应及时封堵当前灌浆孔，并打开下一个灌浆孔继续灌浆，直至所有灌浆口漏浆封堵，排浆孔开始排浆且没有气泡产生时，对排浆孔进行封堵。灌浆作业结束后，将灌浆孔表面压平。

(1)用焊接连接时，应首先制订焊接部位确认表，以选择合适的焊接方式、焊接材料、焊接设备等。在焊接过程中，应保证焊接坡口有足够的熔深，焊接部位不会出现气泡、裂缝，焊缝美观且机械性能好。另外，因强风天气可导致焊接电弧不稳定，致使焊接质量下降，因此，焊接作业应在风速小于 10 m/s 的天气下进行。同时，低温天气也不能进行焊接作业，为配合装配式住宅冬期施工的特点，可以在施焊前对施焊部分进行加热，将温度提至 36 ℃以上再进行作业，以防止因温度的骤然变化而导致构件开裂。

(2)采用高强度螺栓进行连接时，需根据《钢结构设计标准》(GB 50017—2017)选择螺栓型号，以满足工程要求。由于采用螺栓连接，造成构件刚度增大，无法抵消构件生产时的误差，因此需严格控制螺栓安装精度。另外，螺栓连接常与焊接搭配作业，为防止焊接产生的高温影响螺栓安装精度，需严格把控焊接部位与螺栓之间的距离。

五、接缝防水施工质量控制

构件接缝施工质量控制与施工时注意事项的内容基本相同，预制构件接缝的主要控制措施如下：

(1)密封胶应采用建筑专用的密封胶，并应符合国家现行标准《硅酮和改性硅酮建筑密封胶》(GB/T 14683—2017)、《聚氨酯建筑密封胶》(JC/T 482—2022)、《聚硫建筑密封胶》(JC/T 483—2022)等的相关规定；

(2)外墙板接缝防水工程应由专业人员进行施工；

(3)密封防水胶封堵前，侧壁应清理干净，保持干燥，事先应对嵌缝材料的性能质量进行检查；

(4)嵌缝材料应与墙板粘结牢固；

(5)预制构件连接缝施工完成后，应进行外观质量检查，并应满足国家或地方相关建筑外墙防水工程技术规范的要求。

📖 模块小结

本模块主要介绍了装配式混凝土建筑施工的相关知识，包括施工前准备、预制构件吊装施工、连接部位施工技术、预制外挂墙板防水处理技术、装配式混凝土结构施工流程、成品保护、施工质量控制 7 个方面的内容，主要内容如下：

(1)施工前的准备主要包括技术准备、人员准备、起重机具准备、进场预制构件的进场检验与存放等内容。

(2)制构件吊装施工主要包括预制构件吊装前的准备、预制柱吊装施工、预制梁吊装施工、预制剪力墙板吊装施工、预制外挂墙板吊装施工、预制叠合楼板吊装施工、预制楼梯吊装施工、预制阳台板和空调板吊装施工等内容。

(3)连接部位施工技术主要包括钢筋套筒灌浆连接施工、钢筋浆锚搭接连接施工、直螺纹套筒连接施工、节点现浇连接施工等内容。

(4)预制外挂墙板防水处理技术主要包括接缝材料、接缝防水构造要求、接缝嵌缝施工流程、接缝嵌缝施工注意事项等内容。

（5）装配式混凝土结构施工流程主要包括预制框架结构体系标准层楼面施工流程、预制剪力墙体系标准层楼面施工流程、预制框架-剪力墙体系标准层楼面施工流程、预制外挂墙板施工流程等内容。

（6）施工质量控制主要包括构件吊装质量控制、构件节点现浇连接质量控制、构件节点钢筋连接质量控制、构件接缝施工质量控制等内容。

课后习题

一、单选题

1. 装配式混凝土建筑施工前技术准备工作包括（　　）。

A. 深化设计图准备　　　　　　　　　　B. 施工组织准备

C. 施工平面布置图准备　　　　　　　　D. 以上都是

2. 预制主次梁吊装连接施工的说法，正确的是（　　）。

A. 先吊装主梁　　　　　　　　　　　　B. 先吊装次梁

C. 主梁在上，次梁在下　　　　　　　　D. 以上不正确

3. 关于预制外挂墙板接缝防水构造的说法，错误的是（　　）。

A. 预制外墙板接缝采用材料防水时，必须用防水性能可靠的嵌缝材料

B. 板缝宽度不宜大于 20 mm，材料防水的嵌缝深度不得小于 20 mm

C. 对于普通嵌缝材料，在嵌缝材料外侧应做保护层，厚度不得小于 15 mm

D. 对于高档嵌缝材料，其外侧保护层做法和普通嵌缝材料相同

4. 关于预制梁吊装的说法，正确的是（　　）。

A. 预制梁吊装过程中，在离地面 300 mm 处对构件水平度进行调整

B. 预制梁吊装过程中，在离地面 500 mm 处对构件水平度进行调整

C. 吊索与钢梁的夹角不小于 60°

D. 吊索与钢梁的夹角不小于 45°

5. 钢筋套筒灌浆连接主要适用于（　　）。

A. 剪力墙纵筋连接　　　　　　　　　　B. 框架柱纵筋连接

C. 框架梁纵筋连接　　　　　　　　　　D. 以上都可以

6. 关于将锚搭接连接的说法，正确的是（　　）。

A. 直径大于 20 mm 的钢筋不宜采用浆锚搭接连接

B. 直径大于 25 mm 的钢筋不宜采用浆锚搭接连接

C. 直接承受静力荷载构件的纵向钢筋不应采用浆锚搭接连接

D. 以上都不正确

二、简答题

1. 装配式混凝土建筑施工前的准备工作包括哪些内容？

2. 简述预制柱吊装施工流程。

3. 简述预制梁吊装施工流程。

4. 简述预制剪力墙板吊装施工流程。

5. 简述预制外挂墙板吊装施工流程。

6. 简述预制叠合楼板吊装施工相关规定。

7. 简述预制楼梯吊装施工步骤与施工要点。

8. 简述预制空调板、阳台板吊装施工要点。

9. 简述钢筋套筒灌浆连接施工的基本原理和施工流程。

10. 简述钢筋浆锚搭接连接施工的基本原理和施工要点。

11. 简述直螺纹套筒连接施工的基本原理和施工要点。

12. 简述节点现浇连接施工要点。

13. 简述预制框架结构体系标准层楼面施工流程。

14. 简述预制剪力墙体系标准层楼面施工流程。

15. 简述预制框架-剪力墙体系标准层楼面施工流程。

16. 常用的预制外挂墙板安装固定方法有哪两种？其基本原理是什么？

17. 简述装配式混凝土建筑施工质量控制的主要内容。

模块六　装配式混凝土结构施工质量检验与验收

单元一　概述

无规矩不成方圆——建筑
工程质量的重要性

一、工程质量的概念和特性

建设工程质量简称工程质量，是指建设工程满足相关标准规定和合同约定要求的程度，包括其在安全、使用功能及其在耐久性能、节能与环境保护等方面所有明示和隐含的固有特性。

建设工程作为一种特殊的产品，除具有一般产品共有的质量特性外，还具有特定的内涵。建设工程质量的特性主要表现在以下七个方面：

(1)适用性，即功能，是指工程满足使用目的的各种性能，包括物理化学性能、结构性能、使用性能、外观性能等。

(2)耐久性，即寿命，是指工程在规定的条件下，满足规定功能要求使用的年限，也就

144

是竣工后的合理使用寿命。

（3）安全性，是指工程建成后在使用过程中保证结构安全、保证人身和环境免受危害的程度。

（4）可靠性，是指工程在规定的时间和规定的条件下完成规定功能的能力。工程不仅要求在交工验收时达到规定的指标，而且在一定的使用时期内要保持应有的正常功能。

（5）经济性，是指工程从规划、勘察、设计、施工到整个产品使用寿命周期内的成本和消耗的费用。工程经济性具体表现为设计成本、施工成本、使用成本三者之和。其包括从征地、拆迁、勘察、设计、采购（材料、设备）、施工、配套设施等建设全过程的总投资和工程使用阶段的能耗、水耗、维护、保养乃至改建更新的使用维修费用。通过分析比较，判断工程是否符合经济性要求。

（6）节能性，是指工程在设计与建造过程及使用过程中满足节能减排、降低能耗的标准和有关要求的程度。

（7）与环境的协调性，是指工程与其周围生态环境协调、与所在地区经济环境协调以及与周围已建工程相协调，以适应可持续发展的要求。

因此，工程项目质量可以理解为各阶段的工作质量和工程实体质量，其中工作质量主要体现在项目参建各方在各阶段和各专业的管理服务活动中，实体质量是工程质量的最终体现。工程实体质量主要在工程项目施工阶段形成，施工阶段可以分解为一系列的工序活动，即工程实体质量由工序质量、分项工程质量、分部工程质量、单位工程质量等组成。

二、装配式混凝土结构工程质量控制依据

质量控制的主体包括建设单位、设计单位、项目管理单位、监理单位、构件生产单位、施工单位，以及其他材料的生产单位等。质量控制方面的依据主要分为以下几类，不同的单位根据自己的管理职责根据不同的管理依据进行质量控制。

1. 工程合同文件

建设单位与设计单位签订的设计合同、与施工单位签订的安装施工合同、与生产厂家签订的构件采购合同都是装配式混凝土建筑工程质量控制的重要依据。

2. 工程勘察设计文件

工程勘察包括工程测量、工程地质和水文地质勘察等内容。工程勘察成果文件为工程项目选址、工程设计和施工提供科学、可靠的依据。工程设计文件包括经过批准的设计图纸、技术说明、图纸会审、工程设计变更以及设计洽商、设计处理意见等。

3. 有关质量管理方面的法律法规、部门规章与规范性文件

（1）法律：《中华人民共和国建筑法》《中华人民共和国民法典》《中华人民共和国招标投标法》《中华人民共和国节约能源法》《中华人民共和国消防法》等。

（2）行政法规：《建设工程质量管理条例》《建设工程安全生产管理条例》《民用建筑节能条例》等。

（3）部门规章：《建筑工程施工许可管理办法》《实施工程建设强制性标准监督规定》等。

（4）规范性文件。

4. 质量标准与技术规范（规程）

近几年装配式混凝土建筑兴起，国家及地方针对装配式混凝土建筑工程制定了大量的

标准，这些标准是装配式混凝土建筑质量控制的重要依据。我国质量标准分为国家标准、行业标准、地方标准和企业标准，国家标准的法律效力要高于行业标准、地方标准和企业准。《装配式混凝土建筑技术标准》(GB/T 51231—2016)为国家标准，《装配式混凝土结构技术规程》(JGJ 1—2014)为行业标准。因此，以上两个标准不一致之处，本书以《装配式混凝土建筑技术标准》(GB/T 51231—2016)为准。

此外，适用于混凝土结构工程的各类标准同样适用于装配式混凝土建筑工程。

三、影响装配式混凝土结构工程质量的因素

影响装配式混凝土结构工程质量的因素很多，归纳起来主要有五个方面，即人员素质、工程材料、机械设备、方法和环境。

1. 人员素质

人是生产经营活动的主体，也是工程项目建设的决策者、管理者、操作者，工程建设的全过程都是由人来完成的。人的素质将直接或间接决定着工程质量的好坏。装配式混凝土结构工程由于机械化水平高、批量生产、安装精度高等特点，对人员的素质尤其是生产加工和现场施工人员的文化水平、技术水平及组织管理能力都有更高的要求。普通的农民工已不能满足装配式建筑工程的建设需要，因此，培养高素质的产业化工人是确保建筑产业现代化向前发展的必然要求。

2. 工程材料

工程材料是指构成工程实体的各类建筑材料、构配件、半成品等，是工程建设的物质条件，也是工程质量的基础。装配式混凝土结构是由预制混凝土构件或部件通过各种可靠的方式连接，并与现场后浇混凝土形成整体的混凝土结构，因此，与传统的现浇结构相比，预制构件、灌浆料及连接套筒的质量是装配式混凝土结构质量控制的关键。预制构件混凝土强度、钢筋设置、规格尺寸是否符合设计要求，力学性能是否合格，运输保管是否得当，灌浆料和连接套筒的质量是否合格等，都将直接影响工程的使用功能、结构安全、使用安全乃至外表及观感等。

3. 机械设备

装配式混凝土结构采用的机械设备可分为 3 类：第一类是指工厂内生产预制构件的工艺设备和各类机具，如各类模具、模台、布料机、蒸养室等，简称生产机具设备；第二类是指施工过程中使用的各类机具设备，包括大型垂直与横向运输设备、各类操作工具、各种施工安全设施，简称施工机具设备；第三类是指生产和施工中都会用到的各类测量仪器和计量器具等，简称测量设备。无论是生产机具设备、施工机具设备还是测量设备，都对装配式混凝土结构工程的质量有着非常重要的影响。

4. 方法

方法是指施工工艺、操作方法、施工方案等。在混凝土结构构件加工时，为了保证构件的质量或受客观条件制约，需要采用特定的加工工艺，不适合的加工工艺可能会造成构件质量的缺陷、生产成本增加或工期拖延等；现场安装过程中，吊装顺序、吊装方法的选择都会直接影响安装的质量。装配式混凝土结构的构件主要通过节点连接，因此，节点连接部位的施工工艺是装配式结构的核心工艺，对结构安全起决定性影响。采用新技术、新

工艺、新方法，不断提高工艺技术水平，是保证工程质量稳定提高的重要因素。

5. 环境条件

环境条件是指对工程质量特性起重要作用的环境因素，包括自然环境，如工程地质水文、气象等；作业环境，如施工作业面大小、防护设施、通风照明和通信条件等；工程管理环境，主要是指工程实施的合同环境与管理关系的确定，组织体制及管理制度等；周边环境，如工程邻近的地下管线、建(构)筑物等。环境条件往往对工程质量产生特定的影响。

四、装配式混凝土工程质量控制的内容和特点

工程质量控制是控制好各建设阶段的工作质量以及施工阶段各工序质量，从而确保工程实体能满足相关标准规定和合同约定要求。装配式混凝土结构工程的质量控制需要对项目前期(可行性研究、决策阶段)、设计、施工及验收各个阶段的质量进行控制。另外，由于其组成主体结构的主要构件在工厂内生产，还需要做好构件生产的质量控制。

与传统的现浇结构工程相比，装配式混凝土结构工程在质量控制方面具有以下特点：

(1)质量管理工作前置。对于建设、监理和施工单位而言，由于装配式结构的主要结构构件在工厂内加工制作，装配式混凝土结构的质量管理工作从工程现场前置到了构件预制厂。监理单位需要根据建设单位要求，对预制构件生产质量进行驻厂监造，对原材料进厂抽样检验、预制构件生产、隐蔽工程质量验收和出厂质量验收等关键环节进行监理。

(2)设计更加精细化。对于设计单位而言，为降低工程造价，预制构件的规格、型号需要尽可能少，由于采用工厂预制、现场拼装以及水电等管线提前预埋，对施工图的精细化要求更高，因此，相对于传统的现浇结构工程，设计质量对装配式混凝土结构工程的整体质量影响更大，设计人员需要进行更精细的设计，才能保证生产和安装的准确性。

(3)工程质量更易于保证。由于采用精细化设计、工厂化生产和现场机械拼装，构件的观感、尺寸偏差都比现浇结构更易于控制，强度更稳定，避免了现浇结构质量通病的出现。因此，装配式混凝土结构工程的工程质量更易于控制和保证。

(4)信息化技术应用。随着互联网技术的不断发展，数字化管理已成为装配式结构质量管理的一项重要手段。尤其是 BIM 技术的应用，使质量管理过程更加透明、细致、可追溯。

单元二　预制构件生产质量验收

预制构件是在工厂通过机械化设备和模具预先生产制作的钢筋混凝土构件，主要包括预制的梁、柱、剪力墙、内外墙板、楼板、楼梯、阳台等。虽然预制混凝土构件采取了工厂化、机械化生产制作，混凝土质量的稳定性大大提高，但由于技术和管理等诸多因素的影响，预制混凝土强度不足等质量问题时有发生。预制混凝土构件作为装配式混凝土结构工程的主要构件，构件质量的好坏直接决

混凝土结构工程
施工质量验收规范
(装配式结构分项工程)

定着结构整体质量的好坏，甚至影响结构安全。

因此，必须高度重视预制混凝土构件的质量控制。根据事前、事中和事后的质量控制原理，预制混凝土构件的质量控制主要从3个方面入手，即预制混凝土构件生产用原材料的检验、构件生产验收和构件成品出厂质量检验。

建筑工程施工质量
验收统一标准

一、一般规定

(1)预制构件制作单位应具备相应的生产工艺设施，并应有完善的质量管理体系和必要的试验检测手段。

(2)预制构件制作前，应对其技术要求和质量标准进行技术交底，并应制订生产方案；生产方案应包括生产工艺、模具方案、生产计划、技术质量控制措施、成品保护、堆放及运输方案等内容。

(3)预制构件用混凝土的工作性能应根据产品类别和生产工艺要求确定，构件用混凝土原材料及配合比设计应符合国家现行标准《混凝土结构工程施工规范》(GB 50666—2011)、《普通混凝土配合比设计规程》(JGJ 55—2011)和《高强混凝土应用技术规程》(JGJ/T 281—2012)等的规定。

(4)预制结构构件采用钢筋套筒灌浆连接时，应在构件生产前进行钢筋套筒灌浆连接接头的抗拉强度试验，每种规格的连接接头试件数量不应少于3个。

(5)预制构件用钢筋的加工、连接与安装应符合国家现行标准《混凝土结构工程施工规范》(GB 50666—2011)和《混凝土结构工程施工质量验收规范》(GB 50204—2015)等有关规定。

二、预制构件生产用原材料验收

原材料质量是决定预制混凝土构件质量的首要因素，控制原材料质量的重要措施就是做好原材料的质量检验。对于装配式混凝土结构，用于生产预制混凝土构件的原材料主要包括以下几个方面：

(1)用于生产混凝土的水泥、砂、石、外加剂、掺合料。

(2)钢筋、预埋件及钢筋连接套筒。

(3)保温材料、拉结件。

(4)外装饰材料。

对于以上材料，构件生产企业均应按照现行国家相关标准的规定进行进厂复验，经检测合格后方可使用。

1. 建立健全原材料质量检测制度

构件生产企业应当建立健全原材料质量检测制度，并满足以下生产条件：

(1)企业应具有符合国家规定资质要求的内部试验室，试验室应实行主任负责制，所有配合比试验、质量检测报告必须由试验室主任签发。

(2)检测程序、检测档案等管理应符合《建设工程质量检测管理办法》《房屋建筑和市政基础设施工程质量检测技术管理规范》(GB 50618—2011)等规章及技术标准的规定。

（3）应严格按照有关规范、标准要求对原材料进行进场验收和取样检测，经检验、检测合格后方可使用，严禁使用未经检测或检测不合格的原材料，检测原始记录应留存。

2. 原材料质量标准及检验要求

（1）水泥。

①质量标准：水泥宜采用强度等级不低于 42.5 的硅酸盐水泥、普通硅酸盐水泥，质量应符合现行国家标准《通用硅酸盐水泥》(GB 175—2007)的规定。

②检验要求。

a. 检查方法：合格证、型式检验报告、进厂复试报告。

b. 抽样数量：水泥试验应使用同一水泥厂、同强度等级、同品种、同一生产时间、同生产批号且连续进场的水泥，200 t 为一个验收批；不足 200 t 时，也按一个验收批计算。

c. 取样数量：每一个验收批取样一组，数量为 12 kg。

d. 取样方法：

袋装水泥：一般可以从 20 个以上的不同部位或 20 袋中取等量样品，总数至少为 12 kg，拌和均匀后分成两等份，一份由试验室按标准进行试验，另一份密封保存备校验用（要用专用工具：内径为 19 mm 的 6 分管长 30 cm，前端锯成斜口磨锐）。

散装水泥：对同一水泥厂生产的同期出厂的同品种、同强度等级的水泥，以一次进厂（场）的同一出厂编号的水泥为一批，但一批总量不得超过 500 t。随机地从不少于 3 个车罐中各取等量水泥，经混合搅拌均匀后，再从中称取不少于 12 kg 水泥做检验试样。

e. 检验项目：水泥稳定性、凝结时间、强度等。

（2）集料。

①质量标准：细集料宜选用细度模数为 2.3～3.0 的中粗砂，质量应符合现行国家标准《普通混凝土用砂、石质量及检验方法标准》(JGJ 52—2006)的规定，不得使用海砂；粗集料宜选用粒径为 5～25 mm 的碎石，质量应符合现行国家标准《普通混凝土用砂、石质量及检验方法标准》(JGJ 52—2006)的规定。

②检验要求：

a. 检查方法：型式检验报告、进厂复试报告。

b. 抽样数量：砂石试样应使用同一产地、同一规格、同一进场时间，每 400 m³ 或 600 t 为一验收批；不足 400 m³ 时，也按一验收批计算。

c. 取样数量：每一验收批取试样一组，砂数量为 22 kg，石子数量为 40 kg(最大粒径为 10 mm、15 mm、20 mm)或 80 kg(最大粒径为 31.5 mm、40 mm)。

d. 取样方法：

在料堆上取样时，取样部位均匀分布。取样前，先将取样部位表层铲除，然后由各部位抽取大致相等的试样砂 8 份(每份 1 kg 以上)、石子 15 份(在料堆的顶部、中部和底部各由均匀分布的 5 个不同的部位取得)，每份 5～10 kg(20 mm 以下取 5 kg 以上，31.5 mm、40 mm 取 10 kg 以上)，搅拌均匀后缩分成一组试样。

从皮带运输机上取样时，应在皮带运输机机尾的出料处，用接料器定时抽取砂 4 份(每份 22g 以上)、石子 8 份(每份 10～15 kg，20 mm 以下取 10 kg，31.5 mm、40 mm 取 15 kg)，搅拌均匀后分成一组试样。

e. 检验项目：分析含泥量、泥块含量、针片状颗粒含量、压碎指标(后两项仅石子需检验)。

(3)拌合用水。

①质量标准：拌合用水应符合现行国家标准《混凝土用水标准》(JGJ 63—2006)的规定。

②检验要求

a. 检查方法：试验报告。

b. 抽样数量：如拌合用水采用生活饮用水，则不需要检验。地表水和地下水首次使用应进行检验。

c. 取样数量：23 L。

d. 取样方法：井水、钻孔井水、自来水应放水冲洗管道后采集，江湖水应在中心位置或水面下 500 mm 处采集。

e. 检验项目：pH、氯离子含量等。

(4)粉煤灰。

①质量标准：粉煤灰应符合现行国家标准《用于水泥和混凝土中的粉煤灰》(GB/T 1596—2017)中的Ⅰ级或Ⅱ级各项技术性能及质量标准。

②检验要求：

a. 检验方法：合格证、型式检验报告、进厂复试报告。

b. 抽样数量：以 200 t 相同等级、同厂别的粉煤灰为一批，不足 200 t 时，也为一验收批，粉煤灰的计量按干灰(含水率小于 1%)的质量计算。

c. 取样数量：

散装灰取样——从不同部位取 15 份试样，每份试样 1～3 kg，混合拌匀，按四分法缩取比试验所需量大一倍的试样(称为平均试样)；

袋装灰取样——从每批中任抽 10 袋，并从每袋中各取试样不小于 1 kg，混合搅拌均匀，按四分法缩取比试验所需量大一倍的试样(称为平均试样)。

d. 取样方法：同水泥取样方法。

e. 检验项目：细度、烧失量、需水量比等。

(5)外加剂。

①质量标准：外加剂品种应通过试验室进行试配后确定，质量应符合现行国家标准《混凝土外加剂》(GB 8076—2008)、《混凝土外加剂应用技术规范》(GB 50119—2013)等和有关环境保护的规定。在钢筋混凝土结构中，当使用含氯化物的外加剂时，混凝土中氯化物的总含量应符合现行国家标准《混凝土质量控制标准》(GB 50164—2011)的规定。在预应力混凝土结构中，严禁使用含氯化物的外加剂。

②检验要求。

a. 检查方法：合格证、使用说明书、型式检验报告、进厂复试报告。

b. 抽样数量：掺量大于 1%(含 1%)同品种的外加剂，每一批号为 100 t；掺量小于 1%的外加剂，每一批号为 50 t；不足 100 或 50 t 的，也应按一个批量计。同一批号的产品必须混合均匀。

c. 取样数量：每一批号取样量不少于 20%水泥所需用的外加剂量。

d. 取样方法：每一批号取样应充分混匀，分为两等份，其中一份进行试验，另一份密封保存半年，以备有疑问时，提交国家指定的检验机关进行复验或仲裁。

e. 检验项目：泌水率比、含气量、凝结时间差、抗压强度比、收缩率比、减水率(除早强剂、缓凝剂外的各种外加剂)、坍落度(高性能减水剂、泵送剂)、含气量及相对耐久性

（引气剂、引气减水剂）。

（6）钢筋。

①质量标准。

a. 预制构件采用的钢筋应符合设计要求。

b. 热轧光圆钢筋和热轧带肋钢筋应符合现行国家标准《钢筋混凝土用钢 第1部分：热轧光圆钢筋》（GB 1499.1—2017）和《钢筋混凝土用钢 第2部分：热轧带肋钢筋》（GB 1499.2—2018）的规定。

c. 预应力钢筋应符合现行国家标准：《预应力混凝土用螺纹钢筋》（GB/T 20065—2016）、《预应力混凝土用钢丝》（GB/T 5223—2014）和《预应力混凝土用钢绞线》（GB/T 5224—2014）的规定。

d. 钢筋焊接网片应符合现行国家标准《钢筋混凝土用钢 第3部分：钢筋焊接网》（GB/T 1499.3—2022）的规定。

e. 吊环应采用未经冷加工的HPB300级钢筋制作。吊装用内埋式螺母、吊杆及配套吊具，应根据相应的产品标准和设计规范选用。

②检验要求。

a. 检查方法：合格证、型式检验报告、进厂复试报告。

b. 抽样数量：对同一厂家、同一牌号、同一规格的钢筋，进厂数量60 t为一个检验批，大于60 t时，应划分为若干个检验批；小于60 t时，应作为一个检验批。对同一工程同一材料来源、同一组生产设备生产的成型钢筋，检验批量不宜大于30 t。预应力钢筋按进厂的批次和产品的抽样检验方案确定。

c. 取样数量：每批抽取5个试样。

d. 取样方法：每检验批抽取两根钢筋，在钢筋任意一端截去500 mm后切取。

e. 检验项目。

热轧光圆钢筋和热轧带肋钢筋检验重量偏差、屈服强度、抗拉强度、伸长率、弯曲试验等。

预应力钢筋检验屈服强度、抗拉强度、伸长率、弯曲试验等。

（7）预埋件。

①质量标准。

a. 预埋件的材料、品种、规格、型号应符合现行国家相关标准的规定和设计要求。

b. 预埋件的防腐防锈应满足现行国家标准《工业建筑防腐蚀设计标准》（GB/T 50046—2018）和《涂覆涂料前钢材表面处理 表面清洁度的目视评定》（GB/T 8923.1～8923.4）的规定。

c. 管线的材料、品种、规格、型号应符合现行国家相关标准的规定和设计要求。

d. 管线的防腐防锈应符合现行国家标准《工业建筑防腐蚀设计标准》（GB/T 50046—2018）和《涂覆涂料前钢材表面处理 表面清洁度的目视评定》（GB/T 8923.1～8923.4）的规定。

e. 门窗框的品种、规格、性能、型材壁厚、连接方式等应符合现行国家相关标准的规定和设计要求。

f. 防水密封胶条的质量和耐久性应符合现行国家相关标准的规定，防水密封胶条不应在构件转角处搭接。

②检验要求：预埋件的检验根据其材料种类按进厂的批次和产品的抽样检验方案确定。

(8)钢筋连接套筒。

①质量标准。

a. 连接套筒宜选用灌浆套筒，灌浆套筒加工尺寸允许偏差应符合表 6-1 的规定。外观要求：铸造灌浆套筒内外表面不应有影响使用性能的夹渣、冷隔、砂眼、缩孔、裂纹等质量缺陷；机械加工灌浆套筒表面不应有裂纹或影响接头性能的其他缺陷，端面和外表面的边棱处应无尖棱、无毛刺，灌浆套筒外表面标识应清晰，表面不应有锈皮。其他性能应符合现行行业标准《钢筋连接用灌浆套筒》(JG/T 398—2019)的规定。机械连接套筒应符合现行国家行业标准《钢筋机械连接用套筒》(JG/T 163—2013)的规定。

表 6-1　套筒尺寸允许偏差

项目	铸造套筒/mm	机械加工套筒/mm
长度允许偏差	±(1‰×1)	±2.0
外径允许偏差	±15	±0.8
壁厚允许偏差	±1.2	±0.8
锚固段环形凸起部分的内径允许偏差	±1.5	±1.0
锚固段环形凸起部分的内径最小尺寸与钢筋公称直径差值	≥10	≥10
直螺纹精度	—	GB/T 197—2018 中的 6H 级

b. 钢筋连接用套筒灌浆料应符合现行行业标准《钢筋连接用套筒灌浆料》(JG/T 408—2019)的规定。

c. 套筒灌浆连接接头应符合现行行业标准《钢筋机械连接技术规程》(JGJ 107—2016)的规定。

d. 钢筋锚固搭接连接接头应采用水泥基灌浆材料，灌浆料性能应符合《水泥基灌浆材料应用技术规范》(GB/T 50448—2015)等现行国家相关标准的规定。

②检验要求。

a. 检查方法：合格证、型式检验报告、进厂复试报告。

b. 抽样数量：材料性能检验应以同钢号、同规格、同炉(批)号的材料作为一个验收批。尺寸偏差和外观应以连续生产的同原材料、同炉(批)号、同类型、同规格的 100 个灌浆套筒为一个验收批，不足 1 000 个灌浆套筒时，仍可作为一个验收批。

c. 取样数量：材料性能试验每批随机抽取 2 个试样，尺寸偏差和外观检验每批抽取 10%，连续 10 个验收批一次性检验均合格时，尺寸偏差和外观检验的取样数量可由 10% 降为 5%。

d. 检验内容：抗拉强度、延伸率、屈服强度(钢材类)、外观、尺寸偏差等性能指标。

(9)保温材料。

①质量标准：

a. 夹心外墙板宜采用挤塑聚苯板或聚氨保温板作为保温材料，保温材料除应符合设计要求外，尚应符合现行国家和地方相关标准的规定。

b. 聚苯板主要性能指标应符合现行国家标准《绝热用模塑聚苯乙烯泡沫塑料(EPS)》(GB/T 10801.1—2021)和《绝热用挤塑聚苯乙烯泡沫塑料(XPS)》(GB/T 10801.2—2018)的规定。

c. 聚氨酯保温板主要性能指标应符合表 6-2 的规定，其他性能指标应符合现行国家标准《聚氨酯硬泡复合保温板》(JG/T 314—2012)的规定。

表 6-2　聚氨酯保温板性能指标要求

项目	单位	性能指标	试验方法
表观密度	kg/m³	≥232	GB/T 6343—2009
导热系数	W/(m·K)	≤0.024	GB/T 10294—2008
压缩强度	MPa	≥0.15	GB/T 8813—2020
抗伸强度	MPa	≥0.15	—
吸水率(体积分数)	%	≤3	GB/T 8810—2005
燃烧性能	—	不低于 B₂ 级	GB/T 8624—2012
尺度稳定性	%	80 ℃ 48 h≤1.0	GB/T 8811—2008
		30 ℃ 48 h≤1.0	

②检验要求。

a. 检查方法：合格证、型式检验报告、进厂复试报告。

b. 抽样数量：同一规格产品数量不超过 2 000 m² 为一个检验批。

c. 取样数量：每批随机抽取 1 块板材进行检验。

d. 检验项目：表观密度、导热系数、压缩强度、吸水率(体积分数)、燃烧性能尺度稳定性等。

(10)夹心外墙板拉结件。

①质量标准：拉结件宜选用玻璃纤维增强非金属连接件，应满足防腐和耐久性要求，玻璃纤维连接件性能指标应符合表 6-3 的规定。

表 6-3　玻璃纤维连接件性能

项目	单位	性能指标	试验方法
拉伸强度	MPa	≥600	GB/T 1447—2005
拉伸弹性模量	GPa	≥35	
弯曲强度	MPa	≥600	GB/T 1449—2005
弯曲弹性模量	GPa	≥3	
剪切强度	MPa	≥50	AST m D2344　D2344 m—00(2006)
导热系数	W/(m·K)	≤2.0	GB/T 10294—2008

②检验要求。

a. 检查方法：合格证、型式检验报告、进厂复试报告。

b. 抽样数量：同一厂家同一品种的产品，当单位工程建筑面积在 20 000 m² 以下时，各抽查不少于 3 次；当单位工程建筑面积在 20 000 m² 以上时，各抽查不少于 6 次。

c. 取样数量：力学性能试验每组不少于 5 个试样，并保证同期有 5 个有效试样。

d. 检验项目：拉伸强度、拉伸弹性模量、弯曲强度、弯曲弹性模量、剪切强度、导热系数。

（11）外装饰材料检验

①质量标准：涂料和面砖等外装饰材料质量应符合现行国家相关标准的规定和设计要求，当采用面砖饰面时，宜选用背面带燕尾槽的面砖，燕尾槽尺寸应符合现行国家相关标准的规定和设计要求，并按照《建筑工程饰面砖粘结强度检验标准》（JGJ/T 110—2017）做拉拔试验，其他外装饰材料应符合现行国家相关标准的规定。

②检验要求：外装饰材料的检验根据其材料种类按进厂的批次和产品的抽样检验方案确定。

（12）吊装件。

①质量标准：应对吊装预制构件采用的各类吊钉、吊件、吊具的质量进行检查，并按有关规范进行检验。

②检查方法：合格证、型式检验报告、进厂复试报告。

3. 混凝土、钢筋连接接头、钢筋锚固板质量标准及检验要求

构件制作过程中，应对混凝土、钢筋连接接头及钢筋锚固板的质量进行抽样检验。

（1）混凝土。

①质量标准。

a. 混凝土配合比设计应符合现行国家标准《普通混凝土配合比设计规程》（JGJ/55—2011）的相关规定和设计要求。混凝土配合比宜有必要的技术说明，包括生产时的调整要求。

b. 混凝土中氯化物和碱总含量应符合现行国家标准《混凝土结构设计规范（2015 年版）》（GB 50010—2010）的相关规定和设计要求。

c. 混凝土中不得添加对钢材有锈蚀作用的外加剂。

d. 混凝土强度应符合设计要求。预制构件混凝土强度等级不宜低于 C30；预应力混凝土结构的混凝土强度等级不宜低于 C40，且不应低于 C30，现浇混凝土强度等级不应低于 C25。

②检验要求。预制构件一个检验批的混凝土应由强度等级相同、试验龄期相同、生产工艺和配合比基本相同的混凝土组成，试件的取样频率和数量应符合下列规定：

a. 每 100 盘，但不超过 100 m³ 的同配合比混凝土，取样次数不应少于一次。

b. 每一工作班拌制的同配合比混凝土，不足 100 盘和 100 m³ 时，其取样次数不应少于一次。

c. 当一次连续浇筑的同配合比混凝土超过 1 000 m³ 时，每 200 m³ 取样不应少于一次。

d. 每次取样应至少留置一组标准养护试件，同条件养护试件的留置组数应根据实际需要确定。当混凝土时间强度评定不合格时，可使用非破损或局部破损的方法，按现行国家相关标准的规定对预制构件的混凝土强度进行推定，并作为处理的依据。

（2）钢筋套筒灌浆连接接头。灌浆套筒进厂时，应抽取灌浆套筒并采用与之匹配的灌浆料制作对中连接接头试件，并进行抗拉强度检验。检验结果满足：抗拉强度不应小于连接钢筋抗拉强度标准值，且破坏时应断于接头外钢筋。接头抗拉强度等于被连接钢筋的实际拉断强度或不小于 10 倍钢筋抗拉强度标准值，残余变形小并具有高延性及反复拉压性能。

检查数量：对同一原材料、同一炉（批）号、同一类型、同一规格的灌浆套筒，不超过 100 个为一检验批，每批随机抽取 3 个灌浆套筒制作对中连接接头试件接头，试件应模拟施工条件并按施工方案制作，接头试件应在标准养护条件下养护 28 d。

(3)钢筋锚固板。

①质量标准：钢筋锚固板质量应符合现行行业标准《钢筋锚固板应用技术规程》(JGJ 256—2011)的规定。

②检验要求：同一施工条件、同一批材料的同类型、同规格的螺纹连接锚固板，应以 500 个作为一个验收批；焊接连接锚固板应以 300 个为一个验收批。螺纹和焊接连接锚固板每个验收批均抽取 3 个试件做抗拉强度试验；螺纹连接锚固板每个验收批抽取 10% 进行扭紧扭矩校核。

三、预制构件制作过程质量验收

1. 基本规定

(1)在混凝土浇筑前，应进行预制构件的隐蔽工程检查，检查项目应包括下列内容：

①钢筋的牌号、规格、数量、位置、间距等；

②纵向受力钢筋的连接方式、接头位置、接头质量、接头面积百分率、搭接长度等；

③箍筋、横向钢筋的牌号、规格、数量、位置、间距，箍筋弯钩的弯折角度及平直段长度；

④预埋件、吊环、插筋的规格、数量、位置等；

⑤灌浆套筒、预留孔洞的规格、数量、位置等；

⑥钢筋的混凝土保护层厚度；

⑦夹心外墙板的保温层位置、厚度，拉结件的规格、数量、位置等；

⑧预埋管线、线盒的规格、数量、位置及固定措施。

(2)带面砖或石材饰面的预制构件宜采用反打一次成型工艺制作，并应符合下列要求：

①当构件饰面层采用石材时，在模具中铺设面砖前，应根据排砖图的要求进行配砖和加工；饰面砖应采用背面带有燕尾槽或粘结性能可靠的产品。

②当构件饰面层采用石材时，在模具中铺设石材前，应根据排板图的要求进行配板和加工；应按设计要求在石材背面钻孔、安装不锈钢卡钩、涂覆隔离层。

③应采用具有抗裂性和柔韧性、收缩小且不污染饰面的材料嵌填面砖或石材之间的接缝，并应采取防止面砖或石材在安装钢筋、浇筑混凝土等生产过程中发生位移的措施。

(3)夹心外墙板宜采用平模工艺生产。生产时，应先浇筑外叶墙板混凝土层，再安装保温材料和拉结件，最后浇筑内叶墙板混凝土层；当采用立模工艺生产时，应同步浇筑内外叶墙板混凝土层，并应采取保证保温材料及拉结件位置准确的措施。

(4)应根据混凝土的品种、工作性能、预制构件的规格形状等因素，制定合理的振捣成型操作规程。混凝土应采用强制式搅拌机搅拌，并宜采用机械振捣。

(5)预制构件采用洒水、覆盖等方式进行常温养护时，应符合现行国家标准《混凝土结构工程施工规范》(GB 50666—2011)的要求。预制构件采用加热养护时，应制定养护制度对静停、升温、恒温和降温时间进行控制，宜在常温下静停 2～6 h，升温、降温速度不应超过 20 ℃/h，最高养护温度不宜超过 70 ℃，预制构件出池的表面温度与环境温度的差值不宜超过 25 ℃。

(6)脱模起吊时，预制构件的混凝土立方体抗压强度应满足设计要求，且不应小于15 N/mm^2。

（7）采用后浇混凝土或砂浆、灌浆料连接的预制构件接合面，制作时应按设计要求进行粗糙面处理。设计无具体要求时，可采用化学处理、拉毛或凿毛等方法制作粗糙面。

（8）预应力混凝土构件生产前应制订预应力施工技术方案和质量控制措施，并应符合现行国家标准《混凝土结构工程施工规范》（GB 50666—2011）和《混凝土结构工程施工质量验收规范》（GB 50204—2015）的要求。

2. 生产工序质量控制

生产过程的质量控制是预制构件质量控制的第二个关键环节，需要做好生产过程各个工序的质量控制、隐蔽工程验收、质量评定和质量缺陷的处理等工作。预制构件生产企业应配备满足工作需求的质量员，质量员应具备相应的工作能力并经水平测试合格。

（1）生产工序质量控制。构件生产通用工艺流程：模台清理→模具组装→钢筋及网片安装→预埋件及水电管线等预留预埋→隐蔽工程验收→混凝土浇筑→养护→脱模、起吊→成品验收→入库。

在预制构件生产之前，应对各工序进行技术交底，上道工序未经检查验收合格，不得进行下道工序。混凝土浇筑前，应对模具组装、钢筋及网片安装、预留及预埋件布置等内容进行检查验收。工序检查由各工序班组自行检查，检查数量为全数检查，应做好相应的检查记录。

①模具组装的质量检查。模具组装前，首先需根据构件制作图核对模板的尺寸是否满足设计要求，然后对模板几何尺寸进行检查，包括模板与混凝土接触面的平整度、板面弯曲、拼装接缝等，再次对模具的观感进行检查，接触面不应有划痕、锈渍和氧化层脱落等现象，模具几何尺寸的检查的方法及允许偏差符合表 6-4 的规定，预埋件加工质量偏差符合表 6-5 的规定。

表 6-4 预制构件模具尺寸允许偏差及检验方法

项次	检验项目、内容		允许偏差/mm	检验方法
1	长度	≤6 m	1，−2	用钢尺测量平行构件高度方向，取其中偏差绝对值较大处
		>6 m 且≤12 m	2，−4	
		>12 m	3，−5	
2	宽度、高（厚）度	墙板	1，−2	用钢尺测量两端或中部，取其中偏差绝对值较大处
3		其他构件	2，−4	
4	底模表面平整度		2	用 2 m 靠尺和塞尺测量
5	对角线差		3	用钢尺测量纵、横两个方向对角线
6	侧向弯曲		$L/1\,500$ 且≤5	拉线，用钢尺测量侧向弯曲最大处
7	翘曲		$L/1\,500$	对角拉线测量交点间距离值的两倍
8	组装缝隙		1	用塞片或塞尺测量，取最大值
9	端模与侧模高低差		1	用钢尺测量

注：L 为构件长。

表 6-5　预埋件加工允许偏差

项次	检验项目		允许偏差/mm	检验方法
1	预埋件锚板的边长		0，-5	用钢尺测量
2	预埋件锚板的平整度		1	用直尺和塞尺测量
3	锚筋	长度	10，-5	用钢尺测量
		间距偏差	±10	用钢尺测量

模具组装完成后，应对组装后模具的尺寸进行检查，允许偏差及检查方法见表 6-6 中的规定。

表 6-6　模具组装尺寸允许偏差

测定部位	允许偏差/mm	检验方法
边长	±2	钢尺四边测量
对角线误差	3	细线测量两根对角线尺寸，取差值
底模平整度	2	对角线用细线固定，钢尺测量线到底模各点距离的差值，取最大值
侧板高差	2	钢尺两边测量，取平均值
表面凹凸	2	靠尺和塞尺检查
扭曲	2	对角线用细线固定，钢尺测量细线到钢模边距离，取最大值
翘曲	2	对角线用细线固定，钢尺测量细线到钢模边距离，取最大值
弯曲	2	测量两对角线细线固定，钢尺测量中心点高度
侧向扭曲	$H{\leqslant}300$ 时，取 1.0	测量两对角线细线固定，钢尺测量中心点高度
	$H{>}300$ 时，取 2.0	

注：H 为模具全长。

模具组装完成后，应安装门窗框，门窗框安装允许质量偏差和检验方法见表 6-7。

表 6-7　门窗框安装允许偏差和检验方法

项目		允许偏差/mm	检验方法
锚固脚片	中心线位置	5	钢尺检查
	外露长度	+5，0	钢尺检查
门窗框位置		2	钢尺检查
门窗框高、宽		±2	钢尺检查
门窗框对角线		±2	钢尺检查
门窗框的平整度		2	靠尺检查

②钢筋骨架、钢筋网片、钢筋桁架的质量检查。钢筋骨架、钢筋网片、钢筋桁架入模后，应按构件制作图要求对钢筋规格、位置、间距、保护层等进行检查，其允许偏差及检查方法见表 6-8、表 6-9。

表 6-8　钢筋骨架或钢筋网片尺寸和安装位置偏差

项目		允许偏差/mm	检验方法
绑扎钢筋网	长、宽	±10	钢尺检查
	网眼尺寸	±20	钢尺测量连续三档，取最大值

项目			允许偏差/mm	检验方法
绑扎钢筋骨架	长		±10	钢尺检查
	宽、高		±5	钢尺检查
	钢筋间距		±10	钢尺测量两端、中间各一点
受力钢筋	位置		±5	钢尺测量两端、中间各一点，取最大值
	排距		±5	
	保护层	柱、梁	±5	钢尺检查
		楼板、外墙板楼梯、阳台板	±3	钢尺检查
绑扎钢筋、横向钢筋间距			±20	钢尺测量连续三档，取最大值
箍筋间距			±20	钢尺测量连续三档，取最大值
钢筋弯起点位置			±20	钢尺检查

表 6-9　钢筋桁架尺寸允许偏差

项次	检验项目	允许偏差/mm
1	长度	总长度的±0.3%，且不超过±10
2	高度	+1，−3
3	宽度	±5
4	扭翘	≤5

③连接套筒、预埋件、拉结件、预留孔洞质量检查。连接套筒、预埋件、拉结件、预留孔洞应按预制构件设计制作图进行配置，满足吊装、施工的安全性、耐久性和稳定性要求。其允许偏差及检验方法应满足表 6-10 的规定。

表 6-10　连接套筒、预埋件、拉结件、预留孔洞的允许偏差

项目		允许偏差/mm	检验方法
钢筋连接套筒	中心线位置	±3	钢尺检查
	安装垂直度	L/40	拉水平线、竖直线测量两端差值且满足连接套筒施工误差要求
外装饰敷设	图案、分割、色彩、尺寸		与构件设计制作图对照及目视
预埋件（插筋、螺栓、吊具等）	中心线尺寸	±5	钢尺检查
	外露长度	+5~0	钢尺检查且满足连接套筒施工误差要求
	安装垂直度	L/40	拉水平线、竖直线测量两端差值且满足施工误差要求
拉结件	中心线位置	±3	钢尺检查
	安装垂直度	L/40	拉水平线、竖直线测量两端差值且满足连接套筒施工误差要求
预留孔洞	中心线位置	±5	钢尺检查
	尺寸	+8，0	钢尺检查
其他需要先安装的部件	安装状况：种类、数量、位置、固定状况。		与构件设计制作图对照及目视

注：L 为构件长度。

④外装饰面的质量检查。带外装饰面的预制构件宜采用水平浇筑一次成型反打工艺。混凝土浇筑前，应对外装饰面进行质量检查，确保外装饰面砖的图案、分格、色彩、尺寸符合设计要求。面砖敷设后，表面应平整，接缝应顺直，接缝的宽度和深度应符合设计要求。

预制构件外装饰允许偏差及检查方法应符合表 6-11 的规定。

表 6-11　预制构件外装饰允许偏差

外装饰种类	项目	允许偏差/mm	检验方法
通用	表面平整度	2	2 m 靠尺或塞尺检查
石材和面砖	阳角方正	2	托线板检查
	上口平直	2	拉通线用钢尺检查
	接缝平直	3	用钢尺或塞尺检查
	接缝深度	±5	
	接缝宽度	±2	用钢尺检查

（2）隐蔽工程验收。混凝土浇筑前，应对每块预制构件进行隐蔽工程验收，确保其符合设计要求和规范规定。企业的质检员和质量负责人负责隐蔽工程验收。验收内容包括原材料抽样检验和钢筋、模具、预埋件、保温板及外装饰面等工序安装质量的检验。原材料的抽样检验按照前述要求进行，钢筋、模具、预埋件、保温板及外装饰面等各安装工序的质量检验按照前述要求进行。

隐蔽工程验收的范围为全数检查，验收完成应形成相应的隐蔽工程验收记录，并保留存档，具体检查项目包括下列内容：

①钢筋的牌号、规格、数量、位置、间距等。

②纵向受力钢筋的连接方式、接头位置、接头质量、接头面积百分率、搭接长度等。

③箍筋、横向钢筋的牌号、规格、数量、位置、间距，箍筋弯钩的弯折角度及平直段长度等。

④预埋件、吊环、插筋的规格、数量、位置等。

⑤灌浆套筒、预留孔洞的规格、数量、位置等。

⑥钢筋的混凝土保护层厚度。

⑦夹心外墙板的保温层位置、厚度，拉结件的规格、数量、位置等。

⑧预埋管线、线盒的规格、数量、位置及固定措施。

（3）构件外观质量及尺寸偏差验收。预制构件脱模后，应对其外观质量和尺寸进行检查验收。外观质量不宜有一般缺陷，不应有严重缺陷。对于已经出现的一般缺陷，应进行修补处理，并重新进行验收；对于已经出现的严重缺陷，修补方案应经设计、监理单位认可后进行修补处理，并重新检查验收。预制构件叠合面的粗糙度和凹凸深度应符合设计及规范的要求。

外观质量、尺寸偏差的验收要求及检验方法见表 6-12、表 6-13。

表 6-12　预制构件外观质量判断方法

项目	现象	质量要求	判定方法
露筋	钢筋未被混凝土完全包裹而外露	受力主筋不应有，其他构造钢筋和箍筋允许少量	观察
蜂窝	混凝土表面石子外露	受力主筋部位和支撑点位置不应有，其他部位允许少量	观察
孔洞	混凝土中孔穴深度和长度超过保护层厚度	不应有	观察
夹渣	混凝土中夹有杂物且深度超过保护层厚度	禁止夹渣	观察
外形缺陷	内表面缺棱掉角、表面翘曲、抹面凹凸不平，外表面面砖粘贴不牢、位置偏差、面砖嵌缝没有达到横平竖直、转角面砖棱角不直、面砖表面翘曲不平	内表面缺陷基本不允许，要求达到预制构件允许偏差；外表面仅允许极少量缺陷，但禁止面砖粘结不牢，位置偏差、面砖翘曲不平不得超过允许值	观察
外表缺陷	内表面麻面、起砂、掉皮、污染，外表面面砖污染、窗框保护纸破坏	允许少量污染等不影响结构使用功能和结构尺寸的缺陷	观察
连接部位缺陷	连接处混凝土缺陷及连接钢筋、连接件松动	不应有	观察
破损	影响外观	影响结构性能的破损不应有，不影响结构性能和使用功能的破损不宜有	观察
裂缝	裂缝贯穿保护层到达构件内部	影响结构性能的裂缝不应有，不影响结构性能和使用功能的裂缝不宜有	观察

表 6-13　预制构件外形尺寸允许偏差及检验方法

名称	项目		允许偏差/mm	检验方法
构件外形尺寸	长度	柱	±5	钢尺量测
		梁	±10	
		楼板	±5	
		内墙板	±5	
		外叶墙板	±3	
		楼梯板	±5	
	宽度		±5	钢尺量测
	厚度		±3	钢尺量测
	对角线差值	柱	5	钢尺量测
		梁	5	
		外墙板	5	
		楼梯板	10	
	表面平整度、扭曲、弯曲		5	用 2 m 靠尺和塞尺检查
	构件边长翘曲	柱、梁、墙板	3	调平尺在两端量测
		楼板、楼梯	5	
	主筋保护层厚度	柱、梁	+10，−5	钢尺或保护层厚度测定仪量测
		楼板、外墙板楼梯、阳台板	+5，−3	

四、预制构件出厂质量验收

1. 基本规定

(1)预制构件生产单位应提供构件质量证明文件。

(2)预制构件应具有生产企业名称、制作日期、品种、规格、编号等信息的出厂标识,出厂标识应设置在便于现场识别的部位。

(3)预制构件应按品种、规格分区分类存放,并设置标牌。

(4)进入现场的构件应进行质量检查,检查不合格的构件不得使用。

(5)预制构件的进场质量验收应符合现行国家标准《混凝土结构工程施工质量验收规范》(GB 50204—2015)的有关规定。

(6)装配式建筑的饰面质量应符合设计要求,并应符合现行国家标准《建筑装饰装修工程质量验收标准》(GB 50210—2018)的有关规定。

2. 质量验收

(1)施工单位和监理单位应对进场构件进行质量检查,质量检查内容应符合下列规定:

①预制构件质量证明文件和出厂标识。

②预制构件外观质量、尺寸偏差。

(2)预制构件外观质量应根据缺陷类型和缺陷程度进行分类,并应符合表 6-14 的分类规定。

表 6-14 预制构件外观质量缺陷

名称	现象	严重缺陷	一般缺陷
露筋	构件内钢筋未被混凝土包裹而外露	主筋有露筋	其他钢筋有少量露筋
蜂窝	混凝土表面缺少水泥砂而使石子外露	主筋部位和支点位置有蜂窝	其他部位有少量蜂窝
孔洞	混凝土中孔穴深度和长度均超过构件	构件主要受力部位有孔洞	孔洞
夹渣	混凝土中夹有杂物且深度超过保护层厚度	构件主要受力部位有夹渣	其他部位有少量夹渣
疏松	混凝土中局部不密实	构件主要受力部位有疏松	其他部位有少量疏松
裂缝	裂隙从混凝土表面延伸至混凝土内部	构件主要受力部位有影响结构性能或使用功能的裂缝	其他部位有少量不影响结构性能或使用功能的裂缝
连接部位缺陷	件连接处混凝土缺陷及连接钢筋、连接件松动、灌套套筒未保护	连接部位有影响结构传力性能的缺陷	连接部位有基本不影响结构传力性能的缺陷
外形缺陷	内表面缺棱掉角、棱角不直、翘曲不平等,外表面面砖粘结不牢、位置偏差、面砖嵌缝没有达到横平竖直、转角面砖棱角不直、面砖表面翘曲不平等	清水混凝土构件有影响使用功能或装饰效果的外形缺陷	其他混凝土构件有不影响使用功能的外形缺陷

名称	现象	严重缺陷	一般缺陷
外部缺陷	构件内表面麻面、掉皮、起砂、玷污等，外表面面砖污染，预埋门窗框破坏	具有重要装饰效果的清水混凝土构件、门窗框有外表缺陷	其他混凝土构件有不影响使用功能的外表缺陷，门窗框不宜有外表缺陷

(3)预制构件外观质量不应有严重缺陷，产生严重缺陷的构件不得使用。产生一般缺陷时，由预制构件生产单位或施工单位进行修整处理，修整技术处理方案应经监理单位确认后实施，经修整处理后的预制构件应重新检查。

检查数量：全数检查。

检查方法：观察，检查技术处理方案。

(4)预制构件质量允许偏差应符合要求，预制构件质量允许偏差和检验方法见表 6-15。

表 6-15　预制构件尺寸允许偏差和检验方法

项目			允许偏差/mm	检验方法
长度	板、梁、柱、桁架	<12 m	±5	尺量
		≥12 m 且<18 m	±10	
		≥18 m	±20	
	墙板		±4	
宽度、高(厚)度	板、梁、柱、桁架截面尺寸		±5	钢尺量一端及中部，取其中偏差绝对值较大处
	墙板的高度、厚度		±3	
表面平整度	板、梁、柱、墙板内表面		5	2 m 靠尺和塞尺检查
	墙板外表面		3	
侧向弯曲	板、梁、柱		L/750 且<20	拉线、钢尺量最大侧向弯曲处
	墙板、桁架		L/1 000 且<20	
翘曲	板		L/750	调平尺在两端测量
	墙		L/1 000	
对角线差	板		10	钢尺量两个对角线
	墙板、门窗口		5	
挠度变形	梁、板、桁架设计起拱		±10	拉线、钢尺量最大弯曲处
	梁、板、桁架下垂		0	
预留孔	中心线位置		5	尺量
	孔尺寸		±5	
预留洞	中心线位置		10	尺量
	洞口尺寸、深度		±10	
门窗口	中心线位置		5	尺量
	宽度、高度		±3	

项目		允许偏差/mm	检验方法
预埋件	预埋件锚板中心线位置	5	尺量
	预埋件锚板与混凝土面平面高差	0，−5	
	预埋螺栓中心线位置	2	
	预埋螺栓外露长度	+10，−5	
	预埋套筒、螺母中心线位置	2	
	预埋套筒、螺母与混凝土面平面高差	0，−5	
	线管、电盒、木砖、吊环在构件平面的中心线位置偏差	20	
	线管、电盒、木砖、吊环与构件表面混凝土高差	0，−10	
预留钢筋	中心线位置	3	尺量
	外露长度	+5，−5	
键槽	中心线位置	5	尺量
	长度、宽度、高度	±5	

注：1. L 为构件长度(mm)。

　　2. 检查中心线、螺栓和孔道位置时，应由纵、横两个方向测量，并取其中的较大值。

单元三　装配式混凝土结构施工质量验收

一、一般规定

(1)装配式结构采用钢件焊接、螺栓等连接方式时，其材料性能及施工质量验收应符合现行国家标准《钢结构工程施工质量验收标准》(GB 50205—2020)的相关要求。

(2)装配式混凝土结构安装顺序以及连接方式应保证施工过程中结构构件具有足够的承载力和刚度，并应保证结构整体稳固性。

(3)装配式混凝土构件安装过程的临时支撑和拉结件应具有足够的承载力和刚度。

(4)装配式混凝土结构吊装起重设备的吊具及吊索规格，应经验算确定。

二、预制构件进场质量验收

1. 验收程序

预制构件运至现场后，施工单位应组织构件生产企业、监理单位对预制构件的质量进行验收，验收内容包括质量证明文件验收和

装配式混凝土结构工程
施工质量验收规程
(预制混凝土构件进场)

构件外观质量、结构性能检验等。未经进场验收或进场验收不合格的预制构件，严禁使用。施工单位应对构件进行全数验收，监理单位对构件质量进行抽检，发现存在影响结构质量或吊装安全的缺陷时，不得验收通过。

2. 验收内容

（1）质量证明文件。预制构件进场时，施工单位应要求构件生产企业提供构件的产品合格证、说明书、试验报告、隐蔽验收记录等质量证明文件。对质量证明文件的有效性进行检查，并根据质量证明文件核对构件。

（2）观感验收。在质量证明文件齐全、有效的情况下，对构件的外观质量、外形尺寸等进行验收。观感质量可通过观察和简单的测试确定，工程的观感质量应由验收人员通过现场检查并应共同确认，对影响观感及使用功能或质量评价为差的项目，应进行返修，观感验收也应符合相应的标准。观感验收主要检查以下内容：

①预制构件粗糙面质量和键槽数量是否符合设计要求。

②预制构件吊装预留吊环、预留焊接埋件应安装牢固、无松动。

③预制构件的外观质量不应有严重缺陷，对已经出现的严重缺陷，应按技术处理方案进行处理，并重新检查验收。

④预制构件的预埋件、插筋及预留孔洞等规格、位置和数量应符合设计要求。对存在影响安装及施工功能的缺陷，应按技术处理方案进行处理，并重新检查验收。

⑤预制构件的尺寸应符合设计要求，且不应有影响结构性能和安装、使用功能的尺寸偏差。对超过尺寸允许偏差且影响结构性能和安装、使用功能的部位，应按技术处理方案进行处理，并重新检查验收。

⑥构件明显部位是否贴有标识构件型号、生产日期和质量验收合格的标志。

（3）结构性能检验。在必要的情况下，应按要求对构件进行结构性能检验，具体要求如下：

①梁板类简支受弯预制构件进场时，应进行结构性能检验，并符合下列规定：

a. 结构性能检验应符合现行国家相关标准的有关规定及设计的要求，检验要求和试验方法应符合《混凝土结构工程施工质量验收规范》（GB 50204—2015）的规定。

b. 钢筋混凝土构件和允许出现裂缝的预应力混凝土构件应进行承载力、挠度和裂缝宽度检验；不允许出现裂缝的预应力混凝土构件应进行承载力、挠度和抗裂检验。

c. 对大型构件及有可靠应用经验的构件，可只进行裂缝宽度、抗裂和挠度检验。

d. 对使用数量较少的构件，当能提供可靠依据时，可不进行结构性能检验。

②对其他预制构件，如叠合板、叠合梁的梁板类受弯预制构件（叠合底板、底梁），除设计有专门要求外，进场时可不做结构性能检验，但采取下列措施：

a. 施工单位或监理单位代表应该驻厂监督制作过程。

b. 当无驻厂监督时，预制构件进场时，应对预制构件主要受力钢筋数量、规格、间距及混凝土强度等进行实体检验。

检验数量：同一类型（同一钢种、同一混凝土强度等级、同一生产工艺和同一结构形式）预制构件不超过100个为一批，每批随机抽取1个构件进行结构性能检验。

检验方法：检查结构性能检验报告或实体检验报告。

需要说明的是：

①结构性能检验通常应在构件进场时进行，但考虑检验方便，工程中多在各方参与下在预制构件生产场地进行。

②抽取预制构件时，宜从设计荷载最大、受力最不利或生产数量最多的预制构件中抽取。

③对多个工程共同使用的同类型预制构件，也可以在多个工程的施工、监理单位见证下共同委托进行结构性能检验，其结果对多个工程共同有效。

三、预制构件安装施工质量验收

预制构件安装是将预制构件按照设计图纸要求，通过节点之间的可靠连接，并与现场后浇混凝土形成整体混凝土结构的过程。预制构件安装的质量对整体结构的安全和质量起着至关重要的作用。因此，应对装配式混凝土结构施工作业过程实施全面和有效的管理与控制，保证工程质量。装配式混凝土结构安装施工质量控制主要

从施工前的准备、原材料的质量检验与施工试验、施工过程的工序检验、隐蔽工程验收、结构实体检验等多个方面进行。对装配式混凝土结构工程的质量验收有以下要求：

（1）工程质量验收均应在施工单位自检合格的基础上进行。

（2）参加工程施工质量验收的各方人员应具备相应的资格。

（3）检验批的质量应按主控项目和一般项目验收。

（4）对涉及结构安全、节能、环境保护和主要使用功能的试块、构配件及材料，应在进场时或施工中按规定进行见证检验。

（5）隐蔽工程在隐蔽前应由施工单位通知监理单位验收，并应形成验收文件，验收合格后方可继续施工。

（6）工程的观感质量应由验收人员现场检查，并应共同确认。

1. 施工前的准备

装配式混凝土结构施工前，施工单位应准确理解设计图纸的要求，掌握有关技术要求及细部构造，根据工程特点和有关规定进行结构施工复核及验算，编制装配式混凝土专项施工方案，并进行施工技术交底。

装配式混凝土结构施工前，应由相关单位完成深化设计，并经原设计单位确认，施工单位应根据深化设计图纸对预制构件施工预留和预埋进行检查。

施工现场应具有健全的质量管理体系、相应的施工技术标准、施工质量检验制度和综合施工质量控制考核制度。

应根据装配式混凝土结构工程的管理和施工技术特点，对管理人员及作业人员进行专项培训，严禁未培训上岗及培训不合格上岗。

应根据装配式混凝土结构工程的施工要求，合理选择并配备吊装设备；应根据预制构件存放、安装和连接等要求，确定安装使用的工器具方案。

设备管线、电线、设备机器及建设材料、板类、楼板材料、砂浆、厨房配件等装修材料的水平和垂直起重，应按经修改编制并批准的施工组织设计文件(专项施工方案)具体要求执行。

2. 原材料质量检验与施工试验

除常规原材料检验和施工试验外，装配式混凝土结构应重点对灌浆料、钢筋套筒灌浆连接接头等进行检查验收。

(1)灌浆料。

①质量标准：灌浆料性能应符合《钢筋连接用套筒灌浆料》(JG/T 408—2019)的有关规定，抗压强度应符合表 6-16 的要求，且不应低于接头设计要求的灌浆料抗压强度，灌浆料竖向膨胀率应符合表 6-17 的要求。灌浆料拌合物的工作性能应符合表 6-18 的要求。灌浆料最好采用与构件内预埋套筒相匹配的灌浆料，否则需要完成所有验证检验，并对结果负责。

表 6-16　灌浆料抗压强度要求

时间(龄期)/d	抗压强度/(N·m²)
1	235
3	260
28	285

表 6-17　灌浆料竖向膨胀率要求

项目	竖向膨胀率
3 h	≥0.02
24 h 与 3 h 差值	0.02~0.50

表 6-18　灌浆料拌合物的工作性能要求

项目		工作性能要求
流动度/mm	初始	≥300
	30 min	≥260
泌水率/%		0

②检验要求。

a. 检查方法：产品合格证、型式检验报告、进厂复试报告。

b. 检查数量：在 15 d 内生产的同配方、同批号原材料的产品应以 50 t 为一生产批号，不足 50 t 的，也应作为一生产批号。

c. 取样数量：从多个部位取等量样品，样品总量不应少于 30 kg。

d. 取样方法：同水泥取样方法。

e. 检验项目：抗压强度、流动度、竖向膨胀率。流动度检测如图 6-1 所示。

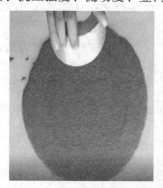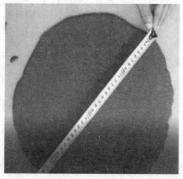

图 6-1　砂浆流动度检测示意

（2）灌浆料试块。施工现场施工中，应同时在灌浆地点制作灌浆料试块，每工作班取样不得少于1次，每楼层取样不得少于3次。每次抽取1组试件，每组3个试块，标准养护28 d后，做抗压强度试验。抗压强度应不小于85 N/mm²并应符合设计要求。

（3）钢筋套筒灌浆连接接头。钢筋套筒灌浆连接接头如图6-2所示。

①工艺检验。第一批灌浆料检验合格后，灌浆施工前，应对不同钢筋生产企业的进场钢筋进行接头工艺检验。施工过程中，当更换钢筋生产企业，或同生产企业生产的钢筋外形尺寸与已完成工艺检验的钢筋有较大差异，或灌浆的施工单位变更时，应再次进行工艺检验。每种规格钢筋应制作3个对中套筒灌浆连接接头，并应检查灌浆质量。接头试件与灌浆料试件应在标准养护条件下养护28 d。

每个接头试件的抗拉强度不应小于连接钢筋抗拉强度标准值，且破坏时应断于接头外钢筋，如图6-3所示，屈服强度不应小于连接钢筋屈服强度标准值；3个接头试件残余变形的平均值不大于0.10（钢筋直径不大于32 mm）或0.14（钢筋直径大于32 mm）。灌浆料抗压强度应不小于85 N/mm²。

图6-2　钢筋套筒灌浆连接接头

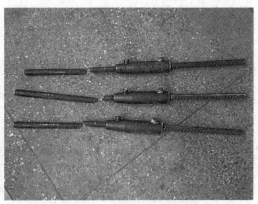

图6-3　钢筋套筒灌浆连接接头破坏形式

②施工检验。施工过程中，应按照同一原材料、同一炉（批）号、同一类型、同规格的1 000个灌浆套筒为一个检验批，每批随机抽取3个灌浆套筒制作接头。接头试件应在标准养护条件下养护28 d后进行抗拉强度检验，检验结果应满足：抗拉强度不小于连接钢筋抗拉强度标准值，且破坏时应断于接头外钢筋。

（4）坐浆料试块。预制墙板与下层现浇构件接缝采取坐浆料处理时，应按照设计单位提供的配合比制作坐浆料试块，每工作班取样不得少于1次，每次制作不少于1组试件，每组3个试块，试块规格为40 mm×40 mm×160 mm，标准养护28 d后，做抗压强度试验。28 d标准养护试块抗压强度应满足设计要求，并高于预制剪力墙混凝土抗压强度10 MPa以上，且不应低于40 MPa。当接缝灌浆与套筒灌浆同时施工时，可不再单独留置抗压试块。

3. 施工过程中的工序检验

对于装配式混凝土结构，施工过程中主要涉及模板与支撑、钢筋、混凝土和预制构件安装4个分项工程。其中，模板与支撑、钢筋、混凝土分项工程的检验要求除满足一般现浇混凝土结构的检验要求外，还应满足装配式混凝土结构的质量检验要求。

（1）模板及支撑。

①主控项目。预制构件安装临时固定支撑应稳固、可靠，应符合设计、专项施工方案要求及相关技术标准规定。

检查数量：全数检查。

检查方法：观察检查，检查施工记录或设计文件。

②一般项目。装配式混凝土结构中，后浇混凝土结构模板安装的偏差应符合表 6-19 的规定。

检查数量：在同一检验批内，对梁和柱，应抽查构件数量的 10%，且不少于 3 件；对墙和板，应按有代表性的自然间抽查 10%，且不小于 3 间。

表 6-19　模板安装允许偏差及检验方法

项目		允许偏差/mm	检验方法
轴线位置		5	尺量检查
底模上表面标高		±5	水准仪或拉线、尺量检查
截面内部尺寸	柱、梁	+4，−5	尺量检查
	墙	+4，−3	尺量检查
层高垂直度	不大于 5 m	6	经纬仪或吊线、尺量检查
	大于 5 m	8	经纬仪或吊线、尺量检查
相邻两板表面高低		2	尺量检查
表面平整度		5	2 m 靠尺和塞尺检查
注：检查轴线位置时，应沿纵、横两个方向测量，并取其中最大值。			

（2）钢筋。装配式混凝土结构中，后浇混凝土中连接钢筋、预埋件安装位置允许偏差应符合表 6-20 的规定。

检查数量：在同一检验批内，对梁和柱，应抽查构件数量的 10%，且不少于 3 件；对墙和板，应按有代表性的自然间抽查 10%，且不小于 3 间。

表 6-20　连接钢筋、预埋件安装位置允许偏差及检验方法

项目		允许偏差/mm	检验方法
连接钢筋	中心线位置	5	尺量检查
	长度	±10	
灌浆套筒连接钢筋	中心线位置	2	宜用专用定位模具整体检查
	长度	3，0	尺量检查
安装用预埋件	中心线位置	3	尺量检查
	水平偏差	3，0	尺量或塞尺检查
斜支撑预埋件	中心线位置	±10	尺量检查
普通预埋件	中心线位置	5	尺量检查
	水平偏差	3，0	尺量或塞尺检查
注：检查轴线位置时，应沿纵、横两个方向测量，并取其中最大值。			

（3）混凝土。

①主控项目。

a. 装配式混凝土结构安装连接节点和连接接缝部位的后浇混凝土强度应符合设计要求。

检查数量：每工作班同一配合比的混凝土取样不得少于 1 次，每次取样至少留置 1 组标准养护试块，同条件养护试块的留置组数宜根据实际需要确定。

检查方法：检查施工记录及试件强度试验报告。

b. 装配式混凝土结构后浇混凝土的外观不应有严重缺陷。对已经出现的严重缺陷，应由施工单位提出技术处理方案，并经监理（建设）单位认可后处理。对经处理的部位，应重新检查验收。

检查数量：全数检查。

检验方法：观察检查，检查技术处理方案。

②一般项目。装配式混凝土结构后浇混凝土的外观不宜有一般缺陷。对已经出现的一般缺陷，应由施工单位按技术处理方案处理，并重新检查验收。

检查数量：全数检查。

检验方法：观察，检查技术处理方案。

（4）预制构件安装。

①主控项目。

a. 对于工厂生产的预制构件，进场时应检查其质量证明文件和表面标识。预制构件的质量、标识应符合设计要求及现行国家相关标准的规定。

检查数量：全数检查。

检查方法：观察，检查出厂合格证及相关质量证明文件。

b. 预制构件安装就位后，连接钢筋、套筒或浆锚的主要传力部位不应出现影响结构性能和构件安装施工的尺寸偏差。

对已经出现的影响结构性能的尺寸偏差，应由施工单位提出技术处理方案，并经监理（建设）单位许可后处理。对经过处理的部位，应重新检查验收。

检查数量：全数检查。

检查方法：观察，检查技术处理方案。

c. 预制构件安装完成后，外观不应有影响结构性能的缺陷。

对已经出现的影响结构性能的缺陷，应由施工单位提出技术处理方案，并经监理（建设）单位认可后处理，对经过处理的部位，应重新检查验收。

检查数量：全数检查。

检查方法：观察，检查技术处理方案。

d. 预制构件与主体结构之间、预制构件与预制构件之间的钢筋接头应符合设计要求。施工前应对接头施工进行工艺检验。采用机械连接时，接头质量应符合现行行业标准《钢筋机械连接技术规程》（JGJ 107—2016）的要求；采用灌浆套筒时，接头抗拉强度及残余变形应符合现行行业标准《钢筋机械连接技术规程》（JGJ 107—2016）中Ⅰ级接头的要求；采用浆锚搭接连接钢筋时，浆锚搭接连接接头的工艺检验应按有关规范执行；采用焊接连接时，接头质量应符合现行行业标准《钢筋焊接及验收规程》（JGJ 18—2012）的要求，检查焊接产生的焊接应力和温差是否造成预制构件出现影响结构性能的缺陷，对已经出现的缺陷，应处理合格后，再进行混凝土浇筑。

检查数量：全数检查。

检查方法：观察，检查施工记录和检测报告。

e. 灌浆套筒进场时，应抽取套筒并采用与之匹配的灌浆料制作对中连接接头，并做抗拉强度检验，检验结果应符合现行行业标准《钢筋机械连接技术规程》(JGJ 107—2016)中Ⅰ级接头对抗拉强度的要求。接头的抗拉强度不应小于连接钢筋抗拉强度标准值，且破坏时应断于接头外钢筋。

检查数量：同一原材料、同一炉(批)号、同一类型、同一规格的灌浆套筒，检验批量不应大于 1 000 个，每批随机抽取 3 个灌浆套筒制作接头，并应制作不少于 1 组 40 mm×40 mm×160 mm 灌浆料强度试件。

检查方法：检查质量证明文件和抽样检测报告。

f. 灌浆套筒进场时，应抽取试件检验外观质量和尺寸偏差，检验结果应符合现行行业标准《钢筋连接用灌浆套筒》(JG/T 398—2019)的有关规定。

检查数量：同一原材料、同一炉(批)号、同一类型、同一规格的灌浆套筒，检验批量不应大于 1 000 个，每批随机抽取 10 个灌浆套筒。

检查方法：观察，尺量检查。

g. 灌浆料进场时，应对其拌合物 30 min 流动度、泌水率及 1 d 强度、28 d 强度、3 h 膨胀率进行检验，检验结果应符合现行行业标准《钢筋连接用套筒灌浆料》(JG/T 408—2019)和设计的有关规定。

检查数量：同一成分、同一工艺、同一批号的灌浆料，检验批量不应大于 50 t，每批按现行行业标准《钢筋套筒连接用灌浆料》(JG/T 408—2019)的有关规定随机抽取灌浆料制作试件。

检查方法：检查质量证明文件和抽样检测报告。

h. 施工现场灌浆施工中，灌浆料的 28 d 抗压强度应符合设计要求及现行行业标准《钢筋套筒连接用灌浆料》(JG/T 408—2019)的规定，用于检验强度的试件应在灌浆地点制作。

检查数量：每工作班取样不得少于 1 次，每楼层取样不得少于 3 次。每次抽取 1 组试件，每组 3 个试块，试块规格为 40 mm×40 m×160 mm 灌浆料强度试件，标准养护 28 d 后，做抗压强度试验。

检查方法：检查灌浆施工记录及试件强度试验报告。

i. 后浇连接部分的钢筋品种、级别、规格、数量和间距应符合设计要求。

检查数量：全数检查。

检查方法：观察，钢尺检查。

j. 预制构件外墙板与构件、配件的连接应牢固、可靠。

检查数量：全数检查。

检查方法：观察。

k. 连接节点的防腐、防锈、防火和防水构造措施应满足设计要求。

检查数量：全数检查。

检查方法：观察，检查检测报告。

l. 承受内力的接头和拼缝，当其混凝土强度未达到设计要求时，不得吊装上一层结构构件；当设计无具体要求时，应在混凝土强度不少于 10 MPa 或具有足够的支撑时，方可吊装上一层结构构件。已安装完毕的装配式混凝土结构，应在混凝土强度达到设计要求后，方可承受全部荷载。

检查数量：全数检查。

检查方法：观察，检查混凝土同条件试件强度报告。

m. 装配式混凝土结构预制构件连接接缝处的防水材料应符合设计要求，并具有合格证、厂家检测报告及进厂复试报告。

检查数量：全数检查。

检查方法：观察，检查出厂合格证及相关质量证明文件。

②一般项目。

a. 预制构件的外观质量不宜有一般缺陷。

检查数量：全数检查。

检查方法：观察检查。

b. 预制构件的尺寸偏差应符合表 6-21 的规定。对于施工过程临时使用的预埋件中心线位置及后浇混凝土部位的预制构件尺寸偏差，可按表中的规定放大一倍执行。

检查数量：按同一生产企业、同一品种的构件，不超过 1 000 个为一批，每批抽查构件数量的 5%，且不少于 3 件。

c. 装配式混凝土结构钢筋套筒连接或浆锚搭接连接灌浆应饱满，所有出浆口均应出浆。

检查数量：全数检查。

检查方法：观察检查。

d. 装配式混凝土结构安装完毕后，预制构件安装尺寸的允许偏差应符合表 6-21 的要求。

表 6-21　预制构件安装尺寸的允许偏差及检验方法

项目			允许偏差/mm	检验方法
构件中心线及轴线位置	基础		15	尺量检查
	竖向构件(柱、墙板、桁架)		10	
	水平构件(梁、板)		5	
构件标高	梁、柱、墙、板底面或顶面		±10	水准仪或尺量检查
构件垂直度	柱、墙板	<5 m	5	经纬仪测量
		≥5 m 且<10 m	10	
		≥10 m	20	
构件倾斜度	梁、桁架		5	垂线、钢尺检查
相邻构件平整度	板端面		5	钢尺、塞尺检查
	梁、板下面	抹灰	3	
		不抹灰	5	
	柱、墙板侧表面	外露	5	
		不外露	10	
构件搁置长度	梁、板		±10	尺量检查
支座、支垫中心位置	梁、板、柱、墙板、桁架		±10	尺量检查
接缝宽度			±5	尺量检查

检查数量：按楼层、结构缝或施工段划分检验批。在同一检验批内，对梁、柱，应抽查构件数量的 10%，且不少于 3 件；对墙和板，应按有代表性的自然间抽查 10%，且不少于 3 间；对大空间结构，墙可按相邻轴线间高度 5 m 左右划分检查面，板可按纵、横轴线划分检查面，抽查 10%，且均不少于 3 面。

e. 装配式混凝土结构预制构件的防水节点构造做法应符合设计要求。

检查数量：全数检查。

检查方法：观察检查。

f. 建筑节能工程进厂材料和设备的复验报告、项目复试要求，应按有关规范规定执行。

检查数量：全数检查。

检查方法：检查施工记录。

4. 隐蔽工程验收

装配式混凝土结构工程在安装施工及浇筑混凝土前完成下列隐蔽项目的现场验收：

(1)预制构件与预制构件之间、预制构件与主体结构之间的连接应符合设计要求。

(2)预制构件与后浇混凝土结构连接处混凝土粗糙面的质量或键槽的数量、位置。

(3)后浇混凝土中钢筋的牌号、规格、数量、位置。

(4)钢筋连接方式、接头位置、接头数量、接头面积百分率、搭接长度、锚固方式、锚固长度。

(5)结构预埋件、螺栓连接、预留专业管线的数量与位置。构件安装完成后，在对预制混凝土构件拼缝进行封闭处理前，应对接缝处的防水、防火等构造做法进行现场验收。

5. 结构实体检验

根据现行国家标准《建筑工程施工质量验收统一标准》(GB 50300—2013)的规定，在混凝土结构子分部工程验收前，应进行结构实体检验。对结构实体进行检验，并不是在子分部工程验收前的重新检验，而是在相应分项工程验收合格的基础上，对涉及结构安全的重要部位进行的验证性检验，其目的是强化混凝土结构的施工质量验收，真实地反映结构混凝土强度、受力钢筋位置、结构位置与尺寸等质量指标，确保结构安全。

对于装配式混凝土结构工程，对涉及混凝土结构安全的有代表性的连接部位及进厂的混凝土预制构件，应做结构实体检验。结构实体检验分现浇和预制部分，包括混凝土强度、钢筋直径、间距、混凝土保护层厚度以及结构位置与尺寸偏差。当工程合同有约定时，可根据合同确定其他检验项目和相应的检验方法、检验数量、合格条件。

结构实体检验应由监理工程师组织并见证，混凝土强度、钢筋保护层厚度应由具有相应资质的检测机构完成，结构位置与尺寸偏差可由专业检测机构完成，也可由监理单位组织施工单位完成。为保证结构实体检验的可行性、代表性，施工单位应编制结构实体检验专项方案，并经监理单位审核批准后实施。结构实体混凝土同条件养护试件强度检验的方案应在施工前编制，其他检验方案应在检验前编制。

装配式混凝土结构位置与尺寸偏差检验同现浇混凝土结构，混凝土强度、钢筋保护层厚度检验可按下列规定执行：

(1)连接预制构件的后浇混凝土结构同现浇混凝土结构。

(2)进场时，不进行结构性能检验的预制构件部位同现浇混凝土结构。

(3)进场时，按批次进行结构性能检验的预制构件部分可不进行。

混凝土强度检验宜采用同条件养护试块或钻取芯样的方法，也可采用非破损方法检测。

当混凝土强度及钢筋直径、间距、混凝土保护层厚度不满足设计要求时，应委托具有资质的检测机构按现行国家有关标准的规定做检测鉴定。

6. 装配式混凝土结构子分部工程的验收

装配式混凝土结构应按混凝土结构子分部工程进行验收，装配式结构部分可作为混凝土结构子分部工程的分项工程进行验收，现场施工的模板支设、钢筋绑扎、混凝土浇筑等内容应分别纳入模板、钢筋、混凝土、预应力等分项工程进行验收。

(1)验收应具备的条件。装配式混凝土结构子分部工程施工质量验收应符合下列规定：

①预制混凝土构件安装及其他有关分项工程施工质量验收合格。

②质量控制资料完整，符合要求。

③观感质量验收合格。

④结构实体验收满足设计或标准要求。

(2)验收程序。根据现行国家标准《建筑工程施工质量验收统一标准》(GB 50300—2013)的规定，混凝土分部工程验收由总监理工程师组织施工单位项目负责人和项目技术、质量负责人进行验收。当主体结构验收时，设计单位项目负责人、施工单位技术、质量部门负责人应参加。鉴于装配式结构工程刚刚兴起，各地区对验收程序提出更严格的要求，要求建设单位组织设计、施工、监理和预制构件生产企业共同验收并形成验收意见，对规范中未包括的验收内容，应组织专家论证验收。

(3)验收时应提交的资料。装配式混凝土结构工程验收时，应提交以下资料：

①施工图设计文件。

②工程设计单位确认的预制构件深化设计图、设计变更文件。

③装配式混凝土结构工程所用各种材料、连接件及预制混凝土构件的产品合格证书、性能测试报告、进场验收记录和复试报告。

④装配式混凝土工程专项施工方案。

⑤预制构件安装施工验收记录。

⑥钢筋套筒灌浆或钢筋浆锚搭接连接的施工检验记录。

⑦隐蔽工程检查验收文件。

⑧后浇筑节点的混凝土、灌浆料、坐浆材料强度检测报告。

⑨外墙淋水试验、喷水试验记录、卫生间等有防水要求的房间蓄水试验记录。

⑩分项工程验收记录。

⑪装配式混凝土结构实体检验记录。

⑫工程的重大质量问题的处理方案和验收记录。

⑬其他质量保证资料。

(4)不合格处理。当装配式混凝土结构子分部工程施工质量不符合要求时，按下列规定进行处理：

①经返工、返修或更换构件、部件的检验批，应重新进行验收。

②经有资质的检测机构检测鉴定能够达到设计要求的检验批，应予以验收。

③经有资质的检测机构检测鉴定达不到设计要求，但经原设计单位核算并认可能够满足结构安全和使用工程的检验批，可予以验收。

④经返修或加固处理能够满足结构安全使用功能要求的分项工程，可按技术处理方案和协商文件的要求予以验收。

四、预制构件现浇连接施工质量验收

1. 一般规定

(1)装配式结构的外观质量除设计有专门的规定外，尚应符合现行国家标准《混凝土结构工程施工质量验收规范》(GB 50204—2015)中有关现浇混凝土结构的规定。

(2)构件连接部位后浇混凝土及灌浆料的强度达到设计要求后，方可拆除临时固定措施。

(3)在连接节点及叠合构件浇筑混凝土之前，应进行隐蔽工程验收，其内容应包括：

①现浇结构的混凝土接合面；

②后浇混凝土处钢筋的牌号、规格、数量、位置、锚固长度等；

③抗剪钢筋、预埋件、预留专业管线的数量、位置。

2. 质量验收

(1)混凝土强度应符合设计要求。

检查数量：按批检验，检验批应符合以下要求：

①预制构件接合面疏松部分的混凝土应剔除并清理干净；

②模板应保证后浇混凝土部分的形状、尺寸和位置准确，并应防止漏浆；

③在浇筑混凝土前应洒水润湿接合面，混凝土应振捣密实；

④同一配合比的混凝土，每工作班且建筑面积不超过 1 000 m³ 应制作一组标准养护试件，同一楼层应制作不少于 3 组标准养护试件。

检验方法：按现行国家标准《混凝土强度检验评定标准》(GB/T 50107—2010)的要求进行。

(2)承受内力的接头和拼缝，当其混凝土强度未达到设计要求时，不得吊装上一层结构构件，当设计无具体要求时，应在混凝土强度不小于 10 N/mm² 或具有足够的支承时方可吊装上一层结构构件，已安装完毕的装配式结构应在混凝土强度到达设计要求后，方可承受全部设计荷载。

检查数量：全数检查。

检验方法：检查施工记录及试件强度试验报告。

五、预制构件机械连接施工质量验收

1. 一般规定

(1)纵向钢筋采用套筒灌浆连接时，接头应满足行业标准《钢筋机械连接技术规程》(JGJ 107—2016)中Ⅰ级接头的要求，并应符合国家现行有关标准的规定。

(2)钢筋套筒灌浆连接接头采用的套筒应符合现行行业标准《钢筋连接用灌浆套筒》(JG/T 398—2019)的规定。

(3)钢筋套筒灌浆连接接头采用的灌浆料应符合现行行业标准《钢筋连接用套筒灌浆料》(JG/T 408—2019)的规定。

2. 质量验收

(1)钢筋采用机械连接时,其接头质量应符合国家现行标准《钢筋机械连接技术规程》(JGJ 107—2016)的要求。

检查数量:按行业标准《钢筋机械连接技术规程》(JGJ 107—2016)的规定确定。

检验方法:检查钢筋机械连接施工记录及平行加工试件的强度试验报告。

(2)钢筋套筒灌浆连接及浆锚搭接连接的灌浆应密实饱满。

检查数量:全数检查。

检验方法:检查灌浆施工质量检查记录。

(3)钢筋套筒灌浆连接及浆锚搭接连接用的灌浆料强度应满足设计要求。

检查数量:按批检验,以每层为一检验批,每工作班应制作一组且每层不应少于3组试件,标准养护28 d后进行抗压强度试验。

检验方法:检查灌浆料强度试验报告及评定记录。

(4)采用钢筋套筒灌浆连接的混凝土结构验收应符合现行国家标准《混凝土结构工程施工质量验收规范》(GB 50204—2015)的有关规定,可划入装配式结构分项工程。

(5)灌浆套筒进厂(场)时,应抽取灌浆套筒并检验外观质量、标识和尺寸偏差,检验结果应符合现行行业标准《钢筋连接用灌浆套筒》(JG/T 398—2012)及《钢筋套筒灌浆连接应用技术规程》(JGJ 355—2015)的有关规定。

检查数量:同一批号、同一类型、同一规格的灌浆套筒,不超过1 000个为一批,每批随机抽取10个灌浆套筒。

检验方法:观察,尺量检查。

(6)灌浆料进场时,应对灌浆料拌合物30 min流动度、泌水率及3 d抗压强度、28 d抗压强度、3 h竖向膨胀率、24 h与3 h竖向膨胀率差值进行检验,检验结果应符合规程《钢筋套筒灌浆连接应用技术规程》(JGJ 355—2015)的有关规定。

检查数量:同一成分、同一批号的灌浆料,不超过50 t为一批,每批按现行行业标准《钢筋连接用套筒灌浆料》(JG/T 408—2013)的有关规定随机抽取灌浆料制作试件。

检验方法:检查质量证明文件和抽样检验报告。

(7)灌浆套筒进厂(场)时,应抽取灌浆套筒并采用与之匹配的灌浆料制作对中连接接头试件,并进行抗拉强度检验,检验结果均应符合规程《钢筋套筒灌浆连接应用技术规程》(JGJ 355—2015)的有关规定。

检查数量:同一批号、同一类型、同一规格的灌浆套筒,不超过1 000个为一批,每批随机抽取3个灌浆套筒制作对中连接接头试件。

检验方法:检查质量证明文件和抽样检验报告。

六、预制构件接缝防水处理质量验收

1. 一般规定

装配式混凝土结构的墙板接缝防水施工质量是保证装配式外墙防水性能的关键,施工时应按设计要求进行选材和施工,并采取严格的检验验证措施。

2. 质量验收

(1)预制构件外墙板连接板缝的防水止水条,其品种、规格、性能等应符合现行国家产品标准和设计要求。

检查数量:全数检查。

检验方法:检查产品的质量合格证明文件、检验报告和隐蔽验收记录。

(2)外墙板接缝的防水性能应符合设计要求。

检查数量:按批检验。每 1 000 m² 外墙面积应划分为一个检验批,不足 1 000 m² 时,也应划分为一个检验批;每个检验批每 100 m² 应至少抽查一处,每处不得少于 10 m²。

检验方法:检查现场淋水试验报告。

现场淋水试验应满足下列要求:淋水流量不应小于 5 L/(m·min),淋水试验时间不应小于 2 h,检测区域不应有遗漏部位,淋水试验结束后,检查背水面有无渗漏。

七、其他

(1)装配式结构作为混凝土结构子分部工程的一个分项进行验收;装配式结构验收除应符合本模块规定外,还应符合现行国家标准《混凝土结构工程施工质量验收规范》(GB 50204—2015)的有关规定。

(2)装配式混凝土结构验收时,除应按现行国家标准《混凝土结构工程施工质量验收规范》(GB 50204—2015)的要求提供文件和记录外,还应提供下列文件和记录:

①工程设计文件、预制构件制作和安装的深化设计图;

②预制构件、主要材料及配件的质量证明文件、进场验收记录、抽样复验报告;

③预制构件安装施工记录;

④钢筋套筒灌浆连接、浆锚搭接连接的施工检验记录;

⑤后浇混凝土部位的隐蔽工程检查验收文件;

⑥后浇混凝土、灌浆料、坐浆材料强度检测报告;

⑦外墙防水施工质量检验记录;

⑧装配式结构分项工程质量验收文件;

⑨装配式工程的重大质量问题的处理方案和验收记录;

⑩装配式工程的其他文件和记录。

模块小结

本模块主要介绍了装配式混凝土建筑质量验收相关知识,主要包括预制构件生产质量验收、装配式混凝土建筑施工质量验收两个方面的内容,主要内容如下:

(1)预制构件生产质量验收主要包括预制构件生产用原材料验收、预制构件制作过程质量验收、预制构件出厂质量验收等内容。

(2)装配式混凝土建筑施工质量验收主要包括预制构件进场质量验收、预制构件安装施工质量验收、预制构件现浇连接施工质量验收、预制构件机械连接施工质量验收、预制构件接缝防水处理质量验收等内容。

课后习题

一、单选题

1. 影响装配式混凝土结构工程质量的因素主要有(　　)。
A. 人
B. 材料、机械
C. 方法和环境
D. 以上都是

2. 原材料质量是决定预制混凝土构件质量的首要因素,主要包括(　　)。
A. 用于生产混凝土的水泥、砂、石、外加剂、掺合料
B. 钢筋、预埋件及钢筋连接套筒
C. 保温材料、拉结件、外装饰材料
D. 以上都包括

3. 关于套筒灌浆连接接头施工检验的说法,错误的是(　　)。
A. 施工过程中,应按照同一原材料、同一炉(批)号、同一类型、同规格的1 000个灌浆套筒为一个检验批
B. 每个检验批随机抽取3个灌浆套筒制作接头
C. 接头试件应在标准养护条件下养护28 d后进行抗拉强度检验
D. 接头破坏时,不容许断于接头外钢筋

4. 对于装配式混凝土结构,施工过程检验主要包括(　　)。
A. 模板与支撑
B. 钢筋和混凝土
C. 预制构件
D. 以上都是

5. 灌浆料进场时,应对(　　)进行检验。
A. 灌浆料拌合物30 min流动度、泌水率
B. 3 d抗压强度、28 d抗压强度
C. 3 h竖向膨胀率、24 h与3 h竖向膨胀率差值
D. 以上都是

二、简答题

1. 装配式混凝土工程质量控制内容有哪些?
2. 钢结构构件制作工艺有哪些?
3. 预制构件制作过程质量验收包括哪些内容?
4. 预制构件出厂质量验收包括哪些内容?
5. 预制构件进场质量验收包括哪些内容?
6. 预制构件安装施工质量验收包括哪些内容?
7. 简述预制构件现浇连接施工质量验收要求。
8. 简述预制构件机械连接施工质量验收要求。
9. 简述预制构件接缝防水处理质量验收要求。

模块七　装配式钢结构建筑施工

单元一　概述

国家体育场"鸟巢"

一、装配式钢结构建筑

1. 装配式钢结构建筑

以钢结构作为主要的结构系统、配套的外围护系统、设备管线系统和内装系统，主要的部品部(构)件采用集成方法设计、建造的建筑，称为装配式钢结构建筑。

2. 装配式钢结构建筑的特点

（1）相对于装配式混凝土建筑而言，装配式钢结构建筑具有以下

装配式钢结构
建筑图片

优点：

① 没有现场现浇节点，安装速度更快，施工质量更容易得到保证；

② 钢结构是延性材料，具有更好的抗震性能；

③ 相对于混凝土结构，钢结构自重更轻，基础造价更低；

④ 钢结构是可回收材料，更加绿色环保；

⑤ 精心设计的钢结构装配式建筑，比装配式混凝土建筑具有更好的经济性；

⑥ 梁柱截面尺寸更小，可获得更多的使用面积。

（2）装配式钢结构建筑的缺点：

① 相对于装配式混凝土结构，外墙体系与传统建筑存在差别，较为复杂；

② 如果处理不当或者没有经验，防火和防腐问题需要引起重视；

③ 如设计不当，钢结构比传统混凝土结构价格更高，但相对装配式混凝土建筑而言，仍然具有一定的经济性。

二、装配式钢结构建筑结构体系

（1）钢框架结构：以钢梁和钢柱或钢管混凝土柱刚接连接，具有抗剪和抗弯能力的结构。

（2）钢框架-支撑结构：由钢框架和钢支撑构件组成，能共同承受竖向、水平作用的结构。钢支撑分中心支撑、偏心支撑和屈曲约束支撑等。

（3）钢框架-延性墙板结构：由钢框架和延性墙板构件组成，能共同承受竖向、水平作用的结构。延性墙板有带加劲肋的钢板剪力墙、带竖缝混凝土剪力墙等。

（4）交错桁架结构：在建筑物横向的每个轴线上，平面桁架各层设置，而在相邻轴线上交错布置的结构。

（5）钢筋桁架楼承板组合楼板：钢筋桁架楼承板上浇筑混凝土形成的组合楼板。

（6）压型钢板组合楼板：压型钢板上浇筑混凝土形成的组合楼板。

（7）门式刚架结构：承重结构采用变截面或等截面实腹刚架的单层房屋结构。

（8）低层冷弯薄壁型钢结构：以冷弯薄壁型钢为主要承重构件，不大于3层，檐口高度不大于12 m的低层房屋结构。

三、装配式钢结构外围护系统

（1）外围护系统应根据建筑所在地区的气候条件、使用功能等综合因素确定抗风性能、抗震性能、耐撞击性能、防火性能、水密性能、气密性能、隔声性能、热工性能和耐久性能等要求，屋面系统还应满足结构性能要求。

（2）外围护系统选型应根据不同的建筑类型及结构形式而定；外墙系统与结构系统的连接形式可采用内嵌式、外挂式、嵌挂结合式等，并宜分层悬挂或承托；可选用预制外墙、现场组装骨架外墙、建筑幕墙等类型。

（3）在50年重现期的风荷载或多遇地震作用下，外墙板不得因主体结构的弹性层间位

移而发生塑性变形、板面开裂、零件脱落等损坏；当主体结构的层间位移角达到 1/100 时，外墙板不得掉落。

(4)外墙板与主体结构的连接符合下列规定：

①连接节点在保证主体结构整体受力的前提下，应牢固可靠、受力明确、传力简捷、构造合理。

②连接节点应具有足够的承载力。承载能力极限状态下，连接节点不应发生破坏；当单个连接节点失效时，外墙板不应掉落。

③连接部位应采用柔性连接方式，连接节点应具有适应主体结构变形的能力。

④节点设计应便于工厂加工、现场安装就位和调整。

⑤连接件的耐久性应满足设计使用年限的要求。

(5)外墙板接缝符合下列规定：

①接缝处应根据当地气候条件合理选用构造防水、材料防水相结合的防排水措施。

②接缝宽度及接缝材料应根据外墙板材料、立面分格、结构层间位移、温度变形等综合因素确定；所选用的接缝材料及构造应满足防水、防渗、抗裂、耐久等要求；接缝材料应与外墙板具有相容性；外墙板在正常使用状况下，接缝处的弹性密封材料不应破坏。

③与主体结构的连接处应设置防止形成热桥的构造措施。

(6)外围护系统中的外门窗符合下列规定：

①应采用在工厂生产的标准化系列部品，并应采用带有披水板的外门窗配套系列部品。

②外门窗应与墙体可靠连接，门窗洞口与外门窗框接缝处的气密性能、水密性能和保温性能不应低于外门窗的相关性能。

③预制外墙中的外门窗宜采用企口或预埋件等方法固定，外门窗可采用预装法或后装法施工；采用预装法时，外门窗框应在工厂与预制外墙整体成型；采用后装法时，预制外墙的门窗洞口应设置预埋件。

④铝合金门窗的设计应符合现行行业标准《铝合金门窗工程技术规范》(JGJ 214—2010)的规定。

⑤塑料门窗的设计应符合现行行业标准《塑料门窗工程技术规程》(JGJ 103—2008)的规定。

单元二　钢结构构件制作工艺

钢结构构件加工
制作图片

一、放样和号料

放样是钢结构制作工艺中的第一道工序，只有放样尺寸准确，才能避免以后各道加工工序的积累误差，才能保证整个工程的质量。

1. 放样工作内容

放样的内容包括核对图纸的安装尺寸和孔距；以 1∶1 的大样放出节点；核对各部分的

尺寸；制作样板和样杆作为下料、弯制、铣、刨、制孔等加工的依据。

放样是指以1∶1的比例在放样台上利用几何作图方法弹出的大样图。放样经检查无误后，用镀锌薄钢板或塑料板制作样板。用木杆、镀锌薄钢板或扁铁制作样杆。样板、样杆上应注明工号、图号、零件号、数量及加工边、坡口部位、弯折线和弯折方向、孔径和滚圆半径等。然后用样板、样杆进行号料。样板、样杆应妥善保存，直至工程结束。

2. 号料

号料的工作内容包括检查核对材料；在材料上画出切割、铣、刨、弯曲、钻孔等加工位置；打冲孔；标出零件编号等。

钢材如有较大弯曲等问题时，应先矫正，根据配料表和样板进行套裁，尽可能节约材料。当工艺有规定时，应按规定的方向进行取料，号料应有利于切割和保证零件质量。

3. 放样号料用工具

放样号料用工具及设备有划针、冲子、手锤、粉线、弯尺、直尺、钢卷尺、大钢卷尺、剪子、小型剪板机、折弯机。用作计量长度的钢盘尺，必须经授权的计量单位计量，且附有偏差卡片，使用时按偏差卡片的记录数值核对其误差数。结构制作、安装、验收及土建施工用的量具，必须用同一标准进行鉴定，且应具有相同的精度要求。

4. 放样号料应注意的问题

(1)放样时，铣、刨的工作要考虑加工余量，焊接构件要按工艺要求放出焊接收缩量，高层钢结构的框架柱还应预留弹性压缩量；

(2)号料时，要根据切割方法留出适当的切割余量；

(3)如果图纸要求桁架起拱，放样时上、下弦应同时起拱，起拱后垂直杆的方向仍然垂直于水平线，而不与下弧杆垂直；

(4)样板、号料的允许偏差满足要求。

二、切割

切割的目的就是将放样和号料的零件形状从原材料上进行下料分离。钢材的切割可以通过切削、冲剪、摩擦机械力和热切割来实现。切割后钢材不得有分层，断面上不得有裂纹，应清除切口处的毛刺或熔渣及飞溅物，并要保证允许误差符合规定。常用的切割方法有气割、机械切割和等离子切割3种方法。

1. 气割(或氧割)

气割或氧割是以氧气与燃料燃烧时产生的高温来熔化钢材，并借喷射压力将溶渣吹去，造成割缝达到切割金属的目的。但熔点高于火焰温度或难以氧化的材料，则不宜采用气割。氧与各种燃料燃烧时的火焰温度为2 000 ℃～3 200 ℃。气割能切割各种厚度的钢材，设备灵活，费用经济，切割精度也高，是目前广泛使用的切割方法。气割按切割设备分类，可分为手工气割、半自动气割、仿型气割、多头气割、数控气割和光电跟踪气割。

手工气割操作要点如下：

(1)点燃割炬，随即调整火焰；

(2)开始切割时，打开切割氧阀门，观察切割氧流线的形状，若为笔直而清晰的圆柱体，并有适当的长度即可正常切割；

（3）发现嘴头产生鸣爆并发生回火现象，可能因嘴头过热或堵住或乙炔供应不及时，此时需马上处理；

（4）临近终点时，嘴头应向前进的反方向倾斜，以利于钢板的下部提前割透，使收尾时割缝整齐；

（5）当切割结束时，应迅速关闭切割氧气阀门，并将割炬抬起，再关闭乙炔阀门，最后关闭预热氧阀门。

2. 机械切割

（1）带锯机床。带锯机床适用于切断型钢及型钢构件，其效率高，切割精度高。

（2）砂轮锯。砂轮锯适用于切割薄壁型钢及小型钢管，其切口光滑、生刺较薄易清除，但噪声大、粉尘多。

（3）无齿锯。无齿锯是依靠高速摩擦而使工件熔化，形成切口，适用精度要求低的构件。其切割速度快，噪声大。

（4）剪板机、型钢冲剪机。它们适用于切割薄钢板、压型钢板等，其具有切割速度快、切口整齐、效率高等特点。剪刀必须锋利，剪切时需调整刀片间隙。

3. 等离子切割

等离子切割适用于不锈钢、铝、铜及其合金等，在一些尖端技术上应用广泛。其具有切割温度高、冲刷力大、切割边质量好、变形小、可以切割任何高熔点金属等特点。

三、矫正和成型

1. 矫正

在钢结构的制作过程中，由于材料变形、气割变形、剪切变形、焊接变形和运输变形超过允许偏差，影响构件的制作及安装质量，必须对其进行矫正。矫正就是造成新的变形去抵消已经发生的变形。型钢的矫正分为机械矫正、手工矫正和火焰矫正等。

钢材的机械矫正就是使弯曲的钢材在专用机械矫正机上通过机械力作用而产生过量的塑性变形，以达到平直的目的。优点是作用力大、劳动强度小、效率高。常用的矫正机有拉伸矫正机、压力矫正机、辊压矫正机等。其中，拉伸矫正机矫正如图 7-1 所示，适用于薄板扭曲、型钢扭曲、钢管、带钢和线材等的矫正；压力矫正机矫正如图 7-2 所示，适用于板材、钢管和型钢的局部矫正；辊压矫正机适用于型材、板材等的矫正。

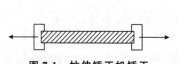

图 7-1　拉伸矫正机矫正

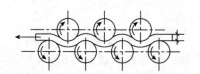

图 7-2　压力矫正机矫正

钢材的手工矫正是采用手工锤击的方法进行，操作简单灵活。手工矫正由于矫正力小、劳动强度大、效率低而用于矫正尺寸较小的钢材。有时在缺乏或不便使用矫正设备时也采用。

钢材的火焰矫正是利用火焰对钢材进行局部加热，被加热处理的金属由于膨胀受阻而产生压缩塑性变形，使较长的金属纤维冷却后缩短而完成。影响火焰矫正效果的有火焰加热位置、加热的形式和加热的热量 3 个因素。火焰加热的位置应选择在金属纤维较长的部位。加热的形式有点状加热、线状加热和三角形加热 3 种。用不同的火焰热量加热，可获得不同的矫正变形的能力。低碳钢和普通低合金结构钢构件用火焰矫正时，常采用 600 ℃～800 ℃的加热温度。

型钢在矫正前，先要确定弯曲点的位置（又称找弯），这是矫正工作不可缺少的步骤，在现场确定型钢变形位置，常用平尺靠量，拉直粉线来检验，但多数是用目测。确定型钢的弯曲点时，应注意型钢自重下沉而产生的弯曲，影响准确查看弯曲度。因此，对较长的型钢测弯，要放在水平面上或放在矫架上测量。型钢矫正后的允许偏差见表 7-1。

钢材或钢构件矫正时，应注意的问题如下：

(1)碳素结构钢在环境温度低于－16 ℃、低合金结构钢在环境温度低于－12 ℃时，不得进行冷矫正和冷弯曲；

(2)碳素结构钢和低合金结构钢在加热矫正时，加热温度应根据钢材性能选定，但不得超过 900 ℃，低合金结构钢在加热矫正后应缓慢冷却；

(3)当构件采用热加工成型时，加热温度宜控制在 900 ℃～1 000 ℃。

表 7-1　钢材矫正的允许偏差　　　　　　　　　单位：mm

项次	偏差名称	示意图		允许偏差
1	钢板、扁钢的局部挠曲矢高 f			在 1 m 范围内 $\delta>14$，$f\leqslant1.0$，$\delta\leqslant14$，$f\leqslant1.5$
2	角钢、工字钢、槽钢挠曲矢高 f	—		长度的 $1/1\,000$，但不大于 5 mm
3	角钢肢的垂直度 Δ			$\Delta\leqslant b/100$，但双肢铆接连接时，角钢的角度不得大于 90°
4	翼缘对腹板的垂直度	槽钢		$\Delta\leqslant b/80$（槽钢）
		工字钢 H 型钢		$\Delta\leqslant b/100$，且不大于 2（工字钢、H 型钢）

2. 弯曲成型

型钢冷弯曲的工艺方法有滚圆机滚弯、压力机压弯、顶弯、拉弯等，先按型材的截面形状、材质规格及弯曲半径制作相应的胎模，经试弯符合要求方准加工。冷弯时，必须控制变形量，冷矫正和冷弯曲的最小曲率半径和最大弯曲矢高应符合验收规范要求。

(1)钢板卷曲。钢板卷曲是通过旋转辊轴对板材进行连续 3 点弯曲而形成的。当制作曲率半径较大时，可在常温状态下卷曲；如制件曲率半径较小或钢板较厚时，则需将钢板加热后进行。钢板卷曲分为单曲率卷曲和双曲率卷曲。单曲率卷曲包括对圆柱面、圆锥面和任意柱面的卷曲,如图7-3所示,因其操作简便,工程中较常用。双曲率卷曲可以进行球面及双曲面的卷曲。钢板卷曲工艺包括预弯、对中和卷曲3个过程。

(2)型材弯曲成型。型材弯曲成型包括型钢弯曲和钢管弯曲。

(3)边缘加工。在钢结构制造中,经过剪切或气割过的钢板边缘,其内部结构会发生硬化和变态。为了保证桥梁或重型吊车梁等重型构件的质量,需要对边缘进行加工,其刨切量不应小于2.0 mm。此外,为了保证焊缝质量,考虑到装配的准确性,要将钢板边缘刨成或铲成坡口,往往还要将边缘刨直或镜平。

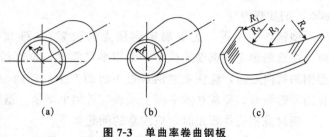

图7-3 单曲率卷曲钢板
(a)圆柱面卷曲;(b)圆锥面卷曲;(c)任意柱面卷曲

(4)一般需要作边缘加工的部位包括吊车梁翼缘板、支座支撑面等具有工艺性要求的加工面,设计图纸中有技术要求的焊接坡口;尺寸精度要求严格的加劲板、隔板、腹板及有孔眼的节点板等。常用的边缘加工方法有铲边、刨边、电气刨边等。

四、边缘加工

钢吊车梁翼缘板的边缘、钢柱脚和肩梁承压支承面,以及其他图纸要求的加工面,焊接对接口、坡口的边缘,尺寸要求严格的加劲肋、隔板、腹板和有孔眼的节点板,以及由于切割方法产生硬化等缺陷的边缘,一般需要边缘加工,采用精密切割就可代替刨铣加工。

常用的边缘加工方法有铲边、刨边、铣边、切割等。对加工质量要求不高并且工作量不大的,采用铲边,有手工铲边和机械铲边。刨边使用的是刨边机,由刨刀来切削板材的边缘。

五、制孔

高强度螺栓的采用,使孔加工在钢结构制造中占有很大比重,在精度上要求也越来越高。

1. 制孔的质量

(1)精制螺栓孔。精制螺栓孔(A、B级螺栓孔-Ⅰ类孔)的直径应与螺栓公称直径相等,孔应具有H12的精度,孔壁表面粗糙度$Ra \leqslant 12.5~\mu m$。其孔径允许偏差应符合规定。

(2)普通螺栓孔。普通螺栓孔(C级螺栓孔-Ⅱ类孔)包括高强度螺栓(大六角头螺栓、扭剪型螺栓等)孔、普通螺钉孔、半圆头铆钉孔等。孔的允许偏差应符合规定。

(3)孔距。螺栓孔孔距的允许偏差应符合规定。

2. 制孔方法

制孔通常有钻孔和冲孔两种方法。钻孔是钢结构制作中普遍采用的方法。冲孔是冲孔设备靠冲裁力产生的孔,孔壁质量最差,在钢结构制作中已较少采用。

钻孔有人工钻孔和机床钻孔。前者多用于钻直径较小、料较薄的孔;后者施钻方便快捷、精度高,钻孔前先选钻头,再根据钻孔的位置和尺寸情况选择相应钻孔设备。

除了钻孔之外，还有扩孔、锪孔、铰孔等。扩孔是将已有孔眼扩大到需要的直径；锪孔是将已钻好的孔上表面加工成一定形状的孔；铰孔是将已经粗加工的孔进行精加工，以提高孔的表面量度和尺寸精度。

六、组装

组装也称装配、组拼，是把加工好的零件按照施工图的要求拼装成单个构件。钢构件的大小应根据运输道路、现场条件、运输和安装单位的机械设备能力与结构受力的允许条件等来确定。

1. 一般要求

(1)钢构件组装应在平台上进行，平台应测平。用于装配的组装架及胎模要牢固地固定在平台上。

(2)组装工作开始前，要编制组装顺序表，组拼时，严格按照顺序表所规定的顺序进行组拼。

(3)组装时，要根据零件加工编号，严格检验核对其材质、外形尺寸，毛刺飞边要清除干净，对称零件要注意方向，避免错装。

(4)对于尺寸较大、形状较复杂的构件，应先分成几个部分组装成简单组件，再逐渐拼成整个构件，并注意先组装内部组件，再组装外部组件。

(5)组装好的构件或结构单元，应按图纸的规定对构件进行编号，并标注构件的质量、重心位置、定位中心线、标高基准线等。构件编号位置要在明显易查处，大构件要在 3 个面上都编号。

2. 焊接连接的构件组装

(1)根据图纸尺寸，在平台上画出构件的位置线，焊上组装架及胎模夹具。组装架离平台面不小于 50 mm，并用卡兰、左右螺旋丝杠或梯形螺纹作为夹紧调整零件的工具。

(2)每个构件的主要零件位置调整好并检查合格后，把全部零件组装上并进行点焊，使之定形。在零件定位前，要留出焊缝收缩量及变形量。高层建筑钢结构的柱子，两端除增加焊接收缩量的长度之外，还必须增加构件安装后荷载压缩变形量，并留好构件端头和支承点铣平的加工余量。

(3)为了减少焊接变形，应该选择合理的焊接顺序，如对称法、分段逆向焊接法、跳焊法等。在保证焊缝质量的前提下，采用适量的电流，快速施焊，以减小热影响区和温度差，减小焊接变形和焊接应力。

3. 组装的方法

(1)地样法：用 1∶1 的比例在装配平台上放出构件实样，然后根据零件在实样上的位置，分别组装起来成为构件。此装配方法适用于桁架、构架等小批量结构的组装。

(2)仿形复制装配法：先用地样法组装成单面(单片)的结构，然后定位点焊牢固，将其翻身，作为复制胎模，在其上面装配另一单面结构，往返两次组装。此种装配方法适用于横断面互为对称的桁架结构。

(3)立装法：根据构件的特点及其零件的稳定位置，选择自上而下或自下而上的顺序装配。此装配方法适用于放置平稳，高度不大的结构或者大直径的圆筒。

(4)卧装法：将构件放置于卧的位置进行的装配，适用于断面不大，但长度较大的细长构件。

七、表面处理

1. 高强度螺栓摩擦面的处理

采用高强度螺栓连接时，应对构件摩擦面进行加工处理。摩擦面处理后的抗滑移系数必须符合设计文件的要求。

摩擦面的处理方法一般有喷砂、酸洗、砂轮打磨等几种，其中喷砂处理过的摩擦面的抗滑移系数值较高，离散率较小。处理好的摩擦面严禁有飞边、毛刺、焊疤和污损等，不得涂油漆，在运输过程中防止摩擦面损伤。

构件出厂前，应按批做试件检验抗滑移系数，试件的处理方法应与构件相同，检验的最小数值应符合设计要求，并附3组试件供安装时复验抗滑移系数。

2. 构件成品的防腐涂装

钢结构构件在加工验收合格后，应进行防腐涂料涂装。但构件焊缝连接处、高强度螺栓摩擦面处不能做防腐涂装，应在现场安装完后，再补刷防腐涂料。

八、构件成品验收

钢结构构件制作完成后，应根据《钢结构工程施工质量验收标准》(GB 50205—2020)及其他相关规范、规程的规定进行成品验收。钢结构构件加工制作质量验收，可按相应的钢结构制作工程或钢结构安装工程检验批的划分原则划分为一个或若干个检验批进行。

构件出厂时，应提交产品质量证明(构件合格证)和下列技术文件：

(1)钢结构施工详图，设计更改文件，制作过程中的技术协商文件。

(2)钢材、焊接材料及高强度螺栓的质量证明书及必要的实验报告。

(3)钢零件及钢部件加工质量检验记录。

(4)高强度螺栓连接质量检验记录，包括构件摩擦面处抗滑移系数的试验报告。

(5)焊接质量检验记录。

(6)构件组装质量检验记录。

单元三 　装配式钢结构连接施工

钢结构构件
连接施工图片

一、装配式钢结构节点连接形式

1. 钢框架结构的节点连接

钢框架结构梁柱节点连接可采用带悬臂梁段、翼缘焊接腹板栓接或全焊接连接形式，如图7-4(a)～图7-4(d)所示；抗震等级为一、二级时，梁与柱的连接宜采用加强型连接，如图7-4(c)、(d)所示；当有可靠依据时，也可采用端板螺栓连接的形式，如图7-4(e)所示。

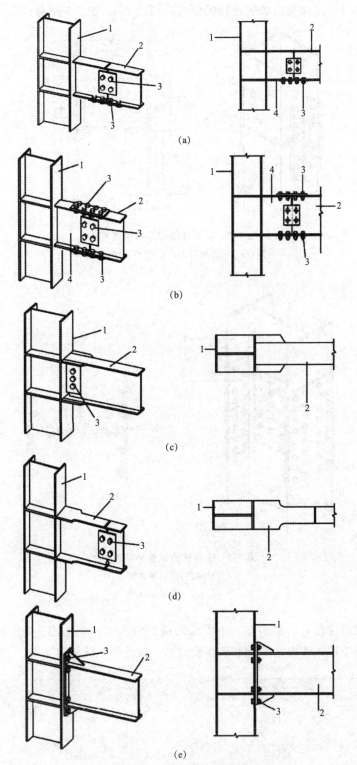

图 7-4　梁柱节点连接

（a)带悬臂梁端的栓焊连接；（b)带悬臂梁端的螺栓连接；（c)梁翼缘局部加宽式连接；

（d)梁翼缘扩翼式连接；（e)外伸式端板螺栓连接

1—柱；2—梁；3—高强度螺栓；4—悬臂段

钢柱的拼接可采用焊接或螺栓连接的形式，如图7-5、图7-6所示。

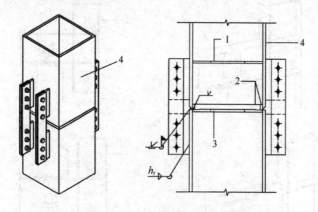

图7-5 箱形柱的焊接拼接连接

1—上柱隔板；2—焊接衬板；3—下柱顶端隔板；4—柱

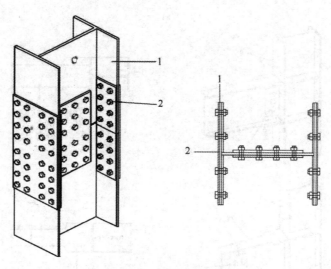

图7-6 H形柱的螺栓拼接连接

(a)轴测图；(b)俯视图

1—柱；2—高强度螺栓

在可能出现塑性铰处，梁的上、下翼缘均应设侧向支撑，如图7-7所示。当钢梁上铺设装配整体式或整体式楼板且进行可靠连接时，上翼缘可不设侧向支撑。

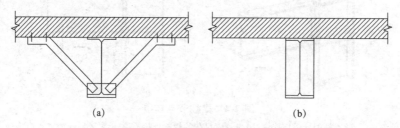

(a)　　　　　　　　　　　　　　(b)

图7-7 梁下翼缘侧向支撑

(a)侧向支撑为隔撑；(b)侧向支撑为加劲肋

2. 框架–支撑结构的连接节点

支撑翼缘朝向框架平面外时，可采用支托式连接，如图 7-8(a)、(b)所示；当支撑腹板位于框架平面内时，连接形式如图 7-8(c)、(d)所示。

当支撑采用节点板进行连接时，示意如图 7-9 所示，在支撑端部与节点板约束点连线之间应留有 2 倍节点板厚的间隙。

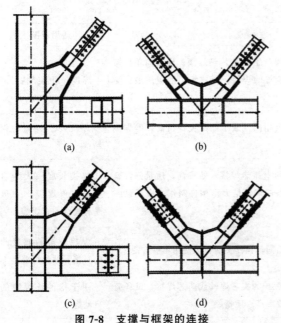

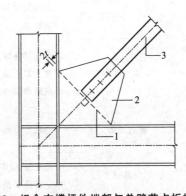

图 7-8　支撑与框架的连接　　　　　图 7-9　组合支撑杆件端部与单壁节点板的连接

(a)、(b)框架平面外；(c)、(d)框架平面内　　　1—约束点连线；2—单壁节点板；3—支撑杆；t—节点板的厚度

二、焊接施工

1. 焊接方法选择

焊接是钢结构使用重要的连接方法之一。在钢结构制作和安装领域中，广泛使用的是电弧焊。在电弧焊中又以药皮焊条手工焊、自动埋弧焊、半自动与自动 CO_2 气体保护焊为主。在某些特殊场合，则必须使用电渣焊。焊接的类型、特点和适用范围见表 7-2。

2. 焊接工艺要点

(1)焊接工艺设计。确定焊接方式、焊接参数及焊条、焊丝、焊剂的规格型号等。

(2)焊条烘烤。焊条和粉芯焊丝使用前必须按质量要求进行烘烤，低氢型焊条经过烘烤后，应放在保温箱内随用随取。

(3)定位点焊。焊接结构在拼接、组装时，要确定零件的准确位置，要先进行定位点焊。定位点焊的长度、厚度应由计算确定。电流要比正式焊接提高 $10\%\sim15\%$，定位点焊的位置应尽量避开构件的端部、边角等应力集中的地方。

(4)焊前预热。预热可降低热影响区冷却速度，防止焊接延迟裂纹的产生。预热区在焊缝两侧，每侧宽度均应大于焊件厚度的 1.5 倍以上，且不应小于 100 mm。

(5)焊接顺序确定。一般从焊件的中心开始向四周扩展；先焊收缩量大的焊缝，后焊收缩小的焊缝；尽量对称施焊；焊缝相交时，先焊纵向焊缝，待冷却至常温后，再焊横向焊缝；钢板较厚时，分层施焊。

（6）焊后热处理。焊后热处理主要是对焊缝进行脱氢处理，以防止冷裂纹的产生。后热处理应在焊后立即进行，保温时间应根据板厚按每 25 mm 板厚保温 1 h 确定。预热及后热均可采用散发式火焰枪进行。

表 7-2　钢结构焊接方法选择

焊接的类型		特点	适用范围
电弧焊	手工焊 交流焊机	利用焊条与焊件之间产生的电弧热焊接，设备简单，操作灵活，可进行各种位置的焊接，是建筑工地应用最广泛的焊接方法	焊接普通钢结构
	手工焊 直流焊机	焊接技术与交流焊机相同，成本比交流焊机高，但焊接时电弧稳定	焊接要求较高的钢结构
	埋弧自动焊	利用埋在焊剂层下的电弧热焊接，效率高，质量好，操作技术要求低，劳动条件好，是大型构件制作中应用最广的高效焊接方法	焊接长度较大的对接、贴角焊缝，一般是有规律的直焊缝
	半自动焊	与埋弧自动焊基本相同，操作灵活，但使用不够方便	焊接较短的或弯曲的对接、贴角焊缝
	CO_2 气体保护焊	用 CO_2 或惰性气体保护的实芯焊丝或药芯焊接，设备简单，操作简便，焊接效率高，质量好	用于构件长焊缝的自动焊
	电渣焊	利用电流通过液态熔渣所产生的电阻热焊接，能焊大厚度焊缝	用于箱形梁及柱隔板与面板全焊透连接

3. 焊接应力和焊接变形

（1）焊接应力及变形产生的原因。在焊接过程中，焊接热源对焊件进行局部加热，产生了不均匀的温度场，导致材料热胀冷缩的不均匀；处于高温区域的材料在加热（冷却）过程中应该有较大的伸长（收缩）量，但由于受到周围材料的约束而不能自由伸长（收缩）。于是在焊件中产生内应力，使高温区的材料受到挤压（拉伸），产生塑性变形。同时，金属材料在焊接过程中随着温度的变化还会发生相应的相变。不同的金属组织有不同的性能，也会引起体积的变化，对焊接应力及变形产生不同程度的影响。因此，焊接过程对焊件进行了局部的、不均匀的加热是产生焊接应力和焊接变形的主要原因。

（2）焊接残余应力和变形的控制。在钢结构设计和施工时，不仅要考虑到强度、稳定性、经济性，而且必须考虑焊缝的设置将产生的应力，变形对结构的影响。通常有以下几点经验：

①在保证结构具有足够的强度的前提下，尽量减少焊缝的尺寸和长度，合理选取坡口形状，避免集中设置焊缝。

②尽量对称布置焊缝，将焊缝安排在近中心区域，如近中性轴、焊缝中心、焊缝塑性变形区中心等。

③在钢结构施焊中考虑夹具，以减少焊接变形的可能性。

三、高强度螺栓连接

高强度螺栓连接是目前与焊接并举的钢结构重要连接方法。其特点是施工方便，可拆可换，传力均匀，接头刚性好，承载能力大，疲劳强度高，螺母不易松动，结构安全可靠。高强度螺栓从外形上可分为大六角头高强度螺栓（扭矩形高强度螺栓）和扭剪型高强度螺栓两种。高强度螺栓和与之配套的螺母、垫圈总称为高强度螺栓连接副。

1. 一般要求

（1）高强度螺栓使用前，应按有关规定对高强度螺栓的各项性能进行检验。运输过程中应轻装轻卸，防止损坏。当包装破损，螺栓有污染等异常现象时，应用煤油清洗，并按高强度螺栓验收规程进行复验，经复验，扭矩系数合格后方能使用。

（2）工地储存高强度螺栓时，应放在干燥、通风、防雨、防潮的仓库内，并不得沾染脏物。

（3）安装时，应按当天需用量领取，当天没有用完的螺栓，必须装回容器，妥善保管，不得乱扔、乱放。

（4）安装高强度螺栓时，接头摩擦面上不允许有毛刺、铁屑、油污、焊接飞溅物。摩擦面应干燥，没有结露、积霜、积雪，并不得在雨天进行安装。

（5）使用定扭矩扳手紧固高强度螺栓时，每天上班前应对定扭矩扳手进行校核，合格后方能使用。

2. 安装工艺

（1）一个接头上的高强度螺栓连接，应从螺栓群中部开始安装，向四周扩展，逐个拧紧。对于扭矩型高强度螺栓的初拧、复拧、终拧，每完成一次，应涂上相应的颜色或标记，以防漏拧。

（2）接头如既有高强度螺栓连接，又有焊接连接时，宜按先栓后焊的方式施工，先终拧完高强度螺栓，再焊接焊缝。

（3）高强度螺栓应自由穿入螺栓孔，当板层发生错孔时，允许用铰刀扩孔。扩孔时，铁屑不得掉入板层间。扩孔数量不得超过一个接头螺栓的 1/3，扩孔后的孔径不应大于 $1.2d$（d 为螺栓直径）。严禁使用气割进行高强度螺栓孔的扩孔。

（4）一个接头多个高强度螺栓穿入方向应一致。垫圈有倒角的一侧应朝向螺栓头和螺母，螺母有圆台的一面应朝向垫圈，螺母和垫圈不应装反。

（5）高强度螺栓连接副在终拧以后，螺栓丝扣外露应为 2～3 扣，其中允许有 10% 的螺栓丝扣外露 1 扣或 4 扣。

3. 紧固方法

（1）大六角头高强度螺栓连接副紧固。大六角头高强度螺栓连接副一般采用扭矩法和转角法紧固。

①扭矩法。使用可直接显示扭矩值的专用扳手，分初拧和终拧二次拧紧。初拧扭矩为终拧扭矩的 60%～80%，其目的是通过初拧，使接头各层钢板达到充分密贴，终拧扭矩把螺栓拧紧。

②转角法。根据构件紧密接触后，螺母的旋转角度与螺栓的预拉力成正比的关系确定的一种方法。操作时，分初拧和终拧两次施拧。初拧可用短扳手将螺母拧至构件靠拢，并

做标记。终拧用长扳手将螺母从标记位置拧至规定的终拧位置。转动角度的大小在施工前由试验确定。

(2)扭剪型高强度螺栓紧固。

扭剪型高强度螺栓有一特制尾部，采用带有两个套筒的专用电动扳手紧固。紧固时，用专用扳手的两个套筒分别套住螺母和螺栓尾部的梅花头，接通电源后，两个套筒按反向旋转，拧断尾部后即达相应的扭矩值。一般用定扭矩扳手初拧，用专用电动扳手终拧。

单元四　　装配式钢结构涂装施工

钢结构涂装施工规范

钢结构在常温大气环境中安装、使用，易受大气中水分、氧和其他污染物的作用而被腐蚀。钢结构的腐蚀不仅造成经济损失，还直接影响结构安全。另外，钢材由于其导热快，比热小，虽是一种不燃烧材料，但极不耐火。未加防火处理的钢结构构件在火灾温度作用下，温度上升很快，只需十几分钟，自身温度就可达 540 ℃ 以上，此时钢材的力学性能如屈服点、抗拉强度、弹性模量及荷载能力等都将急剧下降；达到 600 ℃ 时，强度则接近零，钢构件不可避免地扭曲变形，最终导致整个结构的垮塌毁坏。

因此，根据钢结构所处的环境及工作性能采取相应的防腐与防火措施，是钢结构设计与施工的重要内容。目前国内外主要采用涂料涂装的方法进行钢结构的防腐与防火处理。

一、钢结构防腐涂装工程

1. 钢材表面除锈等级与除锈方法

钢结构构件制作完毕，经质量检验合格后，应进行防腐涂料涂装。涂装前，钢材表面应进行除锈处理，以提高底漆的附着力，保证涂层质量。除锈处理后，钢材表面不应有焊渣、焊疤、灰尘、油污、水和毛刺等。

国家标准《涂覆涂料前钢材表面处理　表面清洁度的目视评定》(GB 8923.1～8923.4)将除锈等级分成喷射或抛射除锈、手工和动力工具除锈、火焰除锈三种类型。

《钢结构工程施工质量验收标准》(GB 50205—2020)规定，钢材表面的除锈方法和除锈等级应与设计文件采用的涂料相适应。当设计无要求时，钢材表面除锈等级应符合表 7-3 的规定。目前国内各大中型钢结构加工企业一般都具备喷、抛射除锈能力，所以，应将喷、抛射除锈作为首选的除锈方法，而手工和电动工具除锈仅作为喷射除锈的补充手段。随着科学技术的不断发展，不少喷、抛射除锈设备已采用微机控制，具有较高的自动化水平，并配有效除尘器，消除粉尘污染。

表 7-3　各种底漆或防锈漆要求最低的除锈等级

涂料品种	除锈等级
油性酚醛、醇酸等底漆或防锈漆	St2

涂料品种	除锈等级
高氯化聚乙烯、氯化橡胶、氯磺化聚乙烯、环氧树脂、聚氨酯等底漆或防锈漆	Sa2
无机富锌、有机硅、过氧乙烯等底漆	Sa2 $\frac{1}{2}$

2. 钢结构防腐涂料

钢结构防腐涂料是一种含油或不含油的胶体溶液，涂敷在钢材表面，结成一层薄膜，使钢材与外界腐蚀介质隔绝。涂料分底漆和面漆两种。

底漆是直接涂在钢材表面上的漆，含粉料多，基料少，成膜粗糙，与钢材表面粘结力强，与面漆结合性好。

面漆是涂在底漆上的漆，含粉料少，基料多，成膜后有光泽，主要功能是保护下层底漆。面漆对大气和湿气有高度的不渗透性，并能抵抗有腐蚀介质、阳光紫外线所引起的风化分解。

钢结构的防腐涂层，可由几层不同的涂料组合而成。涂料的层数和总厚度是根据使用条件来确定的，一般室内钢结构要求涂层总厚度为 125 μm，即底漆和面漆各 2 道。高层建筑钢结构一般处在室内环境，而且要喷涂防火涂层，所以通常只刷 2 道防锈底漆。

3. 防腐涂装方法

钢结构防腐涂装，常用的施工方法有刷涂法和喷涂法两种。

(1)刷涂法：应用较广泛，适用油性基料刷涂。因为油性基料虽干燥得慢，但渗透性大，流平性好，不论面积大小，刷起来都会平滑流畅。一些形状复杂的构件，使用刷涂法也比较方便。

(2)喷涂法：施工工效高，适合大面积施工，对于快干和挥发性强的涂料尤为适合。喷涂的漆膜较薄，为了达到设计要求的厚度，有时需要增加喷涂的次数。喷涂施工比刷涂施工涂料损耗大，一般要增加 20％左右。

二、钢结构防火涂装工程

钢结构防火涂料能够起到防火作用，主要有 3 个方面的原因：一是涂层对钢材起屏蔽作用，隔离了火焰，使钢构件不直接暴露在火焰或高温之中；二是涂层吸热后，部分物质分解出水蒸气或其他不燃气体，起到消耗热量、降低火焰温度和燃烧速度，稀释氧气的作用；三是涂层本身多孔轻质或受热膨胀后形成碳化泡沫层，热导率均在 0.233 W/(m·K)以下，阻止了热量迅速向钢材传递，推迟了钢材受热温升到极限温度的时间，从而提高了钢结构的耐火极限。

1. 厚涂型防火涂料涂装

(1)施工方法与机具。厚涂型防火涂料一般采用喷涂施工。机具可为压送式喷涂机或挤压泵，配能自动调压的 0.6～0.9 m³/min 的空压机，喷枪口径为 6～12 mm，空气压力为 0.4～0.6 MPa。局部修补可采用抹灰刀等工具手工抹涂。

(2)涂料的搅拌与配置。

①由工厂制造好的单组分湿涂料，现场应采用便携式搅拌器搅拌均匀。

②由工厂提供的干粉料，现场加水或用其他稀释剂调配，应按涂料说明书规定配比混合搅拌，边配边用。

③由工厂提供的双组分涂料，按配制涂料说明规定的配比混合搅拌，边配边用。特别是化学固化干燥的涂料，配制的涂料必须在规定的时间内用完。

④搅拌和调配涂料，使稠度适宜，即能在输送管道中畅通流动，喷涂后不会流淌和下坠。

（3）施工操作。

①喷涂应分 2～5 次完成，第一次喷涂以基本盖住钢材表面即可，以后每次喷涂厚度为 5～10 mm，一般以 7 mm 左右为宜。通常情况下，每天喷涂一遍即可。

②喷涂时，应注意移动速度，不能在同一位置久留，以免造成涂料堆积流淌；配料及往挤压泵加料应连续进行，不得停顿。

③在施工过程中，应采用测厚针检测涂层厚度，直到符合设计规定的厚度，方可停止喷涂。

④喷涂后的涂层要适当维修，对明显的乳突，应采用抹灰刀等工具剔除，以确保涂层表面均匀。

2. 薄涂型防火涂料涂装

（1）施工方法与机具。

①喷涂底层、主涂层涂料，宜采用重力（或喷斗）式喷枪，配能自动调压的 0.6～0.9 m³/min 的空压机。喷嘴直径为 4～6 mm，空气压力为 0.4～0.6 MPa。

②面层装饰涂料，一般采用喷涂施工，也可以采用刷涂或滚涂的方法。喷涂时，应将喷涂底层的喷嘴直径换为 1～2 mm，空气压力调为 0.4 MPa。

③局部修补或小面积施工，可采用抹灰刀等工具手工抹涂。

（2）施工操作。

①底层及主涂层一般应喷 2～3 遍，每遍间隔 4～24 h，待前遍基本干燥后再喷后一遍。头遍喷涂以盖住基材面 70% 即可，二、三遍喷涂每遍厚度不超过 2.5 mm 为宜。施工过程中应采用测厚针检测涂层厚度，确保各部位涂层达到设计规定的厚度。

②面层涂料一般涂饰 1～2 遍。若头遍从左至右喷涂，二遍则应从右至左喷涂，以确保全部覆盖住下部主涂层。

单元五　钢结构质量控制与安全措施

一、钢结构施工质量控制措施

1. 测量质量控制

（1）仪器定期进行检验校正，确保仪器在有效期内使用，在施工中所使用的仪器必须保证精度达标。

钢结构施工安全
技术规范

（2）保证测量人员持证上岗。

（3）各控制点应分布均匀，并定期进行复测，以确保控制点的精度。

（4）施工中放样应有必要的检核，保证其准确性。

（5）根据施工区的地质情况、通视情况对测量方法进行优化，并尽量在外界条件较好的情况下进行测量。

2. 焊接质量控制

（1）焊接工程师、焊接质检人员、无损探伤人员及焊工必须持证上岗。

（2）对各类焊接接头编制焊接工艺评定，现场焊接参数按照焊接工艺评定进行。

（3）定专人保管焊机、保温箱、检测设备，并定期进行检查和维修，保证施工机械能满足现在安装质量的要求。

（4）加强对焊接材料的选择和保管，焊材在使用前必须经过烘焙，经烘焙的焊条必须放在保温筒内，随取随用。当日未使用完的焊条必须收回，焊条烘焙两次以上必须申请报废处理，并分开存放、标识明确。

（5）在特殊环境下施工时，严格按照季节性施工措施进行，保证焊接质量。

（6）在所有构件焊接、探伤后，提交所有质量资料，请监理复验。

二、钢结构施工安全措施

1. 安全技术交底制度

（1）工程开工前，应随同施工组织设计，向参加施工的职工认真进行安全技术措施的交底。

（2）实行逐级安全技术交底制，开工前由技术负责人向全体职工进行交底，两个以上施工队或工种配合施工时，要按工程进度交叉进行作业的交底，班组长每天要向工人进行施工要求、作业环境的安全交底，在下达施工任务时，必须填写安全技术交底卡。

2. 安全检查制度

（1）贯彻"安全第一、预防为主、综合治理"的方针，安全生产实行专管及群管相结合的方针。检查的内容是查"两标贯彻"，查思想教育，查组织，查纪律严明，查制度完整，查措施落实，查隐患排除。对查出的问题要有文字记载，并及时解决有危及人身安全的紧急险情。

（2）执行安全工作与经济责任制挂钩的奖罚制度，使人人都要重视安全工作，堵塞漏洞，防患未然。

（3）班组长每天必须对本组组员施工的工作面进行一次安全检查；工长每周组织班组进行一次安全检查并进行讲评；专职安全员每天做好安全检查；项目经理部每月组织有关部门对工地进行一次安全大检查，检查结果进行通报，对各部门的安全工作做出评议。

3. 安全教育管理制度

（1）新工人入场安全教育制度。作业人员进入新的岗位或者新的施工现场前，应当接受安全生产教育培训，未经教育培训或教育培训考试不合格的人员，不得上岗作业。

（2）特殊工种工人必须参加主管部门的培训班，经考试合格后持证上岗。严禁无证上岗作业。

(3)生产过程中安全教育。要结合现场实际情况，对人员的培训考试建立考核成绩档案。

4. 安全用电制度

工地的用电线路设计、安装必须经有关技术人员审定验收合格后方能使用。电工、机械工必须持证上岗。

📖 **模块小结**

本模块主要介绍了装配式钢结构建筑施工相关知识，主要包括概述、钢结构构件制作工艺、装配式钢结构连接施工、装配式钢结构涂装施工、钢结构质量控制与安全措施 5 个方面的内容，主要内容如下：

(1)概述主要包括装配式钢结构建筑基本概念、装配式钢结构建筑结构体系基本形式、装配式钢结构外围护系统等内容。

(2)钢结构构件制作工艺主要包括放样和号料、切割、矫正和成型、边缘加工、制孔、组装、构件成品验收等内容。

(3)装配式钢结构连接施工主要包括装配式钢结构节点连接形式、焊接施工、高强度螺栓连接等内容。

(4)装配式钢结构涂装施工主要包括钢结构防腐涂装施工、钢结构防火涂装施工等内容。

(5)钢结构质量控制与安全措施主要包括钢结构施工质量控制措施、钢结构施工安全措施等内容。

课后习题

一、单选题

1. 高强度螺栓的紧固次序为(　　)。

A. 应从任意处开始，对称向两边进行

B. 应从中间开始，对称向两边进行

C. 应从一端开始，向另一端开始

D. 应从四周开始，对称向中间进行

2. 高强度螺栓在终拧之后，螺栓丝扣外露应为(　　)扣。

A. 0　　　　　　　　　　　　　　B. 1～2

C. 2～3　　　　　　　　　　　　D. 3～4

3. 扭矩法施工要求在终拧前，应首先进行(　　)。

A. 初拧　　　　　　　　　　　　B. 试拧

C. 预拧　　　　　　　　　　　　D. 冲钉连接

4. 钢结构构件的施涂方法中的刷涂法适用于(　　)的涂料。

A. 油性基料　　　　　　　　　　B. 快干性

C. 挥发性强　　　　　　　　　　D. 快干性和挥发性强

5. 关于钢结构连接施工，接头如既有高强度螺栓连接，又有焊缝连接时，说法正确的是（ ）。

A. 宜按先栓后焊

B. 先初拧完高强度螺栓，再焊接焊缝

C. 先焊接，后螺栓连接

D. 以上都不正确

二、简答题

1. 阐述装配式钢结构建筑的含义。

2. 装配式钢结构建筑结构体系有哪些？

3. 钢结构构件制作工艺有哪些？

4. 装配式钢结构节点连接形式有哪些？

5. 简述装配式钢结构焊接施工工艺要点。

6. 高强度螺栓连接有哪两种类型？简述其安装工艺及紧固方法。

7. 钢结构防腐涂装主要采用哪两种施工方法？

8. 钢结构防火涂装主要施工方法是什么？

模块八　装配式木结构建筑简介

单元一　概述

应县木塔

一、基本概念

1. 装配式木结构建筑

装配式木结构建筑是建筑的结构系统由木结构承重构件组成的装配式建筑。

装配式木结构图片

2. 装配式木结构

装配式木结构是采用工厂预制的木结构组件和部品，以现场装配为主要手段建造而成的结构。其包括装配式纯木结构、装配式木混合结构等。

3. 预制木结构组件

预制木结构组件是由工厂制作、现场安装，并具有单一或复合功能的、用于组合成装配式木结构的基本单元，简称木组件。木组件包括柱、梁、预制墙体、预制楼盖、预制屋盖、木桁架、空间组件等。

4. 装配式木混合结构

装配式木混合结构是由木结构构件与钢结构构件、混凝土结构构件组合而成的混合承重的结构形式。其包括上下混合装配式木结构、水平混合装配式木结构、平改坡的屋面系统装配式木结构以及混凝土结构中采用的木骨架组合墙体系统。

5. 预制木骨架组合墙体

预制木骨架组合墙体是由规格材料制作的木骨架外部覆盖墙板，并在木骨架构件之间的空隙内填充保温隔热及隔声材料而构成的非承重墙体。

6. 预制木墙板

预制木墙板是安装在主体结构上，起承重、围护、装饰或分隔作用的木质墙板。按功能不同，可分为承重墙板和非承重墙板。

7. 金属连接件

金属连接件是用于固定、连接、支承的装配式木结构专用金属构件。如托梁、螺栓、柱帽、直角连接件、金属板等。

二、装配式木结构建筑材料

1. 木材

(1)装配式木结构采用的木材应经工厂加工制作，并应分等级。木材的力学性能指标、材质要求、材质等级和含水率要求应符合现行国家标准《木结构设计标准》(GB 50005—2017)和《胶合木结构技术规范》(GB/T 50708—2012)的规定。

(2)装配式木结构采用的层板胶合木构件的制作应符合现行国家标准《胶合木结构技术规范》(GB/T 50708—2012)和《结构用集成材》(GB/T 26899—2022)的规定。

(3)装配式木结构用木材及预制木结构构件燃烧性能及耐火极限应符合现行国家标准《建筑设计防火规范(2018年版)》(GB 50016—2014)、《木结构设计标准》(GB 50005—2017)和《多高层木结构建筑技术标准》(GB/T 51226—2017)的规定。选用的木材阻燃剂应符合现行国家标准《阻燃木材及阻燃人造板生产技术规范》(GB/T 29407—2012)的规定。

(4)用于装配式木结构的防腐木材应采用天然抗白蚁木材、经防腐处理的木材或天然耐久木材。防腐木材和防腐剂应符合现行国家标准《木材防腐剂》(GB/T 27654—2011)、《防腐木材的使用分类和要求》(GB/T 27651—2011)、《防腐木材工程应用技术规范》(GB 50828—2012)和《木结构工程施工质量验收规范》(GB 50206—2012)的规定。

(5)预制木结构组件应经过质量检验，并应标识。组件的使用条件、安装要求应明确，并应有相应的说明文件。

2. 钢材与金属连接件

(1)装配式木结构中使用的钢材宜采用 Q235 钢、Q345 钢和 Q390 钢，并应符合现行国家标准《碳素结构钢》(GB/T 700—2006)和《低合金高强度结构钢》(GB/T 1591—2018)的规定。当采用其他牌号的钢材时，应符合国家现行有关标准的规定。

(2)连接用钢材应具有抗拉强度、伸长率、屈服强度和硫、磷含量的合格保证，对焊接构件或连接件，尚应有含碳量的合格保证，并应符合现行国家标准《钢结构设计标准》(GB 50017—2017)的规定。

(3)下列情况的承重构件或连接材料宜采用 D 级碳素结构钢或 D 级、E 级低合金高强度结构钢：

①直接承受动力荷载或振动荷载的焊接构件或连接件；

②工作温度等于或低于−30 ℃的构件或连接件。

(4)连接件应符合下列规定：

①普通螺栓应符合现行国家标准《六角头螺栓 C 级》(GB/T 5780—2016)和《六角头螺栓》(GB/T 5782—2016)的规定；

②高强度螺栓应符合现行国家标准《钢结构用高强度大六角头螺栓》(GB/T 1228—2006)、《钢结构用高强度大六角螺母》(GB/T 1229—2006)、《钢结构用高强度垫圈》(GB/T 1230—2006)、《钢结构用高强度大六角头螺栓、大六角螺母、垫圈技术条件》(GB/T 1231—2006)或《钢结构用扭剪型高强度螺栓连接副》(GB/T 3632—2008)的规定；

③锚栓宜采用 Q235 钢或 Q345 钢；

④木螺钉应符合现行国家标准《十字槽沉头木螺钉》(GB 951—1986)和《开槽沉头木螺钉》(GB/T 100—1986)的规定；

⑤钢钉应符合现行国家标准《钢钉》(GB/T 27704—2011)的规定；

⑥自钻自攻螺钉应符合现行国家标准《十字槽盘头自钻自攻螺钉》(GB/T 15856.1—2002)和《十字槽沉头自钻自攻螺钉》(GB/T 15856.2—2002)的规定；

⑦螺钉、螺栓应符合现行国家标准《紧固件 螺栓和螺钉通孔》(GB/T 5277—1985)、《紧固件机械性能 螺栓、螺钉和螺柱》(GB/T 3098.1—2010)、《紧固件机械性能 螺母》(GB/T 3098.2—2015)、《紧固件机械性能 自攻螺钉》(GB/T 3098.5—2016)、《紧固件机械性能 不锈钢螺栓、螺钉和螺柱》(GB/T 3098.6—2014)、《紧固件机械性能 自钻自攻螺钉》(GB/T 3098.11—2002)和《紧固件机械性能 不锈钢螺母》(GB/T 3098.15—2014)等的规定；

⑧预埋件、挂件、金属附件及其他金属连接件所用钢材及性能应满足设计要求。

(5)处于潮湿环境的金属连接件应经防腐蚀处理或采用不锈钢产品。与经过防腐处理的木材直接接触的金属连接件应采取防止被药剂腐蚀的措施。

(6)处于外露环境并对耐腐蚀有特殊要求或受腐蚀性气态和固态介质作用的钢构件，宜采用耐候钢，并应符合现行国家标准《耐候结构钢》(GB/T 4171—2008)的规定。

(7)钢木桁架的圆钢下弦直径大于 20 mm 的拉杆、焊接承重结构和重要的非焊接承重结构采用的钢材，应具有冷弯试验的合格保证。

(8)金属齿板应由镀锌薄钢板制作。镀锌应在齿板制造前进行，镀锌层质量不低于 275 g/m²。钢板可采用 Q235 碳素结构钢和 Q345 低合金高强度结构钢。

(9)铸钢连接件的材质与性能应符合现行国家标准《一般工程用铸造碳钢件》(GB/T 11352—2009)和《一般工程与结构用低合金钢铸件》(GB/T 14408—2014)的规定。

（10）焊接用的焊条应符合现行国家标准《非合金钢及细晶粒钢焊条》（GB/T 5117—2012）和《热强钢焊条》（GB/T 5118—2012）的规定。采用的焊条型号应与金属构件或金属连接件的钢材力学性能相适应。

3. 其他材料

（1）装配式木结构宜采用岩棉、矿渣棉、玻璃棉等保温材料和隔声吸声材料，也可采用符合设计要求的其他具有保温和隔声吸声功能的材料。

（2）岩棉、矿渣棉作为墙体保温隔热材料时，物理性能指标应符合现行国家标准《绝热用岩棉、矿渣棉及其制品》（GB/T 11835—2016）的规定。玻璃棉作为墙体保温隔热材料时，物理性能指标应符合现行国家标准《绝热用玻璃棉及其制品》（GB/T 13350—2017）的规定。

（3）隔墙用保温隔热材料的燃烧性能应符合现行国家标准《建筑设计防火规范（2018年版）》（GB 50016—2014）的规定。

（4）防火封堵材料应符合现行国家标准《防火封堵材料》（GB 23864—2009）和《建筑用阻燃密封胶》（GB/T 24267—2009）的规定。

（5）装配式木结构采用的防火产品应经国家认可的检测机构检验合格，并应符合现行国家标准《建筑设计防火规范（2018年版）》（GB 50016—2014）的规定。

（6）密封条的厚度宜为4～20 mm，并应符合现行国家标准《建筑门窗、幕墙用密封胶条》（GB/T 24498—2009）的规定。密封胶应符合现行国家标准《硅酮和改性硅酮建筑密封胶》（GB/T 14683—2017）和《建筑用硅酮结构密封胶》（GB 16776—2005）的规定，并应在有效期内使用；聚氨酯泡沫填缝剂应符合现行行业标准《单组分聚氨酯泡沫填缝剂》（JC/T 936—2004）的规定。

（7）装配式木结构采用的装饰装修材料应符合现行国家标准《民用建筑工程室内环境污染控制标准》（GB 50325—2020）、《建筑内部装修设计防火规范》（GB 50222—2017）、《建筑设计防火规范（2018年版）》（GB 50016—2014）和《建筑装饰装修工程质量验收标准》（GB 50210—2018）的规定。

装配式木结构
节点连接图片

（8）装配式木结构用胶粘剂应保证其胶合部位强度要求，胶合强度不应低于木材顺纹抗剪和横纹抗拉强度，并应符合现行行业标准《环境标志产品技术要求 胶粘剂》（HJ 2541—2016）的规定。胶粘剂防水性、耐久性应满足结构的使用条件和设计使用年限要求。承重结构用胶应符合现行国家标准《胶合木结构技术规范》（GB/T 50708—2012）和《结构用集成材》（GB/T 26899—2022）的规定。

单元二　装配式木结构节点连接形式

一、木组件之间连接

（1）木组件与木组件的连接方式可采用钉连接、螺栓连接、销钉连接、齿板连接、金属连接件连接或榫卯连接。当预制次梁与主梁、木梁与木柱之间连接时，宜采用钢插板、钢夹板和螺栓进行连接。

（2）钉连接和螺栓连接可采用双剪连接或单剪连接。当钉连接采用的圆钉有效长度小于4倍钉直径时，不应考虑圆钉的抗剪承载力。

（3）处于腐蚀环境、潮湿或有冷凝水环境的木桁架，不宜采用齿板连接，齿板不得用于传递压力。

（4）预制木结构组件之间应通过连接形成整体，预制单元之间不应相互错动。

（5）在单个楼盖、屋盖计算单元内，可采用能提高结构整体抗侧能力的金属拉条进行加固。金属拉条可用作下列构件之间的连接构造措施：

①楼盖、屋盖边界构件间的拉结或边界构件与外墙间的拉结；

②楼盖、屋盖平面内剪力墙之间或剪力墙与外墙的拉结；

③剪力墙边界构件的层间拉结；

④剪力墙边界构件与基础的拉结。

（6）当金属拉条用于楼盖、屋盖平面内拉结时，金属拉条应与受压构件共同受力；当平面内无贯通的受压构件时，应设置填块，填块的长度应按计算确定。

二、木组件与其他结构连接

（1）木组件与其他结构的水平连接应符合组件间内力传递的要求，并应验算水平连接处的强度。

（2）木组件与其他结构的竖向连接，除应符合组件间内力传递的要求外，尚应符合被连接组件在长期荷载作用下的变形协调要求。

（3）木组件与其他结构的连接宜采用销轴类紧固件的连接方式。连接时，应在混凝土结构中设置预埋件。预埋件应按计算确定，并应满足《混凝土结构设计规范（2015年版）》（GB 50010—2010）的规定。

（4）木组件与混凝土结构的连接锚栓和轻型木结构地梁板与基础的连接锚栓应进行防腐处理。连接锚栓应承担由侧向力产生的全部基底水平剪力。

（5）轻型木结构的锚栓直径不得小于12 mm，间距不应大于2.0 m，埋入深度不应小于25倍锚栓直径；地梁板的两端100~300 mm处，应各设一个锚栓。

（6）当木组件的上拔力大于重力荷载代表值的65%时，预制剪力墙两侧边界构件的层间连接、边界构件与混凝土基础的连接，应采用金属连接件或抗拔锚固件连接。连接应按承受全部上拔力进行设计。

（7）当木屋盖和木楼盖作为混凝土或砌体墙体的侧向支撑时（图8-1），应采用锚固连接件直接将墙体与木屋盖、楼盖连接。锚固连接件的承载力应按墙体传递的水平荷载计算，且锚固连接沿墙体方向的抗剪承载力不应小于3.0 kN/m。

（8）装配式木结构的墙体应支承在混凝土基础或砌体基础顶面的混凝土梁上，混凝土基础或梁顶面砂浆应平整，倾斜度不应大于2%。

（9）木组件与钢结构连接宜采用销轴类紧固件的连接方式。当采用剪板连接时，紧固件应采用螺栓或木螺钉（图8-2），剪板采用可锻铸铁制作。剪板构造要求和抗剪承载力计算应符合现行国家标准《胶合木结构技术规范》（GB/T 50708—2012）的规定。

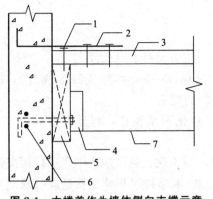

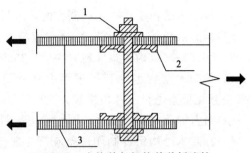

图 8-1　木楼盖作为墙体侧向支撑示意

1—边界钉连接；2—预埋拉条；3—结构胶合板

挂构件；5—封头搁栅；6—预埋钢筋；7—搁栅

图 8-2　木构件与钢构件剪板连接

1—螺栓；2—剪板；3—钢板

单元三　预制木结构组件制作、运输和储存

一、一般规定

（1）预制木结构组件应按设计文件在工厂制作，制作单位应具备
相应的生产场地和生产工艺设备，并应有完善的质量管理体系和试
验检测手段，且应建立组件制作档案。

预制木结构组件制作、
运输和储存图片

（2）预制木结构组件和部品制作前，应对其技术要求和质量标准
进行技术交底，并应制订制作方案。制作方案应包括制作工艺、制作计划、技术质量控制
措施、成品保护、堆放及运输方案等项目。

（3）预制木结构组件制作过程中宜采取控制制作及储存环境的温度、湿度的技术措施。

（4）预制木结构组件和部品在制作、运输和储存过程中，应采取防水、防潮、防火、防
虫和防止损坏的保护措施。

（5）预制木结构组件制作完成时，除应按现行国家标准《木结构工程施工质量验收规范》
（GB 50206—2012）的要求提供文件和记录外，尚应提供下列文件和记录：

①工程设计文件、预制组件制作和安装的技术文件；

②预制组件使用的主要材料、配件及其他相关材料的质量证明文件、进场验收记录、
抽样复验报告；

③预制组件的预拼装记录。

（6）预制木结构组件检验合格后，应设置标识，标识内容宜包括产品代码或编号、制作
日期、合格状态、生产单位等信息。

二、制作

（1）预制木结构组件在工厂制作时，木材含水率应符合设计文件的规定。

（2）预制层板胶合木构件的制作应符合现行国家标准《胶合木结构技术规范》（GB/T 50708—2012）和《结构用集成材》（GB/T 26899—2022）的规定。

（3）预制木结构组件制作过程中宜采用 BIM 信息化模型校正，制作完成后，宜采用 BIM 信息化模型进行组件预拼装。

（4）对有饰面材料的组件，制作前应绘制排板图，制作完成后，应在工厂进行预拼装。

（5）预制木结构组件制作误差应符合现行国家标准《木结构工程施工质量验收规范》（GB 50206—2012）的规定。预制正交胶合木构件的厚度宜小于 500 mm，且制作误差应符合表 8-1 的规定。

表 8-1　正交胶合木构件尺寸偏差表

类别	允许偏差
厚度 h	≤（1.6 mm 与 0.02h 中较大值）
宽度 b	≤3.2 mm
长度 L	≤6.4 mm

（6）对预制层板胶合木构件，当层板宽度大于 180 mm 时，可在层板底部顺纹开槽；对预制正交胶合木构件，当正交胶合木层板厚度大于 40 mm 时，层板宜采用顺纹开槽的措施，开槽深度不应大于层板厚度的 90%，槽宽不应大于 4 mm（图 8-3），槽间距不应小于 40 mm，开槽位置距离层板边沿不应小于 40 mm。

（7）预制木结构构件宜采用数控加工设备进行制作，宜采用铣刀开槽。槽的深度余量不应大于＋5 mm，槽的宽度余量不应大于＋1.5 mm。

（8）层板胶合木和正交胶合木的最外层板不应有松软节和空隙。当对外观有较高要求时，对直径 30 mm 的孔洞和

图 8-3　正交胶合木层板刻槽尺寸示意
1—木材层板；2—槽口；3—层板间隙

宽度大于 3 mm、侧边裂缝长度 40～100 mm 的缺陷，应采用同质木料进行修补。

三、运输和储存

（1）对预制木结构组件和部品的运输和储存应制订实施方案，实施方案可包括运输时间、次序、堆放场地、运输路线、固定要求、堆放支垫及成品保护措施等项目。

（2）对大型组件、部品的运输和储存，应采取专门的质量安全保证措施。在运输与堆放时，支承位置应按计算确定。

（3）预制木结构组件装卸和运输时，应符合下列规定：

①装卸时，应采取保证车体平衡的措施；

②运输时，应采取防止组件移动、倾倒、变形等的固定措施。

（4）预制木结构组件存储设施和包装运输应采取使其达到要求含水率的措施，并应有保护层包装，边角部位宜设置保护衬垫。

（5）预制木结构组件水平运输时，应将组件整齐地堆放在车厢内。梁、柱等预制木组件可分层分隔堆放，上、下分隔层垫块应竖向对齐，悬臂长度不宜大于组件长度的1/4。板材和规格材应纵向平行堆垛、顶部压重存放。

（6）预制木桁架整体水平运输时，宜竖向放置，支承点应设在桁架两端节点支座处，下弦杆的其他位置不得有支承物；在上弦中央节点处的两侧应设置斜撑，应与车厢牢固连接；应按桁架的跨度大小设置若干对斜撑。数榀桁架并排竖向放置运输时，应在上弦节点处用绳索将各桁架彼此系牢。

（7）预制木结构墙体宜采用直立插放架运输和储存，插放架应有足够的承载力和刚度，并应支垫稳固。

（8）预制木结构组件的储存应符合下列规定：

①组件应存放在通风良好的仓库或防雨、通风良好的有顶部遮盖场所内，堆放场地应平整、坚实，并应具备良好的排水设施；

②施工现场堆放的组件，宜按安装顺序分类堆放，堆垛宜布置在吊车工作范围内，且不受其他工序施工作业影响的区域；

③采用叠层平放的方式堆放时，应采取防止组件变形的措施；

④吊件应朝上，标志宜朝向堆垛间的通道；

⑤支垫应坚实，垫块在组件下的位置宜与起吊位置一致；

⑥重叠堆放组件时，每层组件间的垫块应上下对齐，堆垛层数应按组件、垫块的承载力确定，并应采取防止堆垛倾覆的措施；

⑦采用靠架堆放时，靠架应具有足够的承载力和刚度，与地面倾斜角度宜大于80°；

木结构工程施工规范

⑧堆放曲线形组件时，应按组件形状采取相应保护措施。

（9）对现场不能及时进行安装的建筑模块，应采取保护措施。

单元四　装配式木结构建筑安装施工

一、安装前准备

（1）装配式木结构建筑施工前，应编制施工组织设计，制订专项施工方案；施工组织设计的内容应符合现行国家标准《建筑施工组织设计规范》(GB/T 50502—2009)的规定；专项施工方案的内容应包括安装及连接方案、安装的质量管理及安全措施等项目。

（2）施工现场应具有质量管理体系和工程质量检测制度，实现施工过程的全过程质量控制，并应符合现行国家标准《工程建设施工企业质量管理规范》(GB/T 50430—2017)的规定。

(3)装配式木结构建筑安装应符合现行国家标准《木结构工程施工规范》(GB/T 50772—2012)的规定。

(4)装配式木结构建筑安装应按结构形式、工期要求、工程量以及机械设备等现场条件，合理设计装配顺序，组织均衡、有效的安装施工流水作业。

(5)吊装用吊具应按国家现行有关标准的规定进行设计、验算或试验检验。

(6)组件安装可按现场情况和吊装等条件采用下列安装单元进行安装：

①采用工厂预制组件作为安装单元；

②现场对工厂预制组件进行组装后作为安装单元；

③同时采用第①、②款两种单元的混合安装单元。

(7)预制组件吊装时，应符合下列规定：

①经现场组装后的安装单元的吊装，吊点应按安装单元的结构特征确定，并应经试吊证明符合刚度及安装要求后方可开始吊装；

②刚度较差的组件应按提升时的受力情况采用附加构件进行加固；

③组件吊装就位时，应使其拼装部位对准预设部位垂直落下，并应校正组件安装位置并紧固连接；

④正交胶合木墙板吊装时，宜采用专用吊绳和固定装置，移动时，宜采用锁扣扣紧。

(8)现场安装时，未经设计允许，不应对预制木结构组件进行切割、开洞等影响其完整性的行为。

(9)现场安装全过程中，应采取防止预制组件、建筑附件及吊件等受潮、破损、遗失或污染的措施。

(10)当预制木结构组件之间的连接件采用暗藏方式时，连接件部位应预留安装孔。安装完成后，安装孔应予以封堵。

(11)装配式木结构建筑安装全过程中，应采取安全措施，并应符合现行行业标准《建筑施工高处作业安全技术规范》(JGJ 80—2016)、《建筑施工起重吊装工程安全技术规范》(JGJ 276—2016)、《建筑机械使用安全技术规程》(JGJ 33—2012)和《施工现场临时用电安全技术规范》(JGJ 46—2005)等的规定。

二、安装要求

(1)预制木结构组件安装前，应合理规划运输通道和临时堆放场地，并应对成品堆放采取保护措施。

(2)安装前，应检验混凝土基础部分满足木结构部分的施工安装精度要求。

(3)安装前，应检验组件、安装用材料及配件符合设计要求和国家现行相关标准的规定，当检验不合格时，不得继续进行安装。检测内容应包括下列内容：

①组件外观质量、尺寸偏差、材料强度、预留连接位置等；

②连接件及其他配件的型号、数量、位置；

③预留管线或管道、线盒等的规格、数量、位置及固定措施等。

(4)组件安装时，符合下列规定：

①应进行测量放线，应设置组件安装定位标识；

②应检查核对组件装配位置、连接构造及临时支撑方案；

③施工吊装设备和吊具应处于安全操作状态；

④现场环境、气候条件和道路状况应满足安装要求。

(5)对安装工艺复杂的组件，宜选择有代表性的单元进行试安装，并宜按试安装结果调整施工方案。

(6)设备与管线安装前，应按设计文件核对设备及管线参数，并应对预埋套管及预留孔洞的尺寸、位置进行复核，合格后方可施工。

三、安装施工

(1)组件吊装就位后，应及时校准并应采取临时固定措施。

(2)组件吊装就位过程中，应监测组件的吊装状态，当吊装出现偏差时，应立即停止吊装并调整偏差。

(3)组件为平面结构时，吊装时应采取保证其平面外稳定的措施，安装就位后，应设置防止发生失稳或倾覆的临时支撑。

(4)组件安装采用临时支撑时，符合下列规定：

①水平构件支撑不宜少于2道；

②预制柱或墙体组件的支撑点距底部的距离不宜大于柱或墙体高度的2/3，且不应小于柱或墙体高度的1/2；

③临时支撑应设置可对组件的位置和垂直度进行调节的装置。

(5)竖向组件安装符合下列规定：

①底层组件安装前，应复核基层的标高，并应设置防潮垫或采取其他防潮措施；

②其他层组件安装前，应复核已安装组件的轴线位置、标高。

(6)水平组件安装符合下列规定：

①应复核组件连接件的位置，与金属、砖、石、混凝土等的结合部位应采取防潮防腐措施；

②杆式组件吊装宜采用两点吊装，长度较大的组件可采取多点吊装，细长组件应复核吊装过程中的变形及平面外稳定；

③板类组件、模块化组件应采用多点吊装，组件上应设有明显的吊点标志。吊装过程应平稳，安装时应设置必要的临时支撑。

(7)预制墙体、柱组件的安装应先调整组件标高、平面位置，再调整组件垂直度。组件的标高、平面位置、垂直偏差应符合设计要求。调整组件垂直度的缆风绳或支撑夹板应在组件起吊前绑扎牢固。

(8)安装柱与柱之间的梁时，应监测柱的垂直度。除监测梁两端柱的垂直度变化外，还应监测相邻各柱因梁连接影响而产生的垂直度变化。

(9)预制木结构螺栓连接符合下列规定：

①木结构的各组件结合处应密合，未贴紧的局部间隙不得超过5 mm，接缝处理应符合设计要求；

②用木夹板连接的接头钻孔时，应将各部分定位并临时固定一次钻通；当采用钢夹板不能一次钻通时，应采取保证各部件对应孔的位置、大小一致的措施；

③除设计文件规定外，螺栓垫板的厚度不应小于螺栓直径的30％，方形垫板边长或圆垫板直径不应小于螺栓直径的3.5倍，拧紧螺母后螺杆外露长度不应小于螺栓直径的80％。

木结构工程施工
质量验收规范

单元五　装配式木结构建筑质量验收

一、一般规定

(1)装配式木结构工程施工质量验收应符合现行国家标准《建筑工程施工质量验收统一标准》(GB 50300—2013)、《木结构工程施工质量验收规范》(GB 50206—2012)及国家现行相关标准的规定。当国家现行标准对工程中的验收项目未做具体规定时，应由建设单位组织设计、施工、监理等相关单位制定验收具体要求。

(2)装配式木结构子分部工程应由木结构制作安装与木结构防护两个分项工程组成，并应在分项工程皆验收合格后，再进行子分部工程的验收。

(3)装配式木结构子分部工程质量验收的程序和组合，应符合现行国家标准《建筑工程施工质量验收统一标准》(GB 50300—2013)的有关规定。

(4)工厂预制木组件制作前，应按设计要求检查验收采用的材料，出厂前应按设计要求检查验收木组件。

(5)在装配式木结构工程中，木结构的外观质量除设计文件另有规定外，符合下列规定：

①A级，结构构件外露，构件表面洞孔应采用木材修补，木材表面应用砂纸打磨；

②B级，结构构件外露，外表可采用机具刨光，表面可有轻度漏刨、细小的缺陷和空隙，不应有松软节的空洞；

③C级，结构构件不外露，构件表面可不进行加工刨光。

(6)装配式木结构子分部工程质量验收符合下列规定：

①检验批主控项目检验结果应全部合格；

②检验批一般项目检验结果应有大于80％的检查点合格，且最大偏差不应超过允许偏差的1.2倍；

③子分部工程所含分项工程的质量验收均应合格；

④子分部工程所含分项工程的质量资料和验收记录应完整；

⑤安全功能检测项目的资料应完整，抽检的项目均应合格；

⑥外观质量验收应符合本标准规定。

(7)用于加工装配式木结构组件的原材料，应具有产品合格证书，每批次做下列检验：

①每批次进厂目测分等规格材应由专业分等人员做目测等级检验或抗弯强度见证检验；每批次进厂机械分等规格材应做抗弯强度见证检验。

②每批次进厂规格材应做含水率检验。

③每批次进厂的木基结构板应做静曲强度和静曲弹性模量检验；用于屋面、楼面的木基结构板应有干态湿态集中荷载、均布荷载及冲击荷载检验报告。

④采购的结构复合木材和工字形木搁栅应有产品质量合格证书、符合设计文件规定的平弯或侧立抗弯性能检测报告，并应做荷载效应标准组合作用下的结构性能检验。

⑤设计文件规定钉的抗弯屈服强度时，应做钉抗弯强度检验。

(8)装配式木结构材料、构配件的质量控制以及制作安装质量控制应划分为不同的检验批。检验批的划分应符合《木结构工程施工质量验收规范》(GB 50206—2012)的规定。

(9)装配式木结构钢连接板、螺栓、销钉等连接用材料的验收应符合现行国家标准《木结构工程施工质量验收规范》(GB 50206—2012)的规定。

(10)装配式木结构验收时，除应按现行国家标准《木结构工程施工质量验收规范》(GB 50206—2012)的要求提供文件和记录外，还应提供以下文件和记录：

①工程设计文件、预制组件制作和安装的深化设计文件；

②预制组件、主要材料、配件及其他相关材料的质量证明文件、进场验收记录、抽样复验报告；

③预制组件的安装记录；

④装配式木结构分项工程质量验收文件；

⑤装配式木结构工程的质量问题的处理方案和验收记录；

⑥装配式木结构工程的其他文件和记录。

(11)装配式木结构建筑内装系统施工质量要求和验收标准应符合现行国家标准《建筑装饰装修工程质量验收标准》(GB 50210—2018)的规定。

(12)建筑给水排水及采暖工程的施工质量要求和验收标准应符合现行国家标准《建筑给水排水及采暖工程施工质量验收规范》(GB 50242—2002)的规定。

(13)通风与空调工程的施工质量要求和验收标准应符合现行国家标准《通风与空调工程施工质量验收规范》(GB 50243—2016)的规定。

(14)建筑电气工程的施工质量要求和验收标准应符合现行国家标准《建筑电气工程施工质量验收规范》(GB 50303—2015)的规定。

(15)智能化系统施工质量验收应符合现行国家标准《智能建筑工程质量验收规范》(GB 50339—2013)的规定。

二、主控项目

(1)预制组件使用的结构用木材应符合设计文件的规定，并应有产品质量合格证书。

检验数量：检验批全数。

检验方法：实物与设计文件对照，检查质量合格证书标识。

(2)装配式木结构的结构形式、结构布置和构件截面尺寸应符合设计文件的规定。

检查数量：检验批全数。

检验方法：实物与设计文件对照、尺量。

(3)安装组件所需的预埋件的位置、数量及连接方式应符合设计要求。

检查数量：全数检查。

检验方法：目测、尺量。

(4)预制组件的连接件类别、规格和数量应符合设计文件的规定。

检验数量：检验批全数。

检验方法：目测、尺量。

(5)现场装配连接点的位置和连接件的类别、规格及数量应符合设计文件的规定。

检查数量：检验批全数。

检查方法：实物与设计文件对照、尺量。

(6)胶合木构件平均含水率不应大于15%，同一构件各层板间含水率差别不应大于5%，层板胶合木含水率检验数量应为每一检验批每一规格胶合木构件随机抽取5根，轻型木结构中规格材含水率不应大于20%。检验方法应符合现行国家标准《木结构工程施工质量验收规范》(GB 50206—2012)的规定。

(7)胶合木受弯构件应做荷载效应标准组合作用下的抗弯性能见证检验，检查数量和检验方法应符合现行国家标准《木结构工程施工质量验收规范》(GB 50206—2012)的规定。

(8)胶合木弧形构件的曲率半径及其偏差应符合设计文件的规定，层板厚度不应大于曲率半径的0.8%。

检验数量：检验批全数。

检验方法：钢尺尺量。

(9)装配式轻型木结构和装配式正交胶合木结构的承重墙、剪力墙、柱、楼盖、屋盖布置、抗倾覆措施及屋盖抗掀起措施等，应符合设计文件的规定。

检验数量：检验批全数。

检验方法：实物与设计文件对照。

三、一般项目

(1)装配式木结构的尺寸偏差应符合设计文件的规定。

检验数量：检验批全数

检验方法：目测、尺量。

(2)螺栓连接预留孔尺寸应符合设计文件的规定。

检验数量：检验批全数。

检验方法：目测、尺量。

(3)预制木结构建筑混凝土基础平整度应符合设计文件的规定。

检验数量：检验批全数。

检验方法：目测、尺量

(4)预制墙体、楼盖、屋盖组件内填充材料应符合设计文件的规定。

检验数量：检验批全数

检验方法：目测，实物与设计文件对照，检查质量合格证书。

（5）预制木结构建筑外墙的防水防潮层应符合设计文件的规定。

检验数量：检验批全数。

检验方法：目测，检查施工记录。

（6）装配式木结构中，胶合木构件的构造及外观检验按现行国家标准《木结构工程施工质量验收规范》（GB 50206—2012）的规定进行。

（7）装配式木结构中，木骨架组合墙体的下列各项应符合设计文件的规定，且应符合现行国家标准《木结构设计标准》（GB 50005—2017）的规定。

①墙骨距；

②墙体端部、洞口两侧及墙体转角和交界处，墙骨的布置和数量；

③墙骨开槽或开孔的尺寸和位置；

④地梁板的防腐、防潮及与基础的锚固措施；

⑤墙体顶梁板规格材的层数、接头处理及在墙体转角和交接处的两层顶梁板的布置；

⑥墙体覆面板的等级、厚度；

⑦墙体覆面板与墙骨钉连接用钉的间距；

⑧墙体与楼盖或基础间连接件的规格尺寸和布置。

检查数量：检验批全数。

检验方法：对照实物目测检查。

（8）装配式木结构中，楼盖体系的下列各项应符合设计文件的规定，且应符合现行国家标准《木结构设计标准》（GB 50005—2017）的规定。

①楼盖拼合连接节点的形式和位置。

②楼盖洞口的布置和数量；洞口周围构件的连接、连接件的规格尺寸及布置。

检查数量：检验批全数。

检验方法：目测、尺量。

（9）装配式木结构中，屋面体系的下列各项应符合设计文件的规定，且应符合现行国家标准《木结构设计标准》（GB 50005—2017）的规定。

①椽条、天棚搁栅或齿板屋架的定位、间距和支撑长度。

②屋盖洞口周围椽条与顶棚搁栅的布置和数量；洞口周围椽条与顶棚搁栅间的连接、连接件的规格尺寸及布置。

③屋面板铺钉方式及与搁栅连接用钉的间距。

检查数量：检验批全数。

检验方法：目测、尺量。

（10）预制梁柱组件的制作与安装偏差宜分别按梁、柱构件检查验收，且应符合现行国家标准《木结构工程施工质量验收规范》（GB 50206—2012）的规定。

（11）预制轻型木结构墙体、楼盖、屋盖的制作与安装偏差应符合现行国家标准《木结构工程施工质量验收规范》（GB 50206—2012）的规定。

（12）外墙接缝处的防水性能应符合设计要求。

检查数量：按批检验。每 1 000 m² 或不足 1 000 m² 外墙面积划分为一个检验批，每个检验批每 100 m² 应至少抽查一处，每处不得少于 10 m²。

检验方法：检查现场淋水试验报告。

📖 模块小结

本模块主要介绍了装配式木结构建筑施工相关知识，主要包括装配式木结构建筑概述、装配式木结构节点连接形式、装配式木结构组件制作运输与储存、装配式木结构建筑安装施工、装配式木结构建筑质量验收5个方面的内容，其中，装配式木结构建筑概述，主要包括装配式木结构建筑基本概念、装配式木结构建筑常用材料等内容；装配式木结构节点连接形式，主要包括木组件之间连接、木组件与其他结构连接等内容；装配式木结构组件制作运输与储存，主要包括装配式木结构组件的一般规定、制作要求、运输与储存要求等内容；装配式木结构建筑安装施工，主要包括安装前准备、安装要求等内容；装配式木结构建筑质量验收，主要包括质量验收基本规定、主控项目、一般项目等内容。

课后习题

一、单选题

1. 关于装配式木结构保温隔声材料的说法，正确的是（　　）。

A. 宜采用岩棉、矿渣棉、玻璃棉等保温材料和隔声吸声材料

B. 可采用符合设计要求的其他具有保温和隔声吸声功能的材料

C. A 和 B

D. 以上都不正确

2. 以下说法正确的是（　　）。

A. 轻型木结构的锚栓直径不得小于 12 mm，间距不应大于 2.0 m

B. 轻型木结构的锚栓埋入深度不应小于 25 倍锚栓直径

C. 地梁板的两端 100～300 mm 处，应各设一个锚栓

D. 以上都正确

3. 对预制木结构组件和部品的运输与储存，应制订实施方案，实施方案不包括（　　）。

A. 运输时间、次序

B. 堆放场地

C. 运输路线

D. 预制构件厂

4. 预制木结构组件水平运输时，堆放应满足的要求是（　　）。

A. 梁、柱等预制木组件可分层分隔堆放

B. 上、下分隔层垫块应竖向对齐

C. 悬臂长度不宜大于组件长度的 1/4

D. 以上都正确

5. 预制木结构组件采用临时支撑时，说法正确的是（　　）。

A. 水平构件支撑不宜少于 1 道

B. 预制柱或墙体组件的支撑点距底部的距离不宜大于柱或墙体高度的 2/3，且不应小于柱或墙体高度的 1/2

C. 临时支撑不需要对组件的位置和垂直度进行调节

D. 以上都不正确

二、简答题

1. 简述装配式木结构建筑的含义。

2. 什么是装配式木结构？

3. 什么是预制木结构组件？

4. 什么是装配式木混合结构？

5. 什么是预制木骨架组合墙体？

6. 什么是预制木墙板？

7. 装配式木结构节点连接的形式有哪些？

模块九　安全文明与绿色施工

知识目标

(1)了解装配式建筑安全生产管理措施;
(2)了解装配式建筑绿色施工技术措施;
(3)了解装配式建筑文明施工技术措施。

能力目标

(1)能参与编制装配式建筑安全生产方案;
(2)能参与编制装配式建筑绿色施工技术方案;
(3)能参与编制装配式建筑文明施工技术方案。

素质目标

(1)具备安全意识和环保意识;
(2)具备精益求精、追求卓越的工匠精神。

单元一　安全生产管理

倡导绿色施工,
守护碧水蓝天

安全生产是我们国家的一项重要政策,也是社会、企业管理的重要内容之一。做好安全生产工作,对于保障员工在生产过程中的安全与健康,搞好企业生产经营,促进企业发展具有非常重要的意义。

一、安全生产管理的基本概念

安全,就是指企业员工在生产过程中或生产过程中的设备没有危险、不受威胁、不出事故。例如,生产过程中的人身和设备安全、道路交通中的人身和车辆安全等。

建筑施工安全

安全生产,是指在生产过程中的人身安全和设备安全。也就是说,为了使劳动过程在符合安全要求的物质条件和工作秩序下进行,防止伤亡事故、设备事故及各种灾害的发生，保障员工的安全与健康，保障企业生产的正常进行。安全生产是安全与生产的统一，安全促进生产，生产必须安全。

安全生产管理，是指企业为实现生产安全所进行的计划、组织、协调、控制、监督和激励等管理活动，简言之，就是为实现安全生产而进行的工作。

二、安全生产基本方针

"安全第一、预防为主、综合治理"是我国安全生产管理的基本方针。人民当家作主，人民的利益高于一切，是社会主义国家的本质特征。自中华人民共和国成立以来，党中央、全国人大和国务院历来重视安全生产工作，提出了"安全第一、预防为主、综合治理"的安全生产方针，《中华人民共和国建筑法》规定："建筑工程安全生产管理必须坚持安全第一、预防为主的方针。"《中华人民共和国全民所有制工业企业法》规定："企业必须贯彻安全生产制度，改善劳动条件，做好劳动保护和环境保护工作，做到安全生产和文明生产。"《中华人民共和国安全生产法》在总结我国安全生产管理实践经验的基础上，再次将"安全第一、预防为主、综合治理"规定为我国安全生产工作的基本方针。

为保证"安全第一、预防为主、综合治理"方针的落实，《中华人民共和国安全生产法》从法律上规定了对生产经营单位的基本要求和措施，主要如下：

(1)安全生产的市场准入制：生产经营单位必须具备法律、法规和国家标准或者行业标准规定的安全生产条件，不符合安全生产条件的，不得从事生产经营活动；

(2)生产经营单位主要负责人对本单位安全生产工作全面负责的制度；

(3)企业必须依法设置安全生产管理机构或安全生产管理人员的制度；

(4)对生产经营单位的主要负责人、安全生产管理人员和从业人员进行安全生产教育、培训、考核的制度；

(5)对特种作业人员实行资格认定和持证上岗的制度；

(6)建设工程项目的安全措施应当与主体工程同时设计、同时施工、同时投入生产和使用的"三同时"制度；

(7)对部分危险性较大的建设工程项目实行安全条件论证、安全评价和安全措施验收的制度；

(8)安全设备的设计、制造、安装、使用、检测、维修和报废必须符合国家标准的制度；

(9)对危险性较大的特种设备实行安全认证和使用许可，非经认证和许可不得使用的制度；

(10)对从事危险品的生产经营活动实行前置审批和严格监管的制度；

(11)对严重危及生产安全的工艺、设备予以淘汰的制度；

(12)生产经营单位对重大危险源的登记建档及向安全监督管理部门报告备案的制度；

(13)对爆破、吊装等危险作业的现场安全管理制度；

(14)生产经营单位的安全生产管理人员对本单位安全生产状况的经常性检查、处理、报告和记录的制度等。

三、现代安全管理概述

安全生产管理随着安全科学技术和管理科学发展而发展，系统安全工程原理和方法的出现，使安全生产管理的内容、方法、原理都有了很大的拓展。

现代安全管理的意义和特点在于：变传统的纵向单因素安全管理为现代的横向综合安全管理；变传统的事故管理为现代的事件分析与隐患管理（变事后型为预防型）；变传统的被动的安全管理对象为现代的安全管理动力；变传统的静态安全管理为现代的动态安全管理；变过去企业只顾生产经济效益的安全辅助管理为现代的效益、环境、安全与卫生的综合效果的管理；变传统的被动、辅助、滞后的安全管理模式为现代主动、本质、超前的安全管理模式。

1. 现代安全管理基本原理

（1）系统原理。系统原理是现代管理学的一个最基本原理。它是指人们在从事管理工作时，运用系统观点、理论和方法，对管理活动进行充分的系统分析，以达到管理的优化目标，即用系统论的观点、理论和方法来认识和处理管理中出现的问题。所谓系统，是由相互作用和相互依赖的若干部分组成的有机整体。任何管理对象都可以作为一个系统，系统可以分为若干个子系统，子系统可以分为若干个要素，即系统是由要素组成的。按照系统的观点，管理系统具有 6 个特征，即集合性、相关性、目的性、整体性、层次性和适应性。

安全生产管理系统是生产管理的一个子系统，它包括各级安全管理人员、安全防护设备与设施、安全管理规章制度、安全生产操作规范和规程以及安全生产管理信息等。安全贯穿生产活动的方方面面，安全生产管理是全方位、全天候和涉及全体人员的管理。

（2）人本原理。在管理中，必须把人的因素放在首位，体现以人为本的指导思想。以人为本的含义：一切管理活动都是以人为本展开的，人既是管理的主体，又是管理的客体；在安全管理活动中，作为管理对象的要素和管理系统各环节，都需要人掌管、运作、推动和实施。

（3）预防原理。通过有效的管理和技术手段，减少和防止人的不安全行为和物的不安全状态，在可能发生人身伤害、设备或设施损坏和环境破坏的场合，事先采取措施，防止事故发生。

（4）强制原理。采取强制管理的手段控制人的意愿和行为，使个人的活动、行为等受到安全生产管理要求的约束，从而实现有效的安全生产管理。换句话说，就是绝对服从，不必经被管理者同意便可采取控制行动。

2. 事故致因理论

事故发生有其自身的发展规律和特点，只有掌握事故发生的规律，才能保证安全生产系统处于安全状态。不少专家学者从不同的角度对事故进行了研究，给出了很多事故致因理论，主要的如下：

（1）事故频发倾向理论。1919 年，英国的格林伍德和伍兹把许多伤亡事故发生次数按照泊松分布、偏倚分布和非均等分布进行了统计分析，发现一些工人由于存在精神或心理方面的因素，如果在生产操作过程中发生过一次事故，当再继续操作时，就有重复发生第二次、第三次事故的倾向，如果企业中减少了事故频发倾向者，就可以减少安全事故。

（2）海因里希因果连锁理论。1931 年，美国的海因里希在《工业事故预防》一书中，论述了事故发生的因果连锁理论，又称"多米诺骨牌"原理。海因里希认为"88％的事故是由于人的不安全操作引起的，10％的事故是由于不安全行为引起的，2％是天灾造成的"。他提出了"五因素事故序列"学说，即事故因果连锁过程概括为5个因素：社会环境和管理；人的失误（或过失）；不安全行为或不安全状态；意外事件；伤害（后果）。海因里希用多米诺骨牌形象地描述这种事故因果连锁关系。在多米诺骨牌系列中，一块骨牌被碰倒了，则将发生连锁反应，其余的几块骨牌相继被碰倒。如果移去中间的一块骨牌，则连锁被破坏，事故过程被中止。该理论认为，安全管理的工作中心是防止人的不安全行为，消除设备或物的不安全状态。

（3）能量意外释放理论。1961年，吉布森提出了事故是一种不正常的或不希望的能量释放，各种形式的能量是构成伤害的直接原因。1966年，美国运输部安全局局长哈顿完善了能量意外释放理论，提出了"人受伤害的原因只能是某种能量的转移"，在一定条件下，某种形式的能量能否产生伤害，造成人员伤亡事故，取决于能量大小、接触能量时间长短和频率以及力的集中程度。根据能量意外释放理论，可以利用各种屏蔽方式来防止意外的能量转移，从而防止事故的发生。

（4）系统安全理论。在20世纪50年代到60年代，美国研制洲际导弹的过程中，系统安全理论应运而生。

系统安全理论包括很多区别于传统安全理论的创新概念：

①在事故致因理论方面，改变了人们只注重操作人员的不安全行为，而忽略硬件的故障在事故致因中作用的传统观念，开始考虑如何通过改善物的系统可靠性来提高复杂系统的安全性，从而避免事故。

②没有任何一种事物是绝对安全的，任何事物中都潜伏着危险因素，通常所说的安全或危险只不过是一种主观的判断。

③不可能根除一切危险源，可以减少来自现有危险源的危险性，宁可减少总的危险性而不是只彻底去消除几种选定的风险。

④由于人的认识能力有限，有时不能完全认识危险源及其风险。即使认识了现有的危险源，随着生产技术的发展，新技术、新工艺、新材料和新能源的出现，又会产生新的危险源。安全工作的目标就是控制危险源，努力把事故发生概率降到最低，即使发生事故时，也把伤害和损失控制在较轻的程度上。

总之，现代安全管理包括两部分内容，即事故预防和事故控制。前者是指通过采用技术和管理手段使事故不发生，后者是通过采取技术和管理手段使事故发生后不造成严重后果或使后果尽可能减小。对于事故的预防与控制，应从安全技术、安全教育、安全管理等方面入手，采取相应措施。

3. 装配式混凝土结构主要安全管理措施

（1）严格执行国家、行业和企业的安全生产法规和规章制度，认真落实各级各类人员的安全生产责任制。

（2）施工机械操作应符合《建筑机械使用安全技术规程》（JGJ 33—2012）的规定，应按操作规程进行使用，严防伤及自己和他人。

（3）施工现场临时用电的安全应符合国家现行标准《施工现场临时用电安全技术规范》（JGJ 46—2005）和用电专项方案的规定。

（4）进行高空施工作业时，必须遵守国家现行标准《建筑施工高处作业安全技术规范》

（JGJ 80—2016）的规定。

（5）建筑施工楼层围挡高度不低于1.8 m，超过安全操作高度，作业人员必须佩戴穿芯自锁保险带。

（6）吊装前，必须检查吊具、钢梁、葫芦、钢丝绳等起重用品的性能是否完好，如出现变形或者损害，必须及时更换。

（7）预制构件在安装吊具过程中，严禁拆除预制构件与存放架的安全固定装置，待起吊时，方可将其拆除，避免构件由于自身重力或振动引起的构件倾斜和翻转。

（8）预制构件吊运时，起重机械回转半径范围内，应设置警示带，严禁非作业人员进入吊装区域，以防坠物伤人。

（9）预制构件在安装和调校期间，严禁拆除钢丝绳，当预制构件临时固定安装后，方可脱钩。

（10）在吊装过程中，要随时检查吊钩和钢丝绳的质量，当吊点螺栓出现变形或者钢丝绳出现毛刺时，必须及时将其更换。

（11）对于预制构件吊装施工作业，不得在恶劣气候条件下施工，保证施工安全。

（12）梁板吊装前，在梁、板上提前将安全立杆和安全维护绳安装到位，为吊装工人佩戴安全带提供连接点。

（13）需要进行动火作业时，首先要拿到动火许可证，作业时，要注意防火，准备灭火器等灭火设备。

（14）预制构件起重作业时，必须由起重工进行操作，吊装工进行安装，绝对禁止无证人员进行起重操作。

（15）施工现场使用吊车作业时，严格执行"十不吊"的原则，严禁违章作业。

单元二　绿色施工与文明施工

一、绿色施工的概念和原则

（1）绿色施工的概念。绿色施工是指在工程建设中，在保证质量、安全等基本要求的前提下，通过科学管理和技术进步，最大限度地节约资源与减少对环境负面影响的施工活动，实现节能、节地、节水、节材和环境保护（四节一环）。绿色施工作为建筑全寿命周期中的一个重要阶段，是实现建筑领域资源节约和节能减排的关键环节。绿色施工应是可持续发展理念在工程施工中全面应用的体现，绿色施工并不仅仅是指在工程施工中实施封闭施工，没有尘土飞扬，没有噪声扰民，在工地四周栽花、种草，实施定时洒水等这些内容，它涉及可持续发展的各个方面，如生态与环境保护、资源与能源利用、社会与经济的发展等。

项目文明施工

（2）绿色施工的原则。实施绿色施工，应依据因地制宜的原则，贯彻执行国家、行业和地方相关的技术政策，符合国家的法律、法规及相关的标准规范，实现经济效益、社会效益和环境效益的统一。施工企业应该运用 ISO 14000《环境管理体系》和 OHSAS 18000《职业健康安全管理体系》，将绿色施工有关内容分解到管理体系目标，使绿色施工规范化、标准化。

二、绿色施工的发展现状

近些年，绿色施工逐渐成为建筑行业出现频率较高的词。但实际上，绿色施工技术并不是独立于传统施工技术的全新技术，而是用"可持续"的眼光对传统施工技术的重新审视，是符合可持续发展战略的施工技术。

绿色施工并不是很新的思维途径，承包商以及建设单位为了满足政府及大众对文明施工、环境保护及减少噪声的要求，为了提高企业自身形象，一般均会采取一定的技术来降低施工噪声、减少施工扰民、减少环境污染等，尤其在政府要求严格、大众环保意识较强的城市进行施工时，这些措施一般会比较有效。但是，大多数承包商在采取这些绿色施工技术时是比较被动、消极的，对绿色施工的理解也是比较单一的，还不能够积极主动地运用适当的技术、科学的管理方法以系统的思维模式、规范的操作方式从事绿色施工。事实上，绿色施工并不仅仅是指在工程施工中实施封闭施工，没有尘土飞扬，没有噪声扰民，在工地四周栽花、种草，实施定时洒水等这些内容，还包括了其他大量的内容。它同绿色设计一样，涉及可持续发展的各个方面，如生态与环境保护、资源与能源利用、社会与经济发展等。真正的绿色施工应当是将"绿色方式"作为一个整体运用到施工中去，将整个施工过程作为一个微观系统进行科学的绿色施工组织设计。绿色施工技术除了文明施工、封闭施工、减少噪声扰民、减少环境污染、清洁运输等外，还包括减少场地干扰、尊重基地环境，结合气候施工，节约水、电、材料等资源或能源，环保健康的施工工艺，减少填埋废弃物的数量，以及实施科学管理、保证施工质量等。

三、绿色施工要点

1. 环境保护技术要点

(1)扬尘控制。在建筑工程土方作业、结构施工、工程安装、装饰装修、建构筑物拆除、建构筑物爆破拆除等时，要采取洒水、地面硬化、围挡、密网覆盖、封闭等措施，防止扬尘产生。

(2)噪声与振动控制。现场噪声排放不得超过国家标准《建筑施工场界环境噪声排放标准》(GB 12523—2011)的规定。在施工场地对噪声进行实时监测与控制。监测方法执行国家标准《建筑施工场界环境噪声排放标准》(GB 12523—2011)。使用低噪声、低振动的机器，采取隔声与隔振措施，避免或减少施工噪声和振动。

(3)光污染控制。尽量避免或减少施工过程中的光污染，夜间室外照明灯加设灯罩，透光方向集中在施工范围。电焊作业采取遮挡措施，避免电焊弧光外泄。

(4)水污染控制。施工现场污水排放应达到国家标准《污水综合排放标准》(GB 8978—1996)的要求。在施工现场针对不同污水，设置相应的处理设置，如沉淀池、隔油池、化粪池等。基坑降水尽可能少地抽取地下水。对于化学品等有毒材料、油料的储存地，应有严格的隔水层设计，做好渗漏液体收集和处理。

（5）土壤保护。保护地表环境，防止土壤侵蚀、流失。因施工造成的裸土，及时覆盖砂石或种植速生草种，以减少土壤侵蚀；因施工造成容易发生地表径流土壤流失的情况，应设置地表排水系统、稳定斜坡、植被覆盖等措施，减少土壤流失。

（6）建筑垃圾控制。加强建筑垃圾的回收再利用，建筑垃圾的再利用和回收率达到30％。对于碎石类、土石方类建筑垃圾，可采用地基填埋、铺路等方式提高利用率，力争再利用率大于50％。

（7）地下设施、文件和资源保护。施工前应调查清楚地下各种设施，做好保护计划，保证施工场地周边的各类管道、管线、建筑物、构筑物的安全运行。施工过程中，一旦发现文物，立即停止施工，保护好现场并报告文物部门和协助做好工作。

2. 节材与材料资源利用技术要点

（1）节材措施。图纸会审时，应审核节材与材料资源利用的相关内容。根据施工进度、库存情况等合理安排材料的采购、进场时间和批次，减少库存。材料运输工具适宜，装卸方法得当，防止损坏和散落。根据现场平面布置情况就近卸载，避免和减少二次搬运。现场材料堆放有序。储存环境适宜，措施得当。保管制度健全，责任落实。施工中采取技术和管理措施调高模板、脚手架等的周转次数。优化安装工程的预留、预埋、管线路线等方案。

（2）结构材料。推广使用预拌混凝土和商品砂浆。准确计算采购数量、供应频率、施工进度等，在施工过程中进行动态控制。推广使用高强度钢筋和高性能混凝土，减少资源消耗。推广钢筋专业化加工和配送。优化钢筋配料和钢构件下料方案。优化钢结构制作和安装方法。大型钢结构宜采用工厂制作，现场拼装；宜采用分段吊装、整体提升、滑移、顶升等安装方法，减少方案的使用材料。

（3）围护材料。门窗、屋面、外墙等围护结构选用耐候性及耐久性良好的材料，施工确保密封性、防水性和保温隔热材料。

（4）装饰装修材料。贴面类材料在施工前，应进行总体排版策划，减少非整块料的数量；采用非木质的新材料或人造板材代替木质板材；防水卷材、壁纸、油漆及各类涂料基层必须符合要求，避免起皮、脱落。各类油漆及胶粘剂应随用随开启，不用时及时封闭；幕墙及各类预留预埋应与结构施工同步；木制品、木装饰用料等各类板材及玻璃等宜在工厂采购或定制；采用自粘类片材，减少现场液态胶粘剂的使用量。

（5）周转材料。应选用耐用、维护与拆卸方便的周转材料和机具。推广使用定型钢模、钢框胶合板、铝合金模板、塑料模板。多层、高层建筑使用可重复利用的模板体系，模板支撑宜采用工具式支撑。高层建筑的外脚手架，采用整体提升、分段悬挑等方案。现场办公和生活用房采用周转式活动房。现场围挡应最大限度地利用已有围墙，或采用装配式可重复使用围挡封闭。力争工地临房、临时围挡材料的可重复使用。

3. 节水与水资源利用技术要点

（1）提高用水效率。施工现场供水管网应根据用水量设计布置，管径合理、管路简捷，采取有效措施减少官网和用水器具的漏损。施工现场喷洒路面、绿化浇灌宜采用经过处理的中水。现场机具、设备、车辆冲洗用水必须设立循环用水装置。施工现场办公区、生活区的生活用水采用节水系统和节水器具，调高节水器具配置比率。项目临时用水采用节水系统和节水器具，提高节水器具配置比率。项目临时用水应使用节水型产品，安装计量装置，采取针对性的节水措施。

（2）非传统水源利用。优先采用中水搅拌、中水养护，有条件的地区和工程应收集雨水养护；处于基坑降水阶段的工地，宜优先采用地下水作为混凝土搅拌用水、养护用水、冲洗用水和部分生活用水；现场机具、设备、车辆冲洗、喷洒路面、绿化浇灌等用水，优先采用非传统水源，尽量不使用市政自来水；大型施工现场，尤其是雨量充沛地区的大型施工现场，建立雨水收集利用系统，充分收集自然降水用于施工和生活中适宜的场所；施工中应尽可能采用非传统水源和循环水再利用。

4. 节能与能源利用技术要点

（1）节能措施。制定合理的施工能耗指标，提高施工能源利用率。优先使用国家、行业推荐的节能、高效、环保的施工设备和机具，如选用变频技术的施工设备等。在施工组织设计中，合理安排施工顺序、工作面，以减少作业区域的机具数量，相邻作业区充分利用共有的机具资源。安排施工工艺时，应优先考虑耗用电能的或其他能耗较少的施工工艺。避免设备额定功率远大于使用功率或超负荷使用设备的现象。根据当地气候和自然资源条件，充分利用太阳能、地热等可再生能源。

（2）机械设备与机具。建立施工机械设备管理制度，开展用电、用油计量，完善设备档案，及时做好维修保养工作，使机械设备保持低能、高效的状态；选择功率与负载相匹配的施工机械设备，避免大功率施工机械设备低负载长时间运行。机电安装可采用节电型机械设备，如逆变式电焊机和能耗低、效率高的手持电动工具等，以利于节电。机械设备宜使用节能型油料添加剂，在可能的情况下，考虑回收利用，节约油量。

（3）生产、生活及办公临时设施。利用场地自然条件，合理设计生产、生活及办公临时设施的体型、朝向、间距和窗墙面积比，使其获得良好的日照、通风和采光。南方地区可根据需要在其外墙设遮阳设施；临时设施宜采用节能材料，墙体、屋面使用隔热性能好的材料，减少夏天空调、冬天取暖设备的使用时间及耗能量。

（4）施工用电及照明。临时用电优先选用节能电线和节能灯具，临电线路合理设计、布置，临电设施宜采用自动控制装置，采用声控、光控等节能照明灯具。

5. 节地与施工用地保护技术要点

（1）临时用地指标。根据施工规模及现场条件等因素合理确定临时设施，如临时加工厂、现场作业棚及材料堆场、办公生活设施等的占地指标。临时实施的占地面积应按用地指标所需要的最低面积设计。

（2）临时用地保护。应对深基坑施工方案进行优化，减少土方开挖和回填量，最大限度地减少对土地的扰动，保护周边自然生态环境；红线外临时占地应尽量使用荒地、废地，少占用农田和耕地。工程完工后，及时对红线外占地恢复原地形、地貌，使施工活动对周边环境的影响降至最低；利用和保护施工用地范围内原有绿色植被。对于施工周期较长的现场，可按建筑永久绿化的要求，安排场地新建绿化。

（3）施工总平面图布置。施工总平面图布置应做到科学、合理，充分利用原有建筑物、构筑物、道路、管线为施工服务。施工现场搅拌站、仓库、加工厂、作业棚、材料堆场等布置应尽量靠近已有交通线路或即将修建的正式或临时交通线路，缩短运输距离。临时办公和生活用房应采用经济、美观、占地面积小、对周边地貌环境影响较小，且适合施工平面布置动态调整的多层轻钢活动板房、钢骨架水泥活动板房等标准化装配式结构，减少建筑垃圾，保护土地。施工现场道路按照永久道路和临时道路相结合的原则布置。施工现场内形呈环形道路，减少道路占用土地。

四、绿色施工技术措施

1. 绿色材料

绿色材料是实现绿色施工的基础和保障。绿色材料是指采用清洁生产技术，不用或少用天然资源和能源，大量使用工农业或城市固态废弃物生产的无毒害、无污染、无放射性，达到使用周期后可回收利用，有利于环境保护和人体健康的建筑材料。绿色建材的定义围绕原料采用、产品制造、使用和废弃物处理4个环节，并实现对自然环境负荷最小和有利于人类健康两大目标，达到"健康、环保、安全及质量优良"4个目的。

(1)材料选择。

①所有施工用辅助材料均应采用对人体无害的绿色材料，要符合《民用建筑工程室内环境污染控制标准》(GB 52325—2020)、《室内建筑装饰装修材料有害物质限量》；混凝土外加剂要符合《混凝土外加剂应用规程》《混凝土外加剂中释放氨的限量》。不符合规定的材料不允许进场。

②绿色建材的采购管理。所有进场材料一律通过招标采购。对于招标文件中规定的总承包单位自行采购的所有材料，都采用公开招标形式进行采购。在质量、价格、绿色等方面保证材质一流。

(2)资源再利用。

①施工废弃物管理。施工过程中产生的建筑垃圾主要有土、渣土、散落的砂浆、混凝土、剔凿产生的砖石和混凝土碎块、金属、装饰装修产生的废料、各种包装材料和其他废弃物。因此，施工垃圾分类时，就是要将其中可再生利用或可再生的材料进行有效的回收处理，重新用于生产。所有建筑材料包装物回收率要达到100%，有毒有害废物分类率达到100%。施工固废物处理后，要达到《生活垃圾卫生填埋技术规范》(GB 50869—2013)、《中华人民共和国固体废物环境污染防治法》。严格实施施工废物回收制度。每季度计算施工废物回收率并制表，总结回收效果，分析原因，纠正回收措施，提高回收利用率。

②就地取材。除业主指定材料外，进口和国产的同一类材料，选择综合性价比较优的国产材料；外省与本地产的同一类材料，选择综合性价比较优的本地材料。

2. 绿色施工设施

(1)环境保护设施。在现场醒目位置设置环境保护标识牌；建筑废弃物用作现场硬化地面基础；专人洒水，大面积场地安排洒水车控制扬尘；现场施工垃圾分类堆放，并有专人进行处理；现场应设置沉淀池、隔油池、化粪池，并对排放水质进行检查；夜间照明加设灯罩减少光污染；木工棚设置吸声板降低噪声，现场定期进行噪声的监测并做记录，楼层内设置可移动环保厕所，定期清运、消毒；生活、办公区设应急逃生杆和医务室(图9-1～图9-5)。

(2)节材和材料资源利用设施。对于材料应有详细的节约目标和计划，施工现场主要材料包括混凝土、钢筋、木材等。混凝土材料在浇筑过程中应对落地混凝土及时回收利用，浇筑混凝土后的余料进行合理利用。钢筋应严格控制下料长度，采用电渣压力焊或直螺纹套筒连接方式，节约钢筋，并充分利用短、废料钢筋制作马凳和模板定位钢筋。木材在使用过程当中应提高周转次数，短木接长可重复利用，废旧模板用作临边洞口防护、阴阳角成品保护、垫木及脚手架上的防滑条(图9-6～图9-11)。

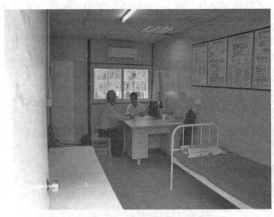

图 9-1　工地医务室

图 9-2　工地洗车台

图 9-3　施工现场标牌

图 9-4　楼层移动厕所

图 9-5　工地逃生杆

　　（3）节水与水资源利用设施。对施工现场的办公区、施工区、生活区用水设施配备相应的节水器具，施工现场应设置临时排水系统，合理收集雨水用于降尘喷洒、绿化浇灌、车辆清洗；生活、生产污水经沉淀检测合格后排放。

图 9-6　钢筋材料分类堆放

图 9-7　短木接长再使用

图 9-8　阴阳角成品保护

图 9-9　楼梯踏步成品保护

图 9-10　雨水收集口

图 9-11　节水龙头

（4）节能与能源利用设施。施工现场生产、生活、办公过程当中使用的耗能设备不得采用国家明令淘汰的施工设备、机具和产品。照明应采用节能灯具，机械设备应定期维护、保养，监控并记录重点耗能设备的能源利用情况，临时设施应布置合理，采用热工性能达标的活动板房，充分利用太阳能，临时用电采用自动控制装置，使用节能、高效、环保的施工设备和机具，办公、生活和施工现场用电分别计量，节能照明灯具使用率应大于

224

90％（图 9-12～图 9-14）。

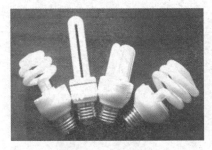

图 9-12 节能灯具

图 9-13 太阳能热水器

图 9-14 太阳能路灯

（5）节地与土地资源保护设施。施工现场布置应合理，根据不同施工阶段分别设计平面布置图；原有及永久道路兼顾考虑，合理设计场内交通道路；合理选择基坑开挖方式，减少土方开挖；临建采用可以采用占地面积小，拆装方便的彩钢板活动板房（图 9-15、图 9-16）。

图 9-15 生活区多层活动板房

图 9-16 施工现场绿化

3. 绿色施工管理

（1）管理体系。开展绿色施工示范工程活动应遵循分类指导、行业推进、企业申报、先行试点、总结提高、逐步推广和严格过程监管与评价验收标准的原则。验收评审工作依据住房和城乡建设部制定的《绿色施工导则》和国家颁发的《建筑工程绿色施工评价标准》（GB/T 50640—2010），以及中国建筑业协会印发的《全国建筑业绿色施工示范工程管理办法（试行）》和《全国建筑业绿色施工示范工程验收评价主要指标》进行。

绿色施工管理主要包括组织管理、规划管理、实施管理、评价管理、人员安全与健康管理 5 个方面。在绿色施工示范工程的创建中，应确定节能、节水、节材、节地的指标和目标，选择合适、合理、科学的统计方法，做好绿色施工示范工程的基本数据的统计评估。

全国建筑业绿色施工示范工程由中国建筑业协会负责确立、监管、评审验收、公布工作。

（2）绿色施工现场环保责任管理体系。总部宏观控制，项目经理、总工程师、施工生产副经理和分包管理副经理中间控制，专业责任工程师检查和监控实施过程，形成一个从项目经理部到各分承包方、各专业化公司和作业班组的环境管理网络。绿色施工现场环保责任管理体系如图 9-17 所示。

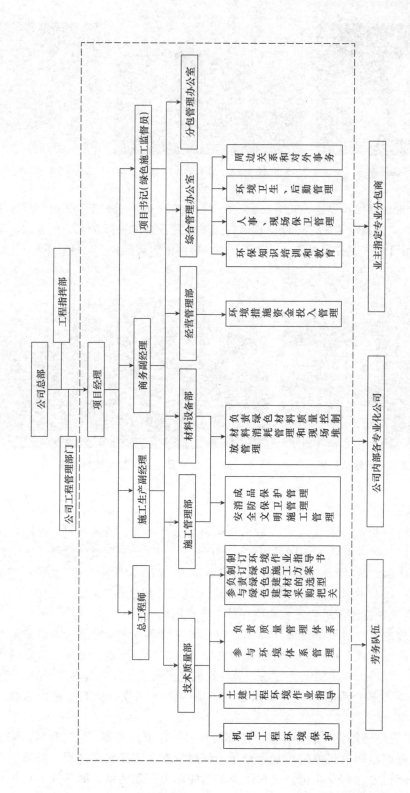

图9-17　某公司绿色施工管理体系

(3)申报条件和程序。全国建筑业绿色施工示范工程的申报条件，以中国建筑业协会当年发出的《关于申报第×批"全国建筑业绿色施工示范工程"的通知》为准。

①申报条件。

a. 申报工程应具备较为完善的绿色施工实施方案。

b. 建设规模在3万平方米以上的房屋建筑工程，具备较大规模的市政工程、铁路、交通、水利水电等土木工程和大型工业建设项目。

c. 申报工程开工手续要齐全，即将开工，并可在工程施工周期内完成申报文件及其实施方案中的全部绿色施工内容。

d. 申报工程应投资到位，绿色施工的实施能得到建设、设计、施工、监理等相关单位的支持与配合，且具备开展绿色施工的条件与环境。

e. 在创建绿色施工示范工程的过程中，能够结合工程特点，组织绿色施工技术攻关和创新。

f. 申报工程原则上应列入省(部)级绿色施工示范工程。

②申报程序。

a. 各地区各有关行业协会、中央管理的建筑建筑业企业按申报条件择优推荐本地区、本系统有代表性的工程。

b. 申报单位填写《全国建筑业绿色施工示范工程申报表》，连同"绿色施工方案"，一式两份，按隶属关系由各地区各有关行业协会、中央管理的建筑业企业汇总报中国建筑业协会。

c. 中国建筑业协会组织专家审核，对列为全国建筑业绿色施工示范工程的目标项目，发文公布并组织监管。

(4)企业自查与实施过程检查。

①企业自查。中国建筑业协会将根据每批全国建筑业绿色施工示范工程的进展情况，统一发文要求承建单位就当前工程的实施情况开展自查。自查内容包括方案是否完善、措施是否得当、有关起始数据是否采集、主要指标是否落实等。绿色施工示范工程的承建单位应及时总结和记录绿色施工阶段成果的量化数据，按照《全国建筑业绿色施工示范工程验收评价主要指标》的要求，按地基与基础工程、结构工程、装饰装修与机电安装工程进行企业自查评价，并将评价结果列入自查报告。承建单位的主管部门要选派熟悉绿色施工情况的工程技术人员协助自查，并对本单位绿色施工实施情况进行阶段总结。总结报告应凸显"四节一环保"的内容及量化统计数据，由承建单位主管领导签字和盖公章，并按申报时的隶属关系，经各地区、各有关行业协会、中央管理的建筑业企业核实盖章后以书面形式上报中国建筑业协会。企业自评的结果和自查报告将作为实施过程检查和最终验收的依据之一。

②实施过程检查。

a. 中国建筑业协会统一组织实施过程检查，对申报项目创建绿色施工示范工程进行进一步的了解，及时掌握相关资料与数据。按照住房和城乡建设部制定的《绿色施工导则》和国家颁发的《建筑工程绿色施工评价标准》(GB/T 50640—2010)，以及中国建筑业协会印发的《全国建筑业绿色施工示范工程管理办法(试行)》和《全国建筑业绿色施工示范工程验收评价主要指标》，对项目进行逐条评价和点评，与企业进行交流，提出改进建议，促进绿色施工切实落实到施工过程之中，实现真正意义上的绿色施工。

b. 实施过程检查组由中国建筑业协会选派 3～5 名专家组成。各地区、各有关行业协会、中央管理的建筑业企业委派代表协助组织检查。承建单位的项目经理、公司主管绿色施工的人员陪同检查。

c. 书面资料：以书面图文形式撰写工程绿色施工实施情况。主要内容应包括组织机构、工程概况、工程进展情况、工程实施要点和难点，按"四节一环保"介绍绿色施工的实施措施、工程主要技术措施、绿色施工数据统计以及与方案目标值比较、绿色施工亮点和特点、企业自查报告、存在问题及改进措施等。影像资料可采用多媒体或幻灯片的形式，主要在会议介绍情况时使用。证明资料包括绿色施工方案，根据绿色施工要求进行的图纸会审和深化设计文件，绿色施工相关管理制度及组织机构等专项责任制度，绿色施工培训制度，绿色施工相关原始耗用台账及统计分析资料，采集和保存的过程管理资料、见证资料、典型图片或影像资料，有关宣传、培训、教育、奖惩记录，企业自评记录，通过绿色施工总结出的技术规范、工艺、工法等成果。

d. 检查组实施过程检查主要包括情况介绍、现场检查、资料查看、答疑、评价打分、讲评。

（5）验收评审。绿色施工示范工程在即将竣工时申请验收评审。

①验收评审申请。绿色施工示范工程承建单位完成了绿色施工方案中提出的全部内容后，应准备好评审资料，并填写《全国建筑业绿色施工示范工程评审申请表》一式两份，按申报时的隶属关系提出验收评审申请。

验收评审资料包括《全国建筑业绿色施工示范工程申报表》及立项与开竣工文件；《全国建筑业绿色施工示范工程成果量化统计表》及与绿色施工方案的数据对比分析；相关的施工组织设计和绿色施工方案；绿色施工综合总结报告（扼要叙述绿色施工组织和管理措施，综合分析施工过程中的关键技术、方法、创新点和"四节一环保"的成效以及体会与建议）；工程质量情况（监理、建设单位出具地基与基础和主体结构两个分部工程质量验收的证明）；综合效益情况（有条件的可以由财务部门出具绿色施工产生的直接经济效益和社会效益）；工程项目的概况，绿色施工实施过程采用的新技术、新工艺、新材料、新设备及"四节一环保"创新点等相关内容；相关绿色施工过程的证明资料。

②专家组。绿色施工示范工程验收评审专家从中国建筑业协会专家库中遴选。评审专家须经由中国建筑业协会组织的专家绿色施工专项培训，具备评审资格。每项示范工程评审专家组由 3～5 人组成，评审专家实行回避制，专家不得聘为本单位绿色施工示范工程的专家组成员。各地区、各有关行业协会、中央管理的建筑业企业委派代表协助组织评审。

③绿色施工示范工程的评审。绿色施工示范工程验收评审的主要内容：提供的评审资料是否完整齐全；是否完成了申报实施规划方案中提出的绿色施工的全部内容；绿色施工中各有关主要指标是否达标；绿色施工采用新技术、新工艺、新材料、新设备的创新点以及对工程质量、工期、效益的影响。

绿色施工示范工程验收评审工作的主要程序：听取承建单位情况介绍、现场查看、随机查访、查阅证明资料、答疑、评价打分、综合评定、讲评。评审意见形成后，由评审专家组组长会同全体成员共同签字生效。

④评审结果。绿色施工示范工程评审按绿色施工水平高低，分为优良、合格和不合格 3 个等级。根据评价打分情况，原则上得分 60 分以下为不合格，60～80 分为合格，80 分以上为优良。

通过验收评审合格的绿色施工示范工程，向社会公示，并颁发证书。

📖 模块小结

本模块主要介绍了安全生产管理的基本概念，阐述了我国安全生产的指导思想、奋斗目标和基本方针。同时介绍了绿色施工和文明施工的概念与原则，并且分析了绿色施工发展的方向。另外，还介绍了绿色材料、绿色施工设施和管理的相关问题。

课后习题

一、单选题

1. "四节一环保"是指（   ）。

A. 节能、节地

B. 节水、节材

C. 环境保护

D. 以上都是

2. 按照系统原理，管理系统的特征包括（   ）。

A. 集合性、相关性

B. 目的性、整体性

C. 层次性、适应性

D. 以上都是

3. 关于节水与水资源利用，说法错误的是（   ）。

A. 优先采用中水搅拌、中水养护

B. 有条件的地区和工程应收集雨水养护

C. 水资源缺乏地区，雨水可以直接作为生活用水

D. 处于基坑降水价阶段的工地，宜优先采用地下水作为混凝土搅拌用水、养护用水、冲洗用水

二、简答题

1. 安全生产的基本概念和基本方针是什么？

2. 绿色施工的概念和原则是什么？

3. 绿色施工的要点是什么？

4. 绿色施工技术措施有哪些？

参 考 文 献

[1]张波.装配式混凝土结构工程[M].北京：北京理工大学出版社，2016.

[2]上海隧道工程股份有限公司.装配式混凝土结构施工[M].北京：中国建筑工业出版社，2016.

[3]王美华，崔晓强.建筑施工新技术及应用[M].北京：中国电力出版社，2016.

[4]申永康，邵慧.建筑工程施工技术[M].北京：中国水利水电出版社，2017.

[5]夏锋，张弘.装配式混凝土建筑生产工艺与施工技术[M].2版.上海：上海交通大学出版社，2018.

[6]王鑫，刘晓晨，李洪涛，等.装配式混凝土建筑施工[M].重庆：重庆大学出版社，2018.

[7]刘晓晨，王鑫，李洪涛，等.装配式混凝土建筑概论[M].重庆：重庆大学出版社，2018.

[8]中华人民共和国住房和城乡建设部.GB 50204—2015 混凝土结构工程施工质量验收规范[S].北京：中国建筑工业出版社，2015.

[9]中华人民共和国住房和城乡建设部.GB 50666—2011 混凝土结构工程施工规范[S].北京：中国建筑工业出版社，2012.

[10]中华人民共和国住房和城乡建设部.GB/T 51129—2017 装配式建筑评价标准[S].北京：中国建筑工业出版社，2018.

[11]中华人民共和国住房和城乡建设部.GB/T 51231—2016 装配式混凝土建筑技术标准[S].北京：中国建筑工业出版社，2017.

[12]中华人民共和国住房和城乡建设部.GB/T 51232—2016 装配式钢结构建筑技术标准[S].北京：中国建筑工业出版社，2017.

[13]中华人民共和国住房和城乡建设部.JGJ/T 469—2019 装配式钢结构住宅建筑技术标准[S].北京：中国建筑工业出版社，2019.

[14]中华人民共和国住房和城乡建设部.JGJ 1—2014 装配式混凝土结构技术规程[S].北京：中国建筑工业出版社，2014.

[15]中华人民共和国住房和城乡建设部.GB/T 51233—2016 装配式木结构建筑技术标准[S].北京：中国建筑工业出版社，2017.

[16]中华人民共和国住房和城乡建设部.GB/T 50448—2015 水泥基灌浆材料应用技术规范[S].北京：中国建筑工业出版社，2015.

[17]四川省住房和城乡建设厅.DBJ 51/T054—2015 四川省装配式混凝土结构工程施工与质量验收规程[S].成都：西南交通大学出版社，2016.

[18]中华人民共和国住房和城乡建设部.JGJ 107—2016 钢筋机械连接技术规程[S].北京：中国建筑工业出版社，2016.

[19]中华人民共和国住房和城乡建设部.GB 50010—2010 混凝土结构设计规范(2015 年版)[S].北京：中国建筑工业出版社，2016.

[20]中华人民共和国住房和城乡建设部.G310—1～2 装配式混凝土结构连接节点构造[S].北京：中国计划出版社，2015.

[21]中华人民共和国住房和城乡建设部.JGJ 55—2011 普通混凝土配合比设计规程[S].北京：中国建筑工业出版社，2011.

[22]中华人民共和国住房和城乡建设部.GB 50205—2020 钢结构工程施工质量验收标准[S].北京：中国计划出版社，2020.

[23]中华人民共和国住房和城乡建设部.JGJ/T 281—2012 高强混凝土应用技术规程[S].北京：中国建筑工业出版社，2012.

[24]中华人民共和国住房和城乡建设部.JGJ/T 398—2019 钢筋连接用灌浆套筒[S].北京：中国标准出版社，2020.

[25]中华人民共和国住房和城乡建设部.JG/T 408—2019 钢筋连接用套筒灌浆料[S].北京：中国标准出版社，2020.

[26]中华人民共和国住房和城乡建设部.JGJ 355—2015 钢筋套筒灌浆连接应用技术规程[S].北京：中国建筑工业出版社，2015.